《植物学实验与实习》编委会名单

植物学

实验与实习

ZHIWUXUE
SHIYAN YU SHIXI

谢国文 廖富林 廖建良◎ 主编

暨南大学出版社
JINAN UNIVERSITY PRESS

中国·广州

图书在版编目（CIP）数据

植物学实验与实习/谢国文，廖富林，廖建良主编. —广州：暨南大学出版社，2011.12（2023.7 重印）

ISBN 978 - 7 - 5668 - 0038 - 1

Ⅰ. ①植…　Ⅱ. ①谢…②廖…③廖…　Ⅲ. ①植物学—实验—教材

Ⅳ. ①Q94 - 33

中国版本图书馆 CIP 数据核字（2011）第 229296 号

植物学实验与实习

ZHIWUXUE SHIYAN YU SHIXI

主　编：谢国文　廖富林　廖建良

出 版 人：张晋升
责任编辑：张仲玲　陈绪泉
责任校对：曹　瑞　杨海燕
责任印制：周一丹　郑玉婷

出版发行：暨南大学出版社（511443）
电　　话：总编室（8620）37332601
　　　　　营销部（8620）37332680　37332681　37332682　37332683
传　　真：（8620）37332660（办公室）　37332684（营销部）
邮　　编：510630
网　　址：http://www.jnupress.com
排　　版：广州市新晨文化发展有限公司
印　　刷：佛山市浩文彩色印刷有限公司
开　　本：787mm×960mm　1/16
印　　张：15.625
字　　数：302 千
版　　次：2011 年 12 月第 1 版
印　　次：2023 年 7 月第 6 次
定　　价：38.00 元

前　言

　　植物学是一门实践性很强的课程，其中实验与实习教学是该门课程实践教学的重要环节，而且是激发学生学习兴趣和培养学生创新精神与独立工作能力的重要手段。以往使用的植物学实验教材多分成三册（形态解剖、系统分类、野外实习），所编的实验次数过多，而且都为验证性实验，与现行教学要求和人才培养的目的不相适应。

　　本教材以培养适应21世纪创新人才需要为原则，以全国高等院校植物学教学大纲为依据，在总结各院校教学实践经验和参考现行同类教材的基础上编写而成，充分反映当前学科发展和植物学实验教学改革的新思路。

　　本教材把植物学形态解剖实验、系统分类实验和野外实习指导综合在一起，将过去单纯验证性的实验变为探究性、综合性和技能性的实验，力求突出重点，使实验操作方法简明扼要，内容系统并具广泛适用性。通过教学使学生较系统地掌握植物学实验与实习的基本理论知识和基本研究技术。此外，在一些实验中增加了新鲜材料徒手切片及制作临时装片的内容，以培养学生的独立动手能力、观察能力及研究创新技能，且在许多实验中安排了引导观察的思考题及填充题，并布置有课堂实验作业（报告）与综合分析题，以提高学生分析问题和解决问题的能力。另外编有8个附录以充实实验与实习教学内容，便于师生在教学实践中灵活运用。

　　本教材选编了33个实验（第三部分可安排在教学实习中进行），计划学时66个。各学校可以根据自身植物学教学大纲要求、实验条件及本地植物资源特点，增减实验内容或调整实验顺序，选择本地更易找到的实验材料完成实验与实习教学。

　　本教材可作为全国高等院校开设植物学课程的本专科教学用书，也可作为职业教育、继续教育教材及中学生物教师的教学参考书。

　　本教材的出版得到了暨南大学出版社，广州大学、嘉应学院等院校的大力支持和部分资助，并得到了各兄弟院校的同人及书中所引资料的作者的大力支持和帮助。编者谨此致以诚挚的谢意！

　　限于编者水平，难免出现错漏、不妥之处，敬请赐正。

编　者

2011 年 8 月

目　录

植物学实验室规则与实验要求

一、实验室规则

（1）学生应提前 5～10 分钟进入实验室，做好实验前的准备工作。

（2）按号使用显微镜和解剖镜，使用前要检查，使用后要擦拭整理，锁好箱门并将镜箱送回原处。如果发现损坏或发生故障，要及时报告指导教师。

（3）爱护仪器、标本及其他公共设施，节约药品和水电。损坏物品时应主动向指导教师报告并及时登记。

（4）保持实验室安静、整洁。实验时不得随意走动和谈笑。不准随地吐痰和乱扔纸屑、杂物。每次实验后，各实验小组要清理实验桌面，应将仪器、玻片标本、药品、用具等收好并放回原处，填写使用登记卡，并轮流打扫实验室。

（5）最后离开实验室的学生要负责检查水龙头、电源开关是否关上、及门、窗等是否关严。

二、实验课要求

（1）学生实验前必须预习每次实验课内容，写出简单的实验提纲，并把个人准备好的实验必备物品带到实验室。

（2）预先准备好实验自备用品：绘图铅笔两支（一支 HB 和一支 3H）、铅笔刀、实验报告纸、橡皮、三角板或小直尺。

（3）必须仔细听取教师对实验课要求、操作中的重难点和注意事项的讲解。

（4）实验时，学生应根据实验教材独立操作，仔细观察，随时做好记录。遇到问题时应积极思考，分析原因，排除障碍。对于经自己努力解决不了的问题，应请指导教师帮助。

（5）按时完成实验内容和作业。要求实验报告书写整洁、简明扼要。

（一）形态解剖

实验 ① 光学显微镜、植物绘图法及测微尺的使用方法

一、目的与要求

（1）了解光学显微镜的基本结构和成像原理、绘图的基本知识、测微尺的种类及其构造。

（2）掌握光学显微镜的使用和维护方法、植物绘图法及测微尺的使用方法。

二、用品与材料

（1）用品：显微镜、解剖镜、显微测微尺、描绘器、擦镜纸、纱布、二甲苯、蒸馏水、绘图比例规、比例尺、直尺、放大尺、九宫格、放大镜、缩小镜、通用绘图仪、绘图笔、绘图纸。

（2）材料：根尖纵切永久装片，洋葱鳞叶表皮或蚕豆叶表皮永久装片等玻片标本，典型的绿色开花植物的根、茎、叶、花、果实、种子，大、小藻类植物体。

三、内容与方法

● 光学显微镜

（一）光学显微镜的结构

光学显微镜的基本结构分为光学系统和机械装置两部分（见图1.1）。

1. 显微镜的光学系统

（1）目镜：安装于镜筒上端，也叫接目镜，常用的目镜有 $8\times$、$10\times$、$15\times$ 和 $16\times$。

（2）物镜：安装在镜筒下端的旋转器上，也叫接物镜，一般显微镜上有 $3\sim4$ 个物镜，$10\times$ 以下为低倍物镜，$40\times\sim65\times$ 的物镜为高倍物镜，$90\times$ 以

上的是油镜。

（3）集光器：安装在镜台的透光孔下方，主要由聚光镜和可变光阑（又叫虹彩光阑）组成，可以上下调节和放大缩小，以调整适宜的光度。

（4）反光镜：有两面，一面为平面镜，另一面为凹面镜，可以自由地于水平和垂直两个方向上调动，以对准光源。

2. 显微镜的机械装置

（1）镜座：在显微镜的底部，用于支撑整个显微镜。

（2）镜柱、镜臂和倾斜关节：与镜座相垂直的短铁柱，称为镜柱。镜柱上弯曲部分为镜臂。镜臂与镜筒连接处有一个倾斜关节，可以使镜筒倾斜，以便观察。

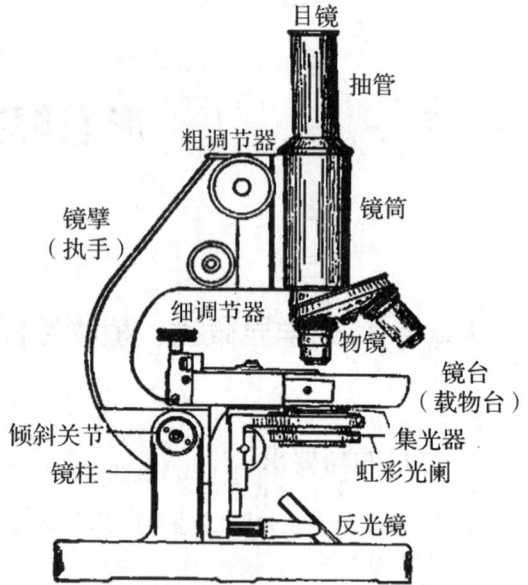

图 1.1　光学显微镜

（3）载物台（镜台）：为安放载玻片之处，有圆形或方形两种。中央有一个圆形的通光孔，通光孔后方左右两侧各有一个压片夹，以固定载玻片。

（4）镜筒：是由金属制成的圆筒，上端放置目镜，下端连接物镜，镜筒内壁为了避免光线的漫射，喷上黑色无光漆。

（5）物镜转换器：呈圆盘形，固定在镜筒下端，上面有 3～4 个物镜螺旋口，物镜按放大倍数高低顺序排列。

（6）调节器：位于镜筒后方两旁，有两对齿轮，大的一对叫粗调节器，转动时，可以使镜筒上下升降，转动一圈可以升降 10 mm。小的一对叫细调节器，旋转一圈仅使镜筒升降 0.1 mm。

（二）光学显微镜的成像原理

光学显微镜是利用光学的成像原理观察植物体结构的。显微镜的成像原理如图 1.2 所示。

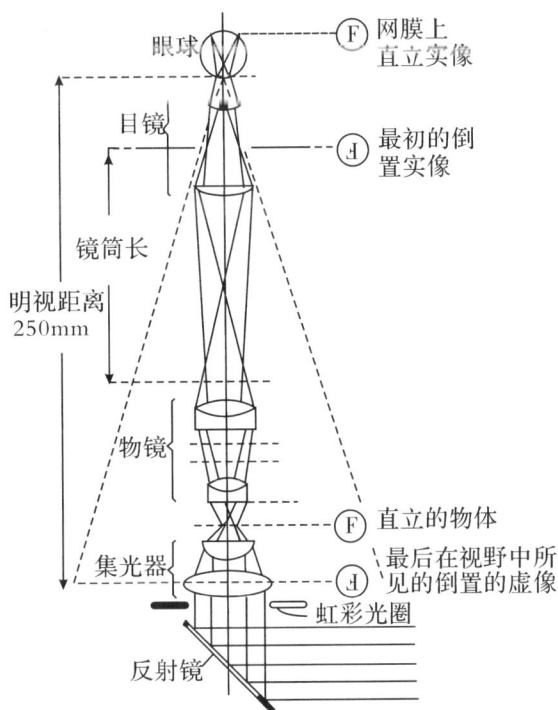

图 1.2　显微镜成像原理

（三）光学显微镜的使用

1. 镜检环境

室内一般应该宽敞而清洁，地基坚固没有震动，潮气和尘埃很少，不应放置腐蚀性的试剂。利用自然光作光源时，不宜用直射的太阳光，以免对观察者的眼睛造成伤害。一般利用阳光的散射光，特别是天空或白云的反射光线。

2. 显微镜的放置

将显微镜放置在实验台桌面上，距实验台边缘约 5 cm。略偏于操作者左方，右侧放绘图纸等实验用具。

3. 采光

转动准焦旋扭提升镜筒，再转动物镜转换器，使低倍物镜正对通光孔，当听到轻微的阻卡声时，物镜即已对准通光孔。调节反射镜、集光器的虹彩光圈等，使视野中的光线均匀明亮。

4. 装置玻片标本

取一玻片标本（如洋葱根尖纵切永久制片）置于载物台上，用标本推动器夹着玻片标本，调节标本推动器使标本位于通光孔的正中心。

5. 低倍镜的使用

将低倍物镜旋转到中央，小心地将粗调节器向下转动到离玻片约 1 cm。之后，再用粗调节器把低倍镜放下到离玻片大约 2～3 mm 处，通过接目镜观看标本，同时按逆时针方向用粗调节器使镜筒缓缓地上升，缓缓移动玻片，直到看到物像为止。这时进一步用细调节器上下转动，使物像达到最清晰的程度。

6. 高倍镜的使用

首先于低倍镜下找到材料，然后再把需要用高倍镜观察的部分移到视野中央，用弹簧夹压紧，不再移动。换上高倍镜，用细调节器上下转动，到出现清晰的物像为止。

7. 油镜的使用

（1）先用低倍镜找到要观察的物体，再换至高倍镜，将物体置于视野中央，并使集光器所收集的光量达到最大。

（2）将镜筒上旋，将香柏油加一小滴于集光器与盖玻片上。

（3）将镜头缓缓放下，使油镜浸入油滴，靠近观察物体，然后边观察边用细调节器，由下向上调节，找到要观察的物体。

（4）观察完毕后，将镜头旋离玻片，用擦镜纸擦去镜头上的香柏油。

● 植物绘图法

（一）绿色开花植物图的绘制

绿色开花植物的形态构造较复杂，植物体包括根、茎、叶三种营养器官和花、果、种子三种生殖器官。现将它们的描绘方法分述如下：

1. 根的描绘

①绘制树木图时不用绘出根来，如绘制草本植物图时，则需绘出它的根，以便识别。②草质根描绘时要准确无误，注意圆柱形根、圆锥形根和球形根是左右对称的，而块根是不对称的。③含液汁多的根，如肉质肥大的根，描绘时要用流畅的线条（如圆弧线）来衬阴。含液汁少的根，根皮有皱纹，应用模仿皱纹的线条来衬阴。如背阴部有须根，可用白色广告颜料来描绘。④为体现须根的立体感，要用双钩的方法来描绘。

2. 茎的描绘

①茎的新生嫩枝是柔软多汁的，应描绘得比较光滑，表现出娇嫩的形态。木质茎坚硬，描绘时要注意这种特征。②木质茎的表皮上有气孔和表皮毛，较老的茎枝上出现皱纹或龟裂，描绘时可以从龟裂等纹痕下笔，以粗细、疏密的线条来衬阴。对于茎上的年节和叶痕等，描绘时也要注意。

3. 叶的描绘

①革质叶的叶片厚，叶脉不太明显，描绘时不宜将叶脉描得太多太密；纸质叶的叶片较薄，其主脉、侧脉和细脉都要画出来。②描绘叶脉时，要注意侧脉的对数、主脉和侧脉间夹角的大小、叶脉与叶缘锯齿的关系（见图1.3）。一般侧脉通入的锯齿较大，细脉通入的锯齿较小。③一般来说，叶脉在叶上面是凹陷的，在叶下面是凸起的，其中与叶柄相连的主脉特别明显，侧脉与细脉在叶的下面比上面更明显些。④网状脉的主脉和侧脉一般都是弯曲的，不能画成直线，衬阴时要将叶脉的粗细、曲折和疏密表现出来，在描绘锯齿时，先要找出它的规律，从左下至右下一笔落成。⑤平行脉皆起自叶基、汇集叶端，呈直线平行或略带弧形，粗细均匀，有一定数目，各脉之间间隔距离相近。在描绘时应一气呵成，不可停顿。⑥描绘植物图，要绘出叶的上、下面，以便比较。叶片上的附属物，如油点、鳞片和毛等，在叶片的上、下面是不同的。⑦复叶是由单叶以一定方式排列而成的，描绘时，将羽状复叶归入椭圆形范围，掌状复叶归入圆形范围（见图1.4）。

图1.3　叶脉与叶缘锯齿的关系

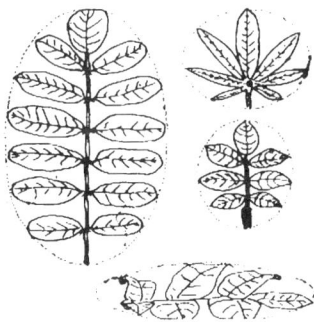

图1.4　复叶的圆与椭圆的透视画法

4. 花的描绘

（1）花被。

①花冠：整齐花冠呈圆形，左右对称，应以圆的透视画法为基础来描绘，可从上面观、下面观、左上侧面观、左侧面观和左下侧面观等五个角度来观察，按照圆透视原理可以描绘出五个绘图的形式（见图1.5）。在图中，侧面观的花瓣与正面观的花瓣，其大小和形状有较大变化，尽管实际上它们是相同的，描绘时应注意。

不整齐花冠的花瓣，其大小形状有差异，但一般都左右对称，仍可把它们归入圆形或椭圆形来描绘。

②花萼：描绘时，应注意花萼的着生位置，是一轮还是两轮，是离萼还是合萼，是整齐花萼还是不整齐花萼。

（2）花蕊。

①雄蕊：描绘雄蕊时要注意花丝的形状、花丝的长短或无花丝的情况；注意花药的着生方式、开裂方式；注意雄蕊的离合情况。此外，在描绘前，还要对雄蕊进行解剖和放大观察。在此基础上描绘花药的正面图和反面图，花丝与花药的着生情况及药囊的横切面图，及表示药室的构造。如花丝着生在花冠上，要连同花冠一起绘出来。对于花丝上有毛的情况，也要如实描绘（见图 1.6）。

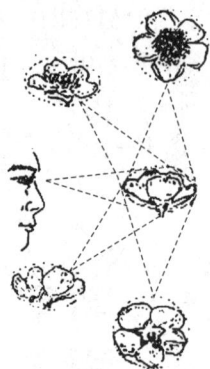

图 1.5　整齐花圆形透视画法　　　　图 1.6　蕊的描绘法

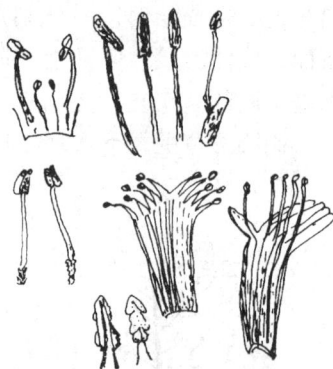

②雌蕊：描绘雌蕊时，要注意观察雌蕊的类型、子房和胚珠着生的位置等情况。

（3）花序。

①描绘顺序与花的开放顺序相一致，先开的花先描绘。②在描绘花序前，要先解剖小花并放大观察，在此基础上绘出一朵小花的解剖图和放大图，掌握花的构造特点，以进一步描绘好花序各个方面的姿态。③有花柄的花序，要准确描绘花柄的长短和着生位置，因为很多花序依此命名。④对于柔荑花序和头状花序，小花呈螺旋状排列，描绘时，先要绘好花序全形的轮廓，再画出螺旋形的格子，然后按格描绘。

5. 果实的描绘

①果实的放大图，应着重表现果实侧面的外形特点，把果实摆在正侧面的位置，采用正面投影的方式描绘。果柄的朝向应和原来生长时一样。在描绘时，量出果实的高度和宽度，按比例放大描绘。对于连着宿存萼的果实，

描绘时应倾斜一些,用透视方法表现出来。②如果描绘由小果呈螺旋状排列的聚合果,球果外表和壳斗科果实的壳斗上呈螺旋状排列的鳞片,可首先在草图的轮廓线内画成螺旋形的斜格,然后按格描绘(见图1.7)。③描绘豆科植物的荚果时,应绘正侧面图,以表示它的长和宽的形状及种子的形状和数目。荚果内的种子形状因种而异,可用衬阴来表示(见图1.8)。④在描绘翅果时,应绘正面图,以表示它们两翅的长短、阔狭、脉纹以及展开度等(见图1.9)。⑤对由合生雌蕊的子房发育而成的蒴果,成熟时有种子开裂方式,应描绘正侧面图以示之。

图1.7 球果的描绘法   图1.8 荚果的描绘法   图1.9 翅果的描绘法

6. 种子的描绘

种子的形状、大小和色泽,随植物的种类而异。此外,种皮表面常具有附属物,如表皮毛(棉)、假种皮、翅等,都要在描绘时表示出来(见图1.10)。

图1.10 种子的描绘法

(二)藻类植物图的绘制

1. 小型藻体图的绘制

(1)绘单细胞藻类时,先要把细胞的轮廓准确地绘出,然后把它的色素体、细胞质和细胞核等——细心绘妥。

（2）绘群体藻类时，要注意群体的整个形态以及群体中各个细胞的异同。可画一部分用以表示整个群体，如果各部分不相似，应把整体图画出来。

（3）绘丝状体藻类时，要注意丝状体是否分枝、各细胞的形态（一般呈椭圆形）、细胞壁的厚薄以及交叉处的特点。细胞中的内含物用点点衬阴法表示。一般只要绘出部分细胞就可以说明整体状况。

2. 大型藻体图的绘制

大型藻体外形变化较大，长度从几厘米到几十米不等。如描绘体积大的藻体，要绘缩小图，先量出藻体实际的长、宽，根据所画的尺寸计算缩小的比例，然后动笔描图；对于体积中等的藻体，如符合制版要求，就按实际大小描绘；对于体积小的藻体，可用比例规画放大图。一般采用点点衬阴法描绘，将藻体的凸凹和厚薄等情况表现出来（见图 1.11）。

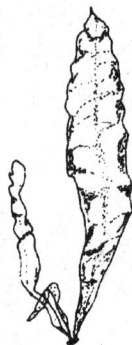

图 1.11　描绘藻体的点点衬阴法

●测微尺的使用

（一）测微尺的种类及其构造

1. 镜台测微尺

镜台测微尺是一种特制的载玻片，在它的中央具有刻度标尺，全长为 1 mm，划分为 10 大格，每一大格又分成 10 小格，共 100 小格，每一小格长 0.01 mm，即 10 μm。有的全长为 2 mm，共分成 200 小格，每格长度仍为 10 μm。在标尺的外围有一小黑环，便于找到标尺的位置。

2. 目镜测微尺

目镜测微尺是放在目镜内的一种标尺（见图 1.12）。它有固定式和移动式两类，固定式为一圆形玻璃片，直径 20～21 mm，其上刻有各种形式的标尺，有直线式的，也有网式的。直线式可用于测量物体的长度，一般长为 5 mm，分成 5 个大格，每大格又分成 10 个小格，共计 50 个小格。网式的主要用于计算数目和测量物体的面积，其上画有方格的网状标尺。方格的大小和数目各不相同，有 25、36 和 49 小格，也有的在一个正方形的大格中划分 100 个方格，在中央的一个方格中再划分 25 个小格。移动式是装在一个特制的目镜中，右边有一个

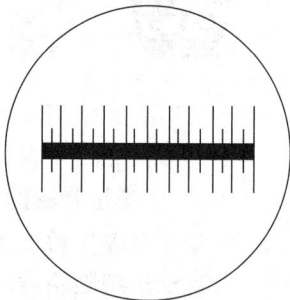

图 1.12　目镜测微尺

能转换的小轮控制着，轮上有刻度，分成100格，此轮每转一圈，目镜内能移动的指示线就从标尺一端向另一端移动一格。

（二）测微尺的使用方法

1. 长度测量法

（1）将镜台测微尺放在载物台上（见图1.13），调节显微镜，观察清楚镜台测微尺的刻度并将其移到视野中央。

（2）将目镜上盖旋下，把目镜测微尺有刻度的一面向下安放在目镜内的视野光阑上（如图1.13）。

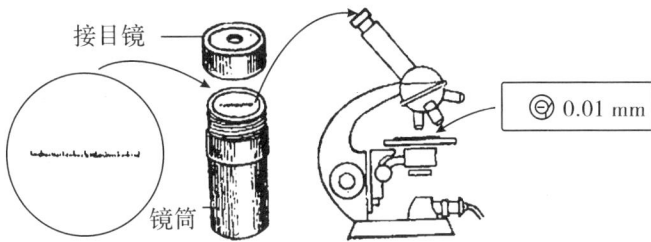

图1.13　目镜测微尺和镜台测微尺的放置

（3）调节镜台测微尺和目镜测微尺，使两者的刻度重叠起来，计算目镜测微尺的每一小格相当于多少μm。目镜测微尺的格值（μm）=（镜台测微尺格数×10）/目镜测微尺的格数。如图1.14所示。

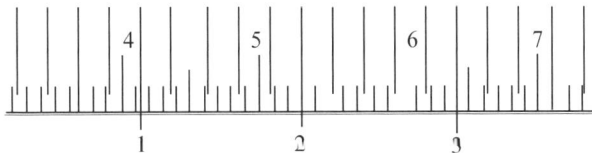

图1.14　目镜测微尺与镜台测微尺刻度比较

从图中可以看出，两个分度在目镜测微尺的3.7和7.1完全一致。此间目镜测微尺划分为34格，镜台测微尺划分为15格。镜台测微尺有每格宽度不同的几种，假使所使用的是每格0.01 mm=10 μm的，目镜测微尺的每格10 μm×15/34=4.4 μm

（4）移去镜台测微尺，换上玻片标本，然后用目镜测微尺去测量物体的大小，物体的实际长度等于该物体所对应的目镜测微尺格数乘上求得的格值。若用不同倍数的物镜与目镜，须重新计算，方法同前。

移动式目镜测微尺的使用，其标尺上每格所表示的长度的计算方法与上述相似。使用时应将显微镜上原有的目镜抽出，把移动式目镜测微尺插入，这时，一边观察视野，一边扭动操纵钮，使视野中能够移动的纵向指示线与被检物的一端对齐，记下它表示的度数。然后再使指示线移动到被检物的另一端对齐，再记下它表示的度数，这两者之差便是被测量物体的长度。用这种测微尺所测的长度要比固定式的精确。

2. 数量计算法

通常用目镜网状测微尺进行。记数前，首先应与镜台测微尺进行比较，计算出每一小格的面积。然后再计算每一小方格内的物体数。为了避免同一物体计算两次，凡物体落在方格四边细线上的，每格只计算下边和右侧的，其余方向则属于它格。

注意：在测量时，同一被测物体要量五次以上后采用其平均值，以减少误差。

四、作业与综合题

1. 运用绘图的知识，绘制光学显微镜的结构图，并标注各部分的名称。
2. 绘制典型的绿色开花植物的根、茎、叶、花、果实、种子。
3. 运用光学显微镜观察洋葱根尖纵切永久制片，绘出所观察到的内容。
4. 运用显微镜观察几种玻片标本，用测微尺测量所观察内容的尺寸，填写下表：

项目　　　内容	标本1	标本2	标本3	标本4
镜台测微尺格数				
目镜测微尺格数				
目镜测微尺格值				
物体的实际大小				

描绘时应倾斜一些，用透视方法表现出来。②如果描绘由小果呈螺旋状排列的聚合果，球果外表和壳斗科果实的壳斗上呈螺旋状排列的鳞片，可首先在草图的轮廓线内画成螺旋形的斜格，然后按格描绘（见图1.7）。③描绘豆科植物的荚果时，应绘正侧面图，以表示它的长和宽的形状及种子的形状和数目。荚果内的种子形状因种而异，可用衬阴来表示（见图1.8）。④在描绘翅果时，应绘正面图，以表示它们两翅的长短、阔狭、脉纹以及展开度等（见图1.9）。⑤对由合生雌蕊的子房发育而成的蒴果，成熟时有种子开裂方式，应描绘正侧面图以示之。

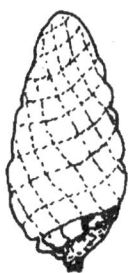

图1.7 球果的描绘法 　图1.8 荚果的描绘法 　图1.9 翅果的描绘法

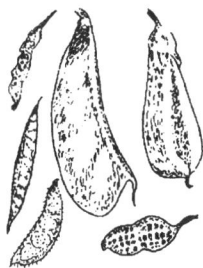

6. 种子的描绘

种子的形状、大小和色泽，随植物的种类而异。此外，种皮表面常具有附属物，如表皮毛（棉）、假种皮、翅等，都要在描绘时表示出来（见图1.10）。

图1.10 种子的描绘法

（二）藻类植物图的绘制

1. 小型藻体图的绘制

（1）绘单细胞藻类时，先要把细胞的轮廓准确地绘出，然后把它的色素体、细胞质和细胞核等一一细心绘妥。

（2）绘群体藻类时，要注意群体的整个形态以及群体中各个细胞的异同。可画一部分用以表示整个群体，如果各部分不相似，应把整体图画出来。

（3）绘丝状体藻类时，要注意丝状体是否分枝、各细胞的形态（一般呈椭圆形）、细胞壁的厚薄以及交叉处的特点。细胞中的内含物用点点衬阴法表示。一般只要绘出部分细胞就可以说明整体状况。

2. 大型藻体图的绘制

大型藻体外形变化较大，长度从几厘米到几十米不等。如描绘体积大的藻体，要绘缩小图，先量出藻体实际的长、宽，根据所画的尺寸计算缩小的比例，然后动笔描图；对于体积中等的藻体，如符合制版要求，就按实际大小描绘；对于体积小的藻体，可用比例规画放大图。一般采用点点衬阴法描绘，将藻体的凸凹和厚薄等情况表现出来（见图1.11）。

图1.11　描绘藻体的点点衬阴法

● 测微尺的使用

（一）测微尺的种类及其构造

1. 镜台测微尺

镜台测微尺是一种特制的载玻片，在它的中央具有刻度标尺，全长为1 mm，划分为10大格，每一大格又分成10小格，共100小格，每一小格长0.01 mm，即10 μm。有的全长为2 mm，共分成200小格，每格长度仍为10 μm。在标尺的外围有一小黑环，便于找到标尺的位置。

2. 目镜测微尺

目镜测微尺是放在目镜内的一种标尺（见图1.12）。它有固定式和移动式两类，固定式为一圆形玻璃片，直径20～21 mm，其上刻有各种形式的标尺，有直线式的，也有网式的。直线式可用于测量物体的长度，一般长为5 mm，分成5个大格，每大格又分成10个小格，共计50个小格。网式的主要用于计算数目和测量物体的面积，其上画有方格的网状标尺。方格的大小和数目各不相同，有25、36和49小格，也有的在一个正方形的大格中划分100个方格，在中央的一个方格中再划分25个小格。移动式是装在一个特制的目镜中，右边有一个

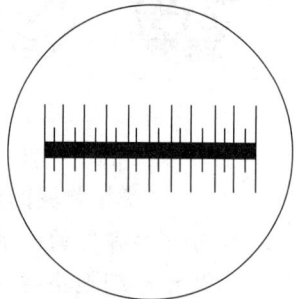

图1.12　目镜测微尺

8

实验 ❷ 植物细胞结构与植物徒手切片

一、目的与要求

（1）了解植物细胞形态的多样性和简易染色技术。

（2）掌握植物细胞的结构和植物徒手切片技术。

（3）识别和鉴定植物细胞中常见的后含物。

（4）判断并标注图中各形态结构名称。

二、用品与材料

（1）用品：显微镜、解剖镜、刀片、载玻片、盖玻片、镊子、吸水纸、培养皿、表面皿或染色碟、吸管、酒精灯、清洁纱布或绸布、毛笔刷、甲基蓝溶液、0.25%的碱性紫、酒精、间苯三酚溶液（50%的酒精）、苏丹Ⅲ酒精试剂、I-IK溶液碘、1.5%的氢氟酸、蒸馏水。

（2）材料：植物组织离析材料（如棉花茎、小麦叶、梨石细胞团离析材料），洋葱、青辣椒、红辣椒、马铃薯块茎、鸭跖草、秋海棠或天竺葵叶的叶柄、葫芦藓叶、菠菜叶、山楂、番茄、胡萝卜、麦粒、蓖麻种子、扁豆花（牵牛花或其他红色、粉色、紫色的花瓣）、带红色的苹果、紫茄子、柿子种子、蚕豆等草本植物的老茎和木本植物木材，根、茎、叶等新鲜材料，胡萝卜、萝卜的根。

三、内容与方法

● 植物细胞结构

（一）植物细胞形态的观察

（1）清洗玻片。将盖玻片、载玻片用水清洗干净，用纱布擦干。

（2）取材。将载玻片平放在实验台上，在其中央加一滴蒸馏水，用镊子或吸管取植物组织离析材料放在蒸馏水中。

（3）加盖玻片。把盖玻片的一边先与载玻片的水滴边沿接触，再慢慢地放下另一边，将盖玻片下的空气挤出，以免产生气泡。

（4）在显微镜下观察，可见各形状的细胞（见图2.1）。

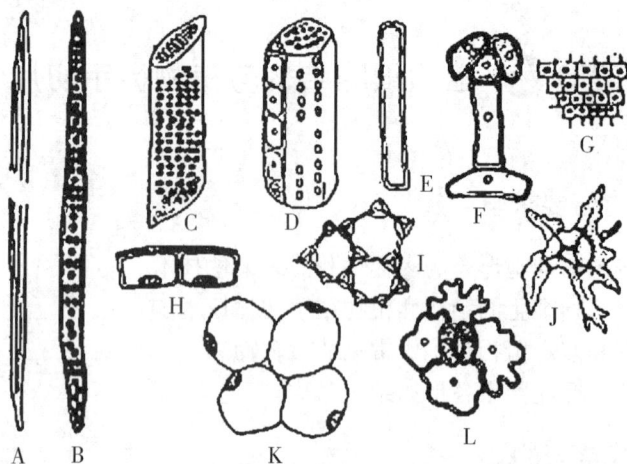

图2.1 种子植物各种形状的体细胞

（二）细胞壁、细胞核、细胞质和液泡的观察

将洋葱鳞片状叶（或大葱鳞片状叶）纵向切一窄条（宽0.5 cm），然后用刀片在鳞片叶内表皮处与窄条垂直的方向轻切两刀（划破表皮即可），两刀距离0.5 cm左右。用镊子将两切缝间的一块表皮轻轻撕下来。装片时先在洁净的载玻片上放一滴清水，再放洋葱表皮，盖上盖玻片。在低倍镜下观察，即可看到许多无色透明的长行细胞（见图2.2），在细胞中的细胞质内有一个圆形的细胞核。将装片从显微镜上拿下，加碘液染色。用高倍镜观察，可以看到细胞壁和染成黄褐色的细胞核、染成淡黄色的细胞质及细胞质里的液泡（见图2.2）。

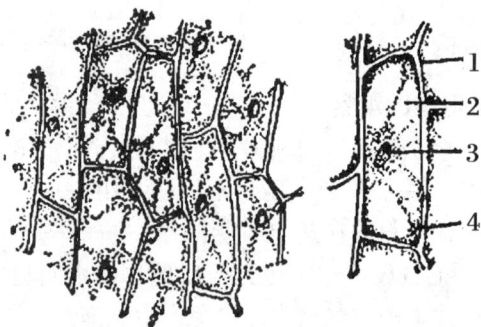

图2.2 洋葱表皮细胞
1. 细胞壁；2. 液泡；3. 细胞核；4. 细胞质

（三）线粒体的观察

撕取鸭跖草叶或大葱叶的内表皮一小块，置于载玻片上，加一滴0.25%碱性紫，1～2分钟后冲洗除去染色剂，加水制片在高倍显微镜下观察，可见到一些微小的颗粒被染成紫色，这些颗粒具有布朗运动，这些颗粒就是线粒体（见图2.3）。

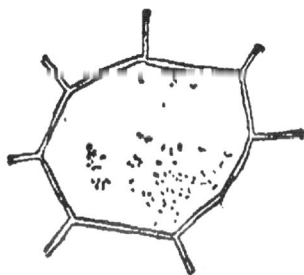

图2.3 鸭跖草表皮细胞（示线粒体）

（四）植物细胞内的质体观察

1. 叶绿体

取葫芦藓拟茎叶体或黑藻放在载玻片上，用刀刮下一小部分叶片，制成装片，在低倍显微镜下观察，可看出葫芦藓的叶片形状呈近长方形，每个细胞内含有许多颗粒状的叶绿体。换高倍镜放大观察，可清楚地看到其细胞内的叶绿体是圆饼状（见图2.4）。

2. 白色体

取紫鸭跖草较幼嫩的叶，沿叶脉处撕取表皮，制片观察，可见许多粒状的白色体，分布在细胞核的周围（见图2.5）。

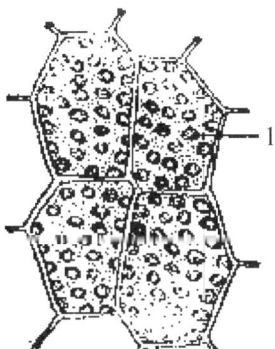

图2.4 葫芦藓叶细胞（示叶绿体）

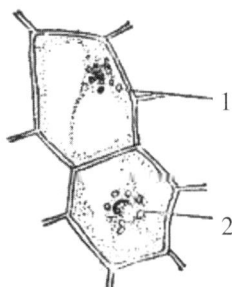

图2.5 紫鸭跖草表皮细胞（示白色体）

3. 有色体

取成熟的番茄（或红辣椒）果实，用针从果皮下挑取一小块果肉制成压片，用高倍镜观察，可以看到在它们的果肉薄壁细胞的细胞质中具有橙红色的有色体（见图2.6）。

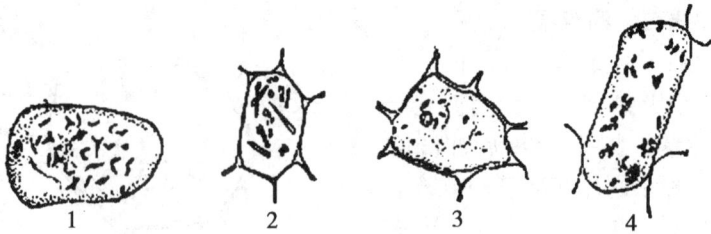

图 2.6　有色体
1. 山楂果肉细胞；2. 红辣椒果肉细胞；3. 番茄果肉细胞；4. 胡萝卜根皮层细胞

（五）植物细胞的内含物观察

1. 淀粉粒

取马铃薯块茎做徒手切片，先在低倍镜下观察，可见到其薄壁细胞中含有许多白色的颗粒即淀粉粒。换高倍镜观察，可以看到淀粉粒的轮纹，并可找到具有两个脐的淀粉粒（见图 2.7）。

2. 贮藏蛋白质

取蓖麻种子，剥去种皮，用肥厚的胚乳做徒手切片。先把切片放入盛有纯酒精的培养皿中洗涤数分钟，使切片中的脂肪溶解在酒精中。然后将切片取出制成装片，在高倍镜下观察，可以看到胚乳细胞内的糊粉粒，它是由贮藏在液泡中的蛋白晶体、球蛋白体和充填的无定形的胶质共同组成的（见图 2.8）。如在切片上加一滴碘—碘化钾试剂，其蛋白质呈黄色。

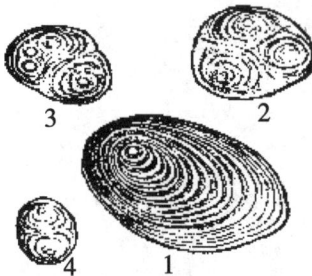

2.7　马铃薯细胞中的淀粉粒
1. 简单淀粉粒；2. 单粒；3. 半复粒；
4. 复粒

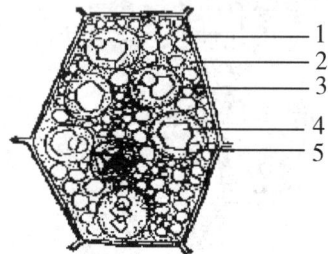

图 2.8　蓖麻的胚乳细胞（示糊粉粒）
1. 油脂；2. 细胞质；3. 糊粉粒；
4. 蛋白晶体；5. 蛋白球体

3. 油滴

取蓖麻胚乳做徒手切片，并用苏丹Ⅲ溶液染色，在低倍镜下观察，可看见在细胞内有被染成红色的油滴（脂肪滴）。

4. 结晶体

取秋海棠叶柄（或天竺葵茎）做横切徒手切片，在显微镜下观察，可见其基本组织细胞中常有单晶体或晶簇（见图2.9）。

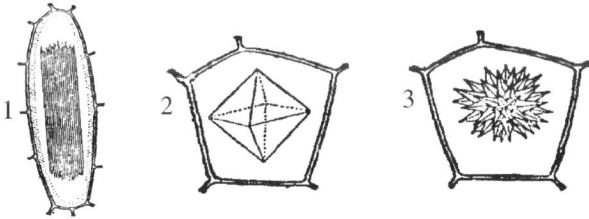

图2.9　各种晶体

1. 针晶体；2. 菱形晶体；3. 晶簇

5. 花青素

将扁豆花瓣平铺在载玻片上，用刀片刮去下表皮和部分薄壁组织，将剩下的部分装片，在显微镜下观察，可见其薄壁细胞内的细胞液呈红色，这就是细胞液中的花青素显现的颜色。

（六）胞间连丝的观察

用刀片沿新鲜的红辣椒的果皮表面平行方向，切取一薄片（或把辣椒的果皮里面朝上平放桌面上，用快刀刮去肥厚物质，使之很薄），加碘液染色制片观察。在高倍镜下，可以看见其表皮是由不太规则的细胞群构成的，细胞中有淡黄色的细胞质。细胞壁很厚，着深黄色，壁上有小孔（纹孔），孔里有细胞质丝穿过（见图2.10）。

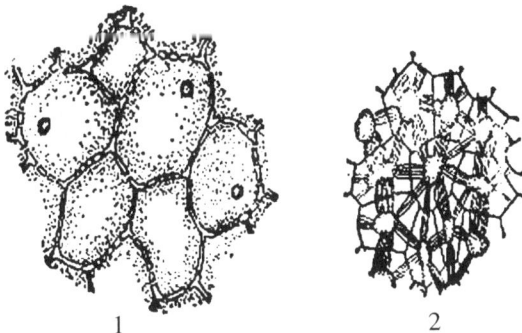

图2.10　胞间连丝

1. 辣椒表皮细胞；2. 柿子胚乳细胞

15

（七）细胞壁的变化

1. 细胞壁木质化

取蚕豆等草本植物的老茎做横切徒手切片，放在载玻片上，先加一滴盐酸浸透细胞，稍等 2～3 分钟，除去多余的盐酸，再加一滴间苯三酚溶液（50% 的酒精溶液），最后加盖玻片，在显微镜下观察，可见有些厚壁细胞群的细胞壁着红色，这是因为在酸性环境中木质素与间苯三酚起的红色反应。

2. 细胞壁角质化

取蚕豆、番茄或向日葵茎做横切徒手切片，加一滴苏丹Ⅲ酒精试剂，染色制片镜检观察，可看到茎的最外层表皮细胞的外侧壁着橘红色。这是茎表皮细胞外壁所沉积的角质素（脂肪类物质）与苏丹Ⅲ反应的结果。

3. 细胞壁栓质化

取土豆块茎切成 1 cm 左右厚度的长方块，然后沿长方块的短径表面做徒手横切切片，用苏丹Ⅲ酒精染色制片，镜检观察可见其表面几层细胞的细胞壁着橘红色，这就是细胞壁栓质素与苏丹Ⅲ反应的结果。

●植物徒手切片

（一）选材

一般选择发育正常、软硬适中的植物器官或组织为材料。所取的新鲜材料应及时放入水中，以免徒手切片时萎蔫。材料太硬时，可用 1.5% 的氢氟酸或用甘油和 70% 酒精的等量混合液进行软化处理；材料太软时，可用马铃薯块茎、胡萝卜肉根等作支持物，把材料夹在其中进行切片。对有些植物的叶片可卷成筒状进行切片或用三片双面刀片制成简易的"切刀"进行切片。取材的大小，一般直径不超过 5 mm，长度以 15～25 mm 为宜。

（二）切片

（1）先把欲切的材料用刀片削成大小适宜的段块，并将切面削平，然后将材料和刀片蘸水湿润（以后每切一片都要用水蘸湿）。

（2）用左手的拇指、食指和中指夹住材料。为防止切片时割伤手指，应使材料上端（切面）略高于食指，拇指略低于食指。用右手的拇指和食指捏住刀片一端，置于右手食指之上，刀片与材料切面平行，刀刃放在材料左前方稍低于材料断面的位置（见图 2.11A）。

（3）以均匀的力量和平稳的动作使刀刃自左前方向右后方斜滑拉切，注意不要直切，中途不停顿，拉切速度要快，不要推前拖后（拉锯式）切割，左手食指向下稍微移动，使材料略有上升，从而调动每张切片的厚度。切片过程中右手不动，只是右臂移动，动作用臂力而不用腕力。

（4）切片要薄、平而完整，将切下的切片用毛笔刷蘸水从刀片上轻轻移入培养皿的清水中或直接将刀片浸没于水中使切片漂沉下来（见图2.11B）。

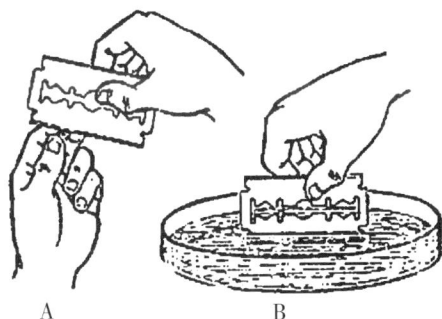

图2.11 徒手切片方法
A. 徒手切片   B. 从刀片上取下切片

（三）临时装片制作

在洁净的载玻片中央滴一滴清水，用镊子在培养皿中挑选薄而透明、完整的切片放在水滴中，取干净盖片自水滴左侧慢慢斜着盖下，以免气泡产生（见图2.12），这样就做成了临时装片。

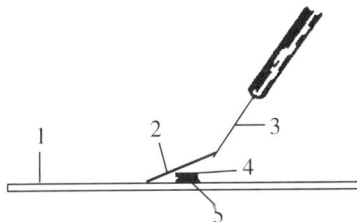

图2.12 加盖玻片的正确方式
1. 载玻片；2. 盖玻片；3. 解剖针或镊子；4. 切片；5. 水滴

四、作业与综合题

1. 选取植物组织离析材料，制成临时装片，用显微镜观察植物细胞形态，并绘制出观察到的各种形态的细胞。

2. 选取适当的植物材料，运用徒手切片技术，分别制临时装片，用显微镜观察植物细胞的基本结构及细胞中常见的后含物，并分别绘出简图，标出名称。

实验 ❸ 植物细胞分裂和植物分生组织

一、目的与要求

（1）了解植物细胞分裂的三种方式；认识分生组织在植物体上的位置及其类型。

（2）掌握植物细胞有丝分裂和减数分裂各时期的特征；掌握分生组织的结构特点。

二、用品与材料

（1）用品：显微镜、水杯、剪刀、培养皿、烧杯、指形管、滴管、载玻片、盖玻片、吸水纸、酒精灯。刀片、镊子、解剖针、纱布、毛笔。冰醋酸—酒精溶液（95%的酒精3份、冰醋酸1份）、50%的酒精、70%的酒精—浓盐酸（1∶1）、醋酸洋红染液、1%的龙胆紫、20%的醋酸（50%的酒精配制）、碘—碘化钾溶液，1%番红水。

2. 材料：洋葱根尖（小麦根尖、蚕豆根尖）、鸭跖草或大蒜苗、洋葱根尖纵切永久制片、花粉（小孢子）母细胞减数分裂装片。油菜茎尖、蚕豆或苜蓿新鲜茎段、胡桃、刺槐枝条、玉米或小麦幼茎。

三、内容与方法

●植物细胞分裂

植物细胞在生长发育过程中，不断地进行细胞分裂，增加细胞的数目。植物细胞分裂的方式有有丝分裂、无丝分裂和减数分裂三种，其中最普遍、最常见的是有丝分裂。

（一）植物有丝分裂的观察

有丝分裂是真核细胞最普遍的细胞分裂方式。由于细胞分裂过程出现了染色体和纺锤丝，故取名有丝分裂，又叫间接分裂。有丝分裂过程复杂，包括核分裂和胞质分裂两个步骤。为了方便解说，通常把核分裂划分成间期、前期、中期、后期和末期。但实际上核分裂是一个连续的过程，各时期中间有一系列过渡状态，在实验过程中应仔细观察、理解。

将洋葱置于水杯中，水面刚好接触洋葱的鳞茎盘的基部，3～4天后洋葱便可长出白根。根长度达到 1~1.5 cm 便可剪取使用。将剪取的根尖置于冰醋酸—酒精固定液中，在室温下放置 2~24 小时，可将材料固定。固定的材料如不急于使用，可以分别置于 50% 的酒精和 70% 的酒精中各半小时，再放入 70% 酒精保存备用。将固定的材料置于酒精—浓盐酸的解离液中 10~20 分钟，使根尖的胞间层离析。如用新鲜材料，可取材后直接置于解离液中，可同时起到固定和解离作用。解离时间的长短视材料而定，洋葱或小麦解离时间可稍长，蚕豆解离时间可稍短。但应注意各种材料的解离时间都不能过长，否则不易染色。解离后再放入酒精—冰醋酸固定液中 5~10 分钟，可起到软化细胞壁的作用（即再腐蚀细胞壁）。然后洗去固定液，将材料放置在指形管或小烧杯中换水洗 4~5 次，洗净盐酸，利于染色。将材料置于载玻片上，切去延长区和根冠部分，留根尖的分生部位约 1 mm，加一滴醋酸洋红染液，放置 10 分钟，待根尖染至暗红色，加盖玻片，将吸水纸或纱布放在盖玻片上面，左手按住载玻片，用右手拇指在吸水纸或纱布上，对准根尖部位施加压力，将根尖材料压成一均匀的薄层。用力要适当，使细胞和染色体能散开即可，用力过大有可能使染色体遭到破坏。为了增加染色效果，可将载片在酒精灯上微微加热。最后可在盖玻片的一侧滴一滴清水，用吸水纸从盖玻片的对侧将水吸进盖玻片内便可镜检观察。在观察过程中移动载玻片，注意检查，可在不同的视野中找到有丝分裂的各个时期（见图 3.1）。此实验也可用 1% 的龙胆紫染色 1 分钟后，用 20% 醋酸（50% 酒精配制）涮洗几秒钟后制片观察，可见染色体为蓝紫色。

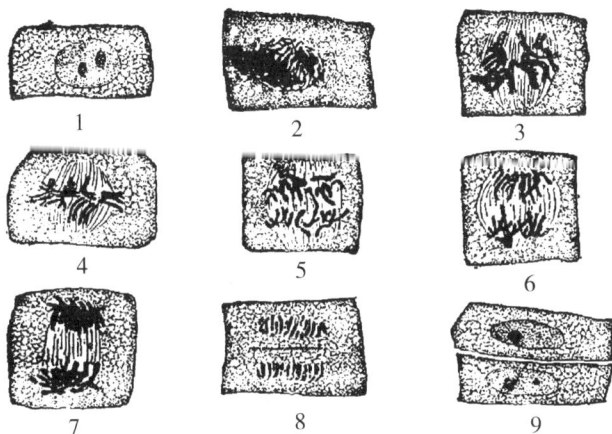

图 3.1　植物细胞有丝分裂的各个时期

1. 分裂间期；2~3. 分裂前期；4. 分裂中期；5~7. 分裂后期；

8. 分裂末期；9. 分裂间期（新的两个子细胞）

（二）植物细胞无丝分裂的观察

无丝分裂有多种形式，最常见的是横缢式分裂，细胞核先拉长，然后在中间缢缩，最后断裂成两个子细胞核。在示范显微镜下观察鸭跖草或大蒜幼苗叶鞘表皮临时装片，了解植物细胞无丝分裂现象（见图3.2）。

（三）植物细胞减数分裂的观察

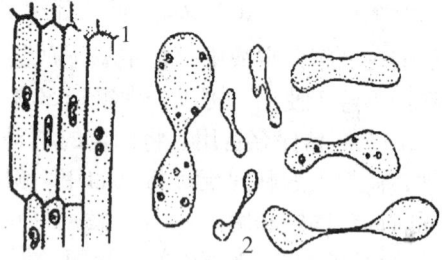

图3.2 植物细胞的无丝分裂
1. 大蒜鳞叶表皮细胞的无丝分裂；2. 棉胚乳游离核的无丝分裂

减数分裂是植物进行有性生殖时发生的细胞分裂，细胞分裂过程与有丝分裂相似，但细胞连续分裂两次，染色体只复制一次，因此，一个母细胞分裂成四个子细胞，子细胞的染色体数目只有母细胞染色体数目的一半。观察植物细胞减数分裂时二分体和四分体时期的永久装片，了解植物细胞减数分裂的现象（见图3.3）。

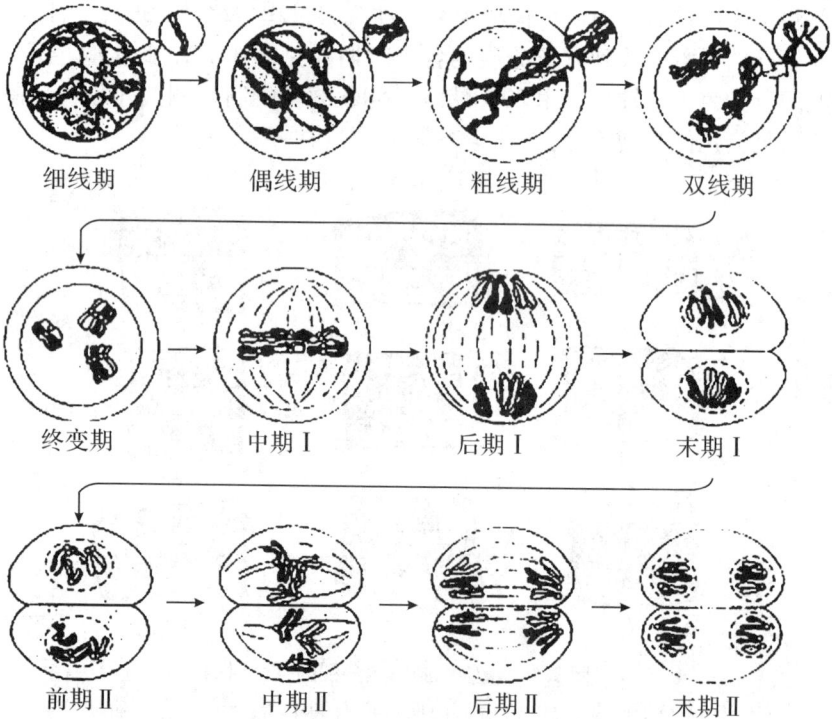

| 细线期 | 偶线期 | 粗线期 | 双线期 |

| 终变期 | 中期Ⅰ | 后期Ⅰ | 末期Ⅰ |

| 前期Ⅱ | 中期Ⅱ | 后期Ⅱ | 末期Ⅱ |

图3.3 植物细胞减数分裂过程

●植物分生组织

分生组织是由具有旺盛的分裂机能的细胞所组成的，见于植物体生长的幼嫩部位。依其在植物体中的位置不同可分为顶端分生组织、侧生分生组织和居间分生组织三种类型。

（一）顶端分生组织的观察

剪取 2 mm 长的一段洋葱根尖，将剪下的根尖沿纵轴从正中切成两半，置于 1∶1 的浓盐酸和酒精（95％）混合液中 5 分钟，杀死、固定并离析材料。离析后用水冲洗 10 分钟（将材料侵在水中涮洗几次即可），然后将根尖放在载玻片上，加一滴醋酸洋红试剂（或碘液），用小刀轻轻压散根尖细胞，20 分钟后细胞核便可着色，吸去多余染料，加一滴清水制片，先置于低倍镜下观察，可以看到根尖的先端一个帽状的结构，它是由许多排列疏松的细胞组成的，叫根冠。根冠的内方就是根尖的顶端分生组织（见图 3.4）。再转换高倍镜，就可以观察到细胞间排列紧密，无孔隙存在，细胞的形状几乎等径。细胞壁很薄，细胞质稠密，液泡很小。细胞核在细胞的比例上较大，居于细胞中央，具有不断分裂的能力。由于这部分细胞的不断分裂，引起根尖的顶端生长。如果用油菜或其他植物的茎尖纵切片来观察，除茎尖外围无根冠一类组织而代之以叶原基和幼叶之外，顶端分生组织的形态特点也类似（见图 3.5）。

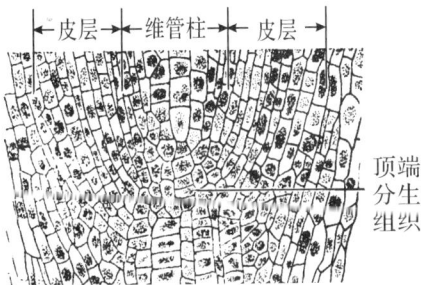

图 3.4　洋葱根尖顶端分生组织　　图 3.5　油菜茎尖顶端分生组织

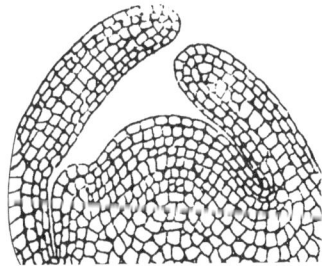

（二）侧生分生组织的观察

取蚕豆或苜蓿新鲜茎段，作徒手横切制片（用 1％ 番红水溶液染色，或作成番红—快绿双重染色的永久玻片标本），置于显微镜下观察，可见到排列成环状的维管束，在维管束的木质部（切片中近茎的中心部分，被番红染成红色的部分）与韧皮部（与木质部相对的一端，如用快绿染色，则被染成绿色或深绿色）之间，可清楚地看到几层扁平的细胞，排列也较紧密，这就是形成层细胞。其细胞分裂的结果，可使茎加粗，故名侧生分生组织。如具有次

21

生生长的植物。

（1）根为材料，同样可看到类似的情况，而使根加粗。为了更仔细地观察到形成层细胞的特点，可取胡桃、刺槐枝条，将其树皮剥下，用刀片或镊子在树皮或木质茎干的新鲜伤面上撕下或切下极薄的一层，作临时切片，置于显微镜下观察，可以看到形成层细胞纵向的形态有两种：一为纺锤状原始细胞；另一为几乎等径的射线原始细胞（见图3.6）。纺锤状原始细胞，其长比宽可大几倍或许多倍，同时细胞内具有明显的液泡。

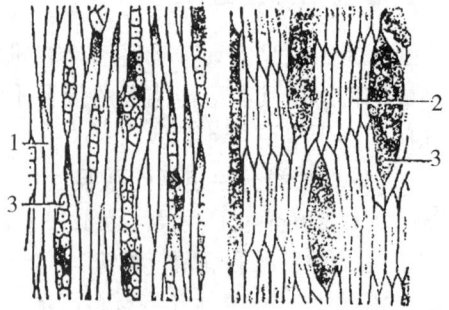

图3.6　纺锤状原始细胞与射线原始细胞
1. 长的纺锤状原始细胞（胡桃）；2. 短的纺锤状原始细胞（刺槐）；3. 射线原始细胞

（2）取刺槐或其他树种的老枝，作徒手横切片，用1%番红水溶液临时封片镜检，可观察到在茎切片的边缘亦有几层扁平形的细胞，排列整齐而紧密，是次生保护组织周皮，其中染成红色、细胞无内含物的死细胞为木栓层。在木栓层内方有层颜色淡而扁平的细胞为木栓形成层，是另一种侧生分生组织（见图3.7）。它的细胞分裂活动结果形成木栓层和栓内层，组成周皮。

（三）居间分生组织的观察

取玉米或小麦幼茎，作徒手纵切片临时封片观察或取已制成的永久切片，于显微镜下观察。注意在节间基部有一些体积较小、排列比较紧密、具有分生能力的细胞群，这就是居间分生组织。它的活动结果是使禾谷类作物拔节（见图3.8）。

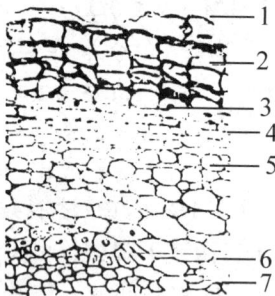

图3.7　木栓形成层
1. 表皮；2. 木栓；3. 木栓形成层；
4. 栓内层；5. 表层；6. 纤维；7. 韧皮部

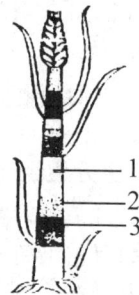

图3.8　麦秆居间分生组织的分布
1. 成熟组织；2. 较老组织；
3. 居间分生组织

四、作业与综合题

1. 填表。

植物细胞分裂方式	有丝分裂	减数分裂
不同点		
相同点		

2. 选取小麦根尖，运用徒手切片技术制片，观察植物细胞分裂各时期的特征，并分别绘出简图。

3. 原分生组织、初生分生组织和次生分生组织的来源和细胞特征有何区别？与顶端分生组织、侧生分生组织有何关系？

4. 观察大叶黄杨叶芽纵切永久制片时，为什么在其顶端分生组织中看不到正在进行分裂的细胞？

实验 ④ 植物成熟组织

一、目的与要求

（1）掌握植物各种成熟组织的形态、位置、结构及功能。

（2）了解不同组织间的相互联系、维管束的结构与类型及植物组织离析法。

二、用品与材料

（1）用品：显微镜、载玻片、盖玻片、镊子、刀片、纱布块、擦镜纸、吸水纸、小烧杯、尼龙纱、玻棒、培养皿。蒸馏水、1%番红溶液、5%间苯三酚酒精溶液、40%盐酸等。

（2）材料：番薯或蚕豆叶片、楝树（或其他树木）枝条、萝卜根尖、马铃薯块茎横切片、南瓜茎（或薄荷茎、苹果茎）纵横切片、椴树茎切片、梨果实、玉米茎（或荻等其他禾本科植物茎）横切片。

三、内容与方法

（一）保护组织

1. 观察叶下表皮

取番薯或蚕豆叶片，将其背面向上，放在左手食指上，用中指和大拇指夹住叶片两端，用镊子撕取下表皮一小块，作临时装片，置低倍镜下观察（见图4.1），可见表皮细胞彼此相互镶嵌，侧壁呈波浪状，排列紧密无胞间隙，细胞中具有无色透明的细胞质及圆形的细胞核。在表皮细胞之间分布着许多气孔器，选择一个较清晰的气孔器，转换高倍镜仔细观察，可见到它由两个肾形保卫细胞和气孔缝组成（无副卫细胞），注意观察保卫细胞初生壁的特点和内含的叶绿体。

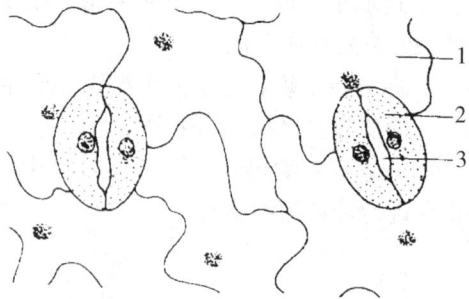

图4.1 蚕豆叶下表皮
1. 表皮细胞；2. 保卫细胞；
3. 保卫细胞围成的气孔

2. 观察茎的周皮

取楝树枝条观察，其表面上白色颗粒状突起为皮孔。用指甲轻轻刮下最外呈褐色的一层，即为木栓层，内呈绿色的部分为栓内层，两者之间为木栓形成层，三者合称为周皮。其中木栓层属_____组织，木栓形成层属于_____组织，栓内层属于_____组织。在局部区域木栓形成层向外分裂产生薄壁细胞，形成次生通气组织（皮孔）。另取椴树茎横切片观察周皮的结构（见图4.2）。

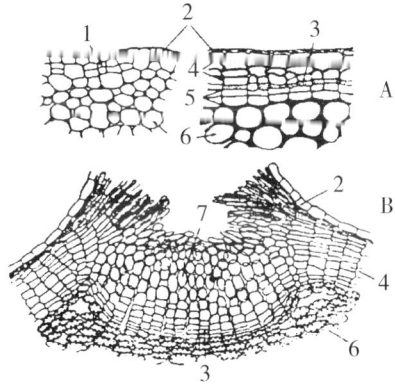

图4.2　周皮发生（A）和皮孔（B）
1. 木栓形成层开始发生；2. 表皮；3. 木栓形成层；4. 木栓层；5. 栓内层；6. 皮层薄壁细胞；7. 补充细胞

观察后思考：叶的表皮细胞和老茎表层的周皮各属哪类保护组织？它们为适应其保护功能在形态和结构上各有什么特点？

（二）薄壁组织（见图4.3、图4.4）

1. 吸收组织

取萝卜根尖制作压片，置显微镜下观察根毛的形态和结构特点。

2. 贮藏组织

取马铃薯块茎一小块，用双面刀片进行徒手切片，选取较薄的切片放在载玻片上，加一滴蒸馏水后盖上盖玻片，置显微镜下观察淀粉贮藏细胞的结构特点。

3. 同化组织

取夹竹桃叶片作徒手横切片，制成临时切片标本，置显微镜下观察，了解叶肉栅栏组织和海绵组织的结构和功能特点。

4. 通气组织

观察水稻老根横切制片，在水稻老根的皮层中有一部分细胞解体，形成大的空腔（气腔），具有通气的作用，被称为通气组织。

观察后思考：为什么薄壁组织又叫营养组织、基本组织？

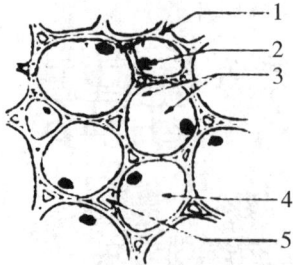

图 4.3　茎的薄壁组织图

1. 胞间层；2. 细胞核；3. 细胞质；

4. 液泡；5. 胞间隙

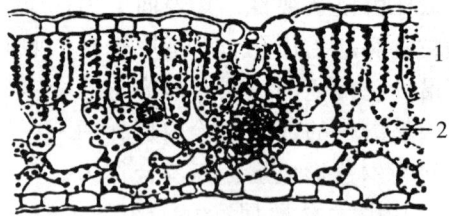

4.4　叶的同化组织

1. 栅栏组织；2. 海绵组织

（三）机械组织

1. 厚角组织

取南瓜（或薄荷、苹果、椴树）茎横切片，先在低倍镜下观察，找到棱角处，再换高倍镜由外而内观察，最外一层排列整齐的扁平细胞为表皮。其上具多细胞表皮毛，紧靠表皮内方的皮层中，有几层染成绿色的细胞。其细胞壁在角隅处加厚，是生活细胞，有时还可看到细胞内的叶绿体，为厚角组织（见图 4.5）。

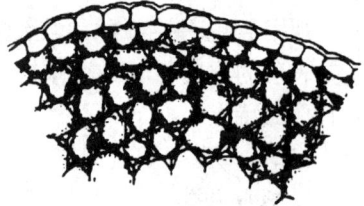

图 4.5　南瓜茎厚角组织

2. 厚壁组织

（1）纤维。在上述厚角组织内方，有几层椭圆形的薄壁细胞，属薄壁组织。在其内方有几层染成红色的细胞，其细胞壁均匀加厚并木质化，细胞腔较小，无原生质体，是死细胞，为厚壁组织中的纤维（见图 4.6）。

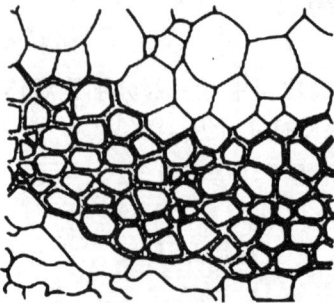

图 4.6A　南瓜茎厚壁组织（纤维）

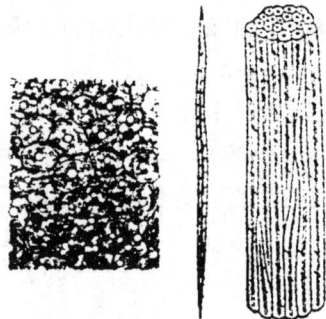

图 4.6B　纤维

（2）石细胞：取梨靠近中部的一小块果肉，挑取其中一个沙粒状的组织置载玻片上，用镊子柄部将石细胞群压散，在载玻片上加蒸馏水并盖上盖玻片观察，可见大型薄壁细胞包围着颜色较暗的石细胞群，其细胞壁异常加厚，细胞腔很小，具有明显的纹孔（图4.7C）。取下制片，在盖片一侧滴一小滴40%盐酸，在另一侧用吸水纸吸去盖片内的水分，材料被盐酸浸透3~5分钟后，再加5%间苯三酚酒精溶液，置显微镜下观察，可见石细胞壁中的木质素遇间苯三酚发生樱红色或紫红色反应（此方法常用于检验鉴别细胞壁中木质素的成分）。

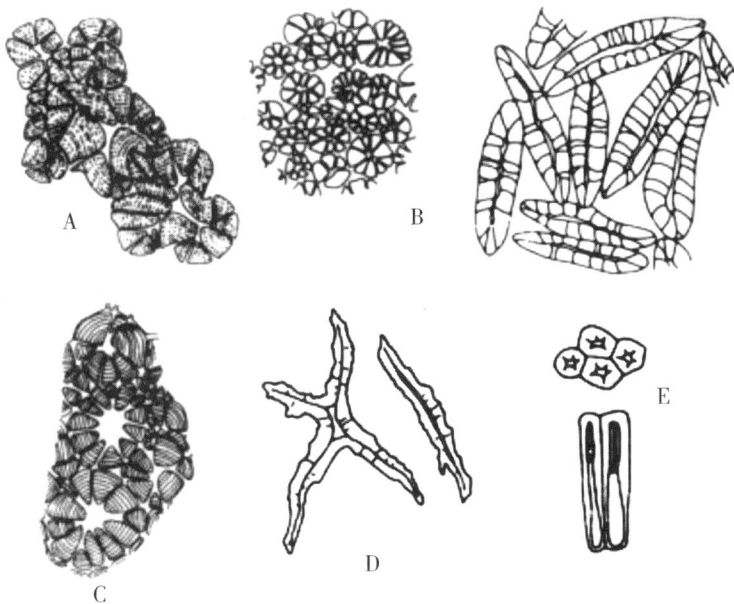

图4.7　石细胞（厚壁组织）
A. 核桃壳的石细胞；B. 椰子内果皮：石细胞横切面（左）和纵切面（右）；
C. 梨果肉中的石细胞群；D. 山茶属叶柄中的石细胞；E. 菜豆种皮表皮层石细胞横切面（上）和纵切面（下）

观察后思考：厚角组织与厚壁组织的区别表现在哪些方面？分析其结构与功能的关系。

（四）输导组织

1. 木质部中的输导组织

取南瓜茎纵切片置低倍镜下观察，切片中央两侧有一些细胞壁被染成红色、具有各种加厚花纹的成串管状细胞，它们是多种类型的导管（组织）（见

图4.8）。每个导管分子，均以端壁形成的穿孔相互连接，上下贯通。仔细观察可发现，这些细胞可分为两种：管径较小，其壁具有螺旋形加厚并木质化的为螺纹导管；管径较大，具有网状加厚并木质化的为网纹导管（注意切片中有些导管或导管一段，因为只切到导管腔中间一部分，因而只看到导管两边侧壁和中间空腔，而看不到导管壁上加厚的花纹）。偶尔也可以在切片中看到管径很小、管壁上有环状加厚并木质化的环纹导管。导管是输导水分的管状结构，它们纵向排列于木质部内。观察时注意导管的结构特点和不同类型导管的区别。也可观察薄荷、苹果等植物茎的纵切制片。

2. 韧皮部中的输导组织

观察南瓜茎纵切片，分布在木质部内外两侧染成绿色的主要是韧皮部，在此处可见一些口径较大的长管状细胞（每个细胞即为一个筛管分子）上下相连而形成的管状结构，即为筛管（见图4.8）。换用高倍镜可见上下两个筛管分子连接的端壁所在处稍微膨大、染色较深，可看到水平的或倾斜的端壁，即为筛板，有些还可看到筛板上的筛孔。筛管无细胞核，其细胞质常收缩成一束，离开侧壁，两端较宽，中间较窄，这就是通过筛孔的原生质丝，比胞间连丝粗大，因而称为联络索（connecting strand）。在筛管旁边紧贴着一至几个染色较深、细长的伴胞。这些伴胞的细胞质浓，并具有细胞核。筛管是输导有机养料的管状结构，它们纵向排列在韧皮部。观察时注意筛管结构的特点；也可观察薄荷、苹果、椴树等植物茎的纵切片。

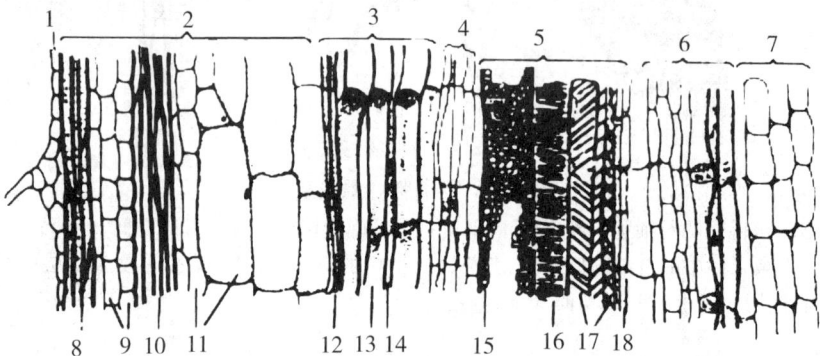

图4.8　南瓜茎纵切面

1. 表皮；2. 皮层；3. 外韧皮部；4. 形成层；5. 木质部；6. 内韧皮部；7. 髓部细胞；8. 厚角组织；9. 薄壁组织；10. 纤维；11. 薄壁组织；12. 原生韧皮部；13. 后生韧皮部之筛管；14. 后生的伴胞；15. 网纹导管；16. 梯纹导管；17. 螺纹导管；18. 环纹导管

观察后思考：在茎的纵横切面上如何区分木质部和韧皮部？导管和筛管有什么差异？

（五）维管束结构和类型

1. 双子叶植物的无限维管束（开放维管束）（见图4.9）

取南瓜（或其他双子叶植物）茎横切片对光肉眼观察，可见南瓜茎切片中央为星状的髓腔，围绕髓腔的薄壁组织内有5个较大和5个较小的维管束彼此相间排列。在低倍镜下选一个大而清晰的维管束观察，可见维管束由外（靠茎外方）到内分为外韧皮部、形成层、木质部和内韧皮部四个部分。木质部中包括细胞壁被染成红色的2~3个直径较大的网纹导管和多个小的螺纹或环纹导管、管胞以及细胞壁被染成绿色的木薄壁细胞。在木质部内外两侧、细胞较小、被染成绿色部分的为内、外韧皮部。选择外韧皮部，用高倍镜仔细观察。它是由筛管、伴胞和韧皮薄壁细胞组成。筛管呈多边形，管径较大，有的可看到端壁具筛孔的单筛板。筛管旁边有一个细胞质浓、染色较深呈三角形或梯形的小细胞，即为伴胞。在韧皮部内，没有伴胞的大型细胞是韧皮薄壁细胞。在外韧皮部与木质部之间，有数层排列紧密、形状扁平、近长方形、较规则的细胞，为形成层区。形成层为侧生分生组织，它的细胞分裂可使维管束扩大。内韧皮部与木质部之间也有形成层状细胞，但无分裂能力。因南瓜茎维管束内有形成层，故称为无限（开放）维管束，又因为它有内外两个韧皮部，所以又称为双韧维管束，全称为双韧无限维管束。

2. 单子叶植物的有限维管束（闭合维管束）（见图4.10）

取玉米茎（或水稻茎）横切片观察，可见在基本组织中分散着许多维管束。选一个大而清晰的维管束观察，可见维管束周围有一圈细胞壁较厚、被染成红色的厚壁组织，称为维管束鞘。在鞘内靠外方的细胞壁被染成绿色的部分为韧皮部，外方的原生韧皮部多被挤毁，内方的后生韧皮部中有些较大的呈多边形的细胞为筛管，在筛管旁边有较小呈梯形或三角形的细胞为伴胞。韧皮部内方为木质部，有1~2个小的环纹或螺纹导管，V形上半部为后生木质部，两侧各有一个大的孔纹导管。木质部和韧皮部之间无形成层，因此玉米维管束称有限（闭合）维管束，又由于韧皮部排列在外方，故又称外韧维管束或外韧有限维管束。

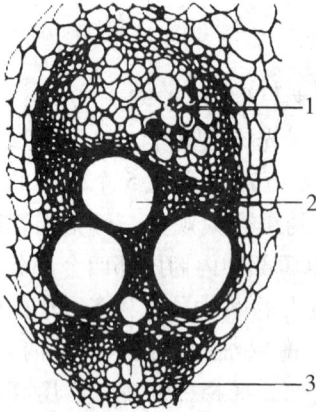

图 4.9 南瓜茎横切面（示一个双韧维管束）
1. 外韧皮部；2. 木质部；3. 内韧皮部

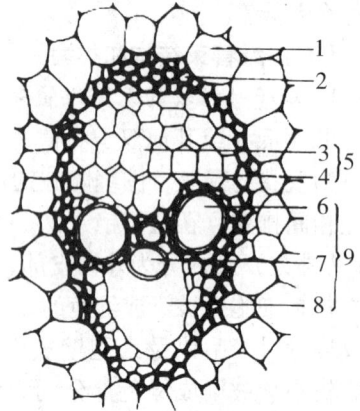

图 4.10 水稻茎的维管束
1. 基本组织；2. 维管束鞘；3. 筛管；
4. 伴胞；5. 韧皮部；6. 孔纹导管；
7. 环纹导管；8. 气腔（隙）；9. 木质部

观察后思考：维管束为什么会分成无限型和有限型？其结构和功能有什么不同？

（六）分泌结构

比较观察各种分泌结构的特点：

（1）柑橘果皮横切片：观察分泌腔。

（2）松幼茎横切片：观察韧皮部和木质部中的分泌道（树脂道）。

（3）蒲公英根横切片：观察乳汁管。

（七）组织离析制片法（参考附录6操作）

四、作业与综合题

1. 绘制蚕豆叶表皮细胞图，并注明各部分形态结构名称。

2. 绘制1~2种导管分子和筛管分子的纵切结构图。

3. 列表比较各种成熟组织的细胞形态、特征、功能和在植物体中的分布等方面的异同。

4. 维管束包括哪几部分？每一部分包括哪些组织？其主要功能是什么？

实验 ❺ 种子和幼苗

一、目的与要求

（1）掌握种子的基本形态结构和类型及幼苗类型。

（2）学习种子萌发的方法，了解种子萌发成幼苗的过程。

二、用品与材料

（1）用品：显微镜、解剖镜、培养皿、刀片、镊子、解剖针、载玻片、盖玻片、擦镜纸、纱布；I－KI溶液、1%番红染液。

（2）材料：蚕豆、菜豆、豌豆、花生、蓖麻或油桐种子、玉米、小麦、水稻果实；小麦、水稻颖果切片；大豆、菜豆、花生、豌豆、蓖麻、小麦、水稻、玉米的幼苗。

三、内容与方法

（一）种子的结构与类型

种子是种子植物的_____器官，萌发后形成_____。

1. 菜豆、蚕豆、蓖麻等种子的形态结构

可选用菜豆、蚕豆、大豆等种子作材料，于实验前2~3天将种子浸泡于清水中，让其充分吸胀与软化，以利于种子的解剖观察。

（1）菜豆种子的形态结构（见图5.1）。取一粒已浸泡胀的菜豆种子。可见种子呈肾形，种子外面有一层革质的种皮，其颜色依品种不同而不同。在种子稍凹的一侧，有一条状疤痕，它是种子成熟时与果实脱离后留卜的痕迹，称为_____。将种子擦干，用手挤压种子两侧，可见有水和气泡从种脐一端溢出，此处为_____，即胚珠时期的珠孔。当种子萌发时，胚根首先从种孔中伸出突破种皮，所以亦叫发芽孔。在种孔另一端种皮上，近处有一瘤状突起，远端是_____，内含维管束。剥去种皮，剩下部分即是种子的胚，由_____四部分组成。两片肥厚的豆瓣为子叶，掰开两片子叶，可见子叶着生在胚轴上，在胚轴上端的芽状物为胚芽，可见两片有脉纹的幼叶，小心用解剖针挑开幼叶，用扩大镜观察，可见胚芽的生长点和突起状的叶原基。在胚轴下端，露出于子叶之外光滑的锥形物为胚根。

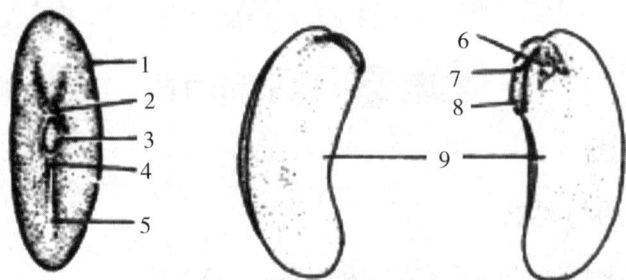

图 5.1 菜豆种子的形态结构

1. 种皮；2. 种孔；3. 种脐；4. 种瘤；5. 种脊；6. 胚芽；7. 胚轴；8. 胚根；9. 子叶

（2）蚕豆种子的形态结构。按观察菜豆种子的解剖方法，取一粒已浸泡好的蚕豆种子进行观察，在种子一端黑色疤痕为种脐，其结构和菜豆种子基本相同，但种脐上无瘤状突起，胚芽上的幼叶不如菜豆清楚。

（3）蓖麻种子的形态结构（见图 5.2）。取一粒蓖麻种子，先观察其形态并识别种皮上的种脊、种阜等附属结构（种孔不明显），然后用镊子的扁平尾端轻轻打破其坚硬的种皮。剥下种皮注意观察，其种皮是一层还是两层？若为两层，外种皮和内种皮的质地有何不同？用刀片或解剖针小心地把种皮以内的部分沿与种子宽面平行的方向分成两半，用放大镜观察，其乳白色肉质肥厚的部分是_____，紧贴肉质部分有两片极薄且有明显脉纹的白色"小叶片"，是_____，"小叶片"夹角处有一个小的突起，这是胚芽（仅有生长点，尚未分化出幼叶），胚芽下方的一条粗短光滑的突起是_____。

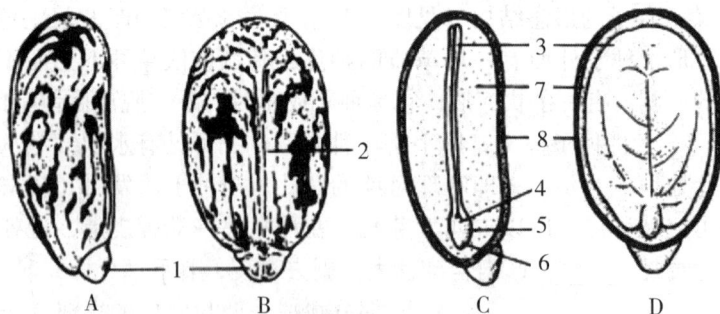

图 5.2 蓖麻种子的形态结构

A. 种子外形的侧面观；B. 种子外形的腹面观；

C. 与子叶面垂直的正中纵切；D. 与子叶面平行的正中纵切

1. 种阜；2. 种脊；3. 子叶；4. 胚芽；5. 胚轴；6. 胚根；7. 胚乳；8. 种皮

观察后思考：上述三种种子各属于什么种子类型？

2. 禾本科植物颖果的形态结构

选用玉米、小麦和水稻籽粒作材料。于实验前2~3天置清水中浸泡。这些籽粒从形态发生来看，它是由子房发育而来的，应为果实，它的果皮薄和种皮愈合在一起不易分开，内含一粒种子。在种子纵切面上，可见种皮以内为胚乳，胚位于种子基部一侧（小麦、水稻）或下端基部胚乳中（玉米）。上述籽粒是结构特殊的颖果（果实）。

（1）玉米颖果的形态结构（见图5.3）。取一粒玉米籽粒进行观察，其外形为圆形或马齿形，稍扁，在下端有果柄，去掉果柄时可见到果皮上有一块黑色组织，即为种脐。透过果皮与种皮可清楚地看到胚位于宽面的下部，用刀片垂直颖果宽面，沿胚之正中纵切成两半，用扩大镜观察其纵切面；它外面有一层厚皮，是果皮和种皮愈合形成的。果皮与种皮以内大部分是胚乳，在背侧基部的一角是胚。然后在切面上加一滴稀释的碘液，可见胚乳部分马上变成蓝黑色，胚呈橘黄色，十分清楚（为什么），仔细观察胚的结构，可看到锥形的胚根，外有胚根鞘；上部为胚芽，外有胚芽鞘；位于胚芽和胚乳之间的盾状物即为盾片（子叶），胚芽与胚根之间和盾片相连的部分为胚轴。

再取玉米胚纵切片在显微镜下仔细观察胚的结构，分辨胚的各个组成部分。注意观察子叶与胚乳相连接处有一层较大、呈柱状排列整齐的细胞称为上皮细胞，它有什么功能？

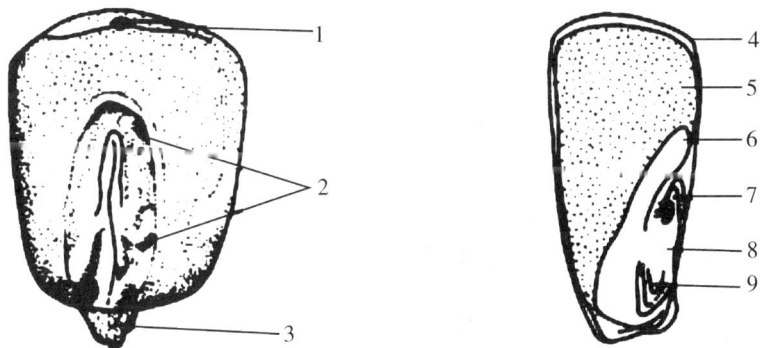

图5.3　玉米颖果的形态结构（示胚的结构）

A. 玉米颖果外形；B. 玉米颖果纵切面

1. 花柱遗迹；2. 胚；3. 果柄；4. 果皮和种皮；
5. 胚乳；6. 子叶；7. 胚芽；8. 胚轴；9. 胚根

（2）小麦（或水稻）颖果的形态结构（见图5.4）。按观察玉米颖果的方法和步骤观察小麦颖果的外形，小麦籽粒较玉米小，呈椭圆形，具腹沟，顶端有一丝单细胞的表皮毛——果毛，其他方面和玉米相似。然后取小麦胚纵切片在显微镜下观察其胚的结构，基本上和玉米相似，主要的不同点是小麦胚轴的外侧有一个小形的外胚叶。

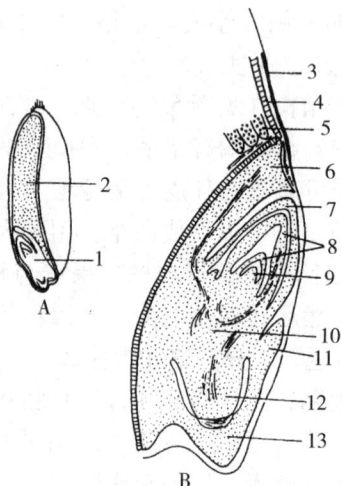

图5.4　小麦（或水稻）颖果的形态结构（示胚的结构）

A. 籽粒纵切面；B. 胚的纵切面

1. 胚；2. 胚乳；3. 果皮与种皮的愈合层；4. 糊粉层；5. 淀粉贮藏细胞；6. 盾片；
7. 胚芽鞘；8. 幼叶；9. 胚芽生长点；10. 胚轴；11. 外胚叶；12. 胚根；13. 胚根鞘

　　水稻的糙米相当于一颖果，其外面包被的谷壳等于内外稃片，其胚的结构和小麦胚相似，但呈明显弯曲状。

　　观察注意其胚芽是由_____、_____和_____组成，胚根是由_____、_____和_____组成，子叶（盾片）与胚乳交界处有一层整齐的上皮细胞，在胚细胞外侧与子叶相对处有一个向上的突起，称为外胚叶。

　　观察后思考：

　　①种子的结构一般包括_____、_____和_____三部分，其中最重要的部分是_____，其结构包括_____、_____、_____、和_____四部分。

　　②根据成熟种子内有无_____，可把种子分为_____种子和_____种子两类。为什么菜豆、蚕豆的子叶特别肥厚而蓖麻的子叶极薄？

　　③与一般植物比较，禾本科植物的胚在结构上有哪些相同点和不同点？禾本科植物的胚乳由哪两部分组成？

（二）种子萌发和幼苗形成过程、幼苗类型

种子萌发即种子胚从相对静止状态转入生理活跃状态，胚细胞进行旺盛的有丝分裂，不断产生新细胞，胚根突破种皮，向下生长，形成根系，同时胚芽也向上生长形成茎叶，形成自养型幼苗的过程（见图5.5、图5.6）。

观察大豆、菜豆、豌豆、花生、蓖麻、玉米、小麦、水稻的幼苗，对照下面各图，识别幼苗的子叶、真叶、上胚轴和下胚轴，并识别子叶出土幼苗和子叶留土幼苗。

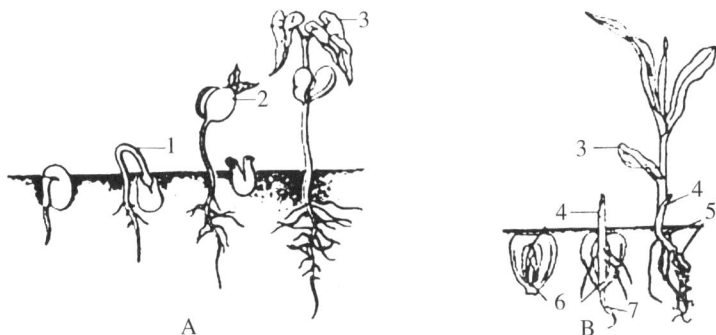

图5.5　种子的子叶出土萌发（菜豆种子）和留土萌发（玉米籽粒）

A. 菜豆种子；B. 玉米籽粒

1. 下胚轴；2. 子叶；3. 第一片真叶；4. 胚芽鞘；5. 不定根；6. 胚根鞘；7. 主根

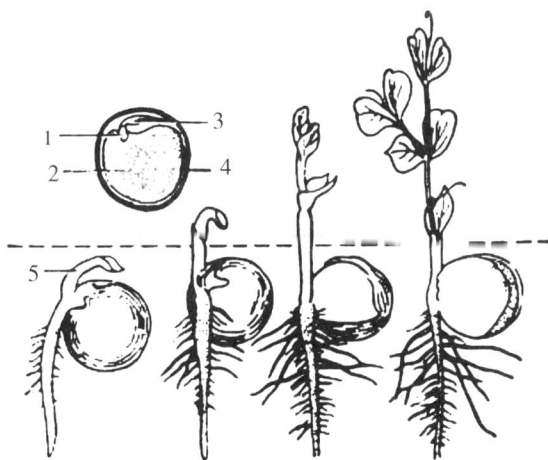

图5.6　豌豆种子萌发过程（示子叶留土）

1. 胚芽；2. 子叶；3. 胚根；4. 种皮；5. 上胚轴

观察后思考：

①种子萌发时，_____首先突破种皮生长形成_____，然后_____

突破种皮向上生长形成地上的_____，_____伸长生长形成根与茎的过渡区，子叶出土或留土。

②子叶出土幼苗形成的方式是_____；子叶留土幼苗形成的方式是_____。

③播种时哪些类型的植物种子宜浅播？为什么？

（三）种子萌发形成幼苗过程的观察

在教师指导下，本实验课前 7～10 天学生分组进行种子萌发实验观察。将要观察的菜豆、大豆、花生、豌豆（或蚕豆）、水稻、小麦（或玉米）等种子，经挑选后浸泡 2～3 天，使其充分吸胀，然后播入盛有沙、花土或锯木屑的盆内，并浇上适当水分（或放入下面垫有滤纸、草纸或纱布的培养皿中，浇上适当的水分，使滤纸保持湿润状态，盖上培养皿盖子，将培养皿放入25℃的培养箱中）。学生每天轮流进行观察记载，注意观察下列问题：种子萌发时胚的哪一部分最先伸出种皮？它们的子叶是否出土？大豆和豌豆幼苗在形态上有什么不同？玉米和小麦萌发时，哪一部分最先突破果皮？哪一部分先出土？子叶是否出土？注意种子每天的变化，按下表进行记载。

不同种子处理及萌动、出土情况

种子名称	浸种日期	根伸出日期	芽伸出日期	留土或出土萌发	备　　注
大豆					
菜豆					
花生					
豌豆					
水稻					
玉米					
小麦					

四、作业与综合题

1. 填写种子萌发过程的表格（上表）。

2. 绘制菜豆胚的解剖图（示其结构）。

3. 绘制小麦颖果纵切面部分图（示果皮与种皮、胚及胚乳）。

4. 以菜豆种子和玉米籽粒为例，比较双子叶植物和单子叶禾本科植物"种子"结构上的异同。

5. 大豆、豌豆、小麦等的胚在萌发成幼苗过程中有什么变化？何谓"子叶出土"幼苗和"子叶留土"幼苗？它们与播种有何关系？

实验 **6** 根的形态与结构

一、目的与要求

(1) 掌握双子叶植物和单子叶植物根的结构特点。

(2) 了解种子植物的根尖分区、根系类型及根瘤与菌根的形态结构。

二、用品与材料

(1) 用品：显微镜、载玻片、盖玻片、镊子、刀片、擦镜纸、纱布块；蒸馏水、龙胆紫染液或石炭酸品红。

(2) 材料：洋葱（或萝卜、小麦）根尖、蚕豆或棉幼根横切片、鸢尾（或韭菜）根横切片、水稻（或小麦）根横切片、大豆根瘤、胡萝卜根、大豆老根横切片、大豆根瘤切片、竹菌根切片，大豆或蚕豆根形成层发生过程的切片、蚕豆（或棉）侧根发生横切片。

三、内容与方法

（一）根尖形态及结构观察

1. 根尖的外部形态

(1) 材料的培养：在实验前5~7天，将洋葱放于盛水的烧杯上，也可将小麦籽粒浸水吸胀，置于垫有潮湿滤纸（卫生纸、纱布亦可）的培养皿内并加盖，以维持一定的湿度（注意不可被水淹没，影响呼吸，以至腐烂）。同时要放到恒温箱中，保持一定温度（20℃~25℃为宜），待幼根长到2~3 cm时即可作为实验观察材料。

(2) 根尖外部形态观察（见图6.1）：根尖是指从根毛区到根最尖端的部分。取萌发后生长较直的白根，用刀片切下顶端约1.5 cm长的一段，置于干净的载玻片上，用肉眼或平台扩大镜观察它的外形：

根冠：幼根最前端略为透明部分，呈帽状。

分生区（生长点）：根冠内方，不透明略带黄色的部分。

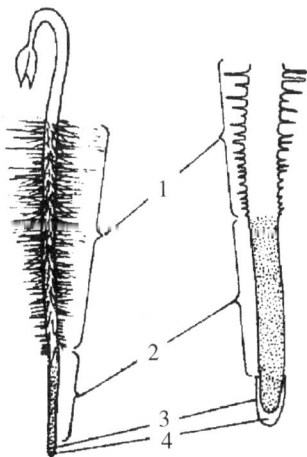

图6.1 根尖外形与分区
1. 根毛区；2. 伸长区；
3. 分生区；4. 根冠

伸长区：位于分生区之后，光滑无根毛略透明的部分。

根毛区：位于伸长区之后，密布白色绒毛，即具根毛的部分。

2. 根尖的内部结构（见图6.2）

取洋葱或大麦、玉米根尖纵切片，观察根尖各区结构特点。

观察后思考：根尖分几个区？各区结构及功能的特点如何？

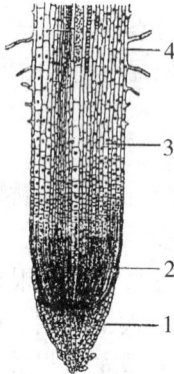

图6.2　根尖纵切片（示根尖分区）

1. 根冠；2. 分生区；3. 伸长区；

4. 根毛区

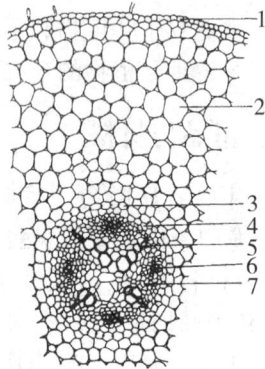

图6.3　蚕豆幼根横切（示初生构造）

1. 表皮；2. 皮层；3. 内皮层；4. 中柱鞘；

5. 初生木质部；6. 初生韧皮部；7. 薄壁细胞

（二）双子叶植物根的初生结构

用徒手切片法在根毛区做横切片，制片观察或取蚕豆、棉等双子叶植物幼根横切片观察，掌握根的初生结构（见图6.3）。在低倍镜下就能将根的初生结构区分为_____、_____和_____三大部分，再换高倍镜由外向内仔细观察各部分的结构特点。

1. 表皮

表皮位于幼根最外层，由排列紧密、较小的细胞组成，在横切面上呈近似方形，其中有的细胞外壁向外突起并延伸形成根毛，但多数材料在制片过程中损坏了根毛，只留下其残体。

2. 皮层

表皮以内，中柱以外的部分，占据根横切面大部分面积，由多层薄壁细胞组成。

（1）外皮层。其中1～2层与表皮相接，排列紧密且形状规则的薄壁细胞。

（2）皮层薄壁细胞。外皮层以内的薄壁细胞，由几层至十几层细胞组成，细胞体积大，排列疏松，有明显的胞间隙（有些植物的幼根中，外皮层与皮层薄壁细胞没有明显区别）。

（3）内皮层。皮层最内一层细胞，在细胞径向壁（侧壁）与横壁上有一条木栓质的带状加厚，称为凯氏带，但在横切面上不易切到横壁，故只能看到径向壁上增厚的部分，被染成红色的凯氏点。

3. 中柱

它是内皮层以内的中轴部分，由_____、_____、_____和_____等组成。

（1）中柱鞘。它是中柱最外层，通常由 1～2 层细胞组成，细胞壁薄、排列整齐而紧密。它在根中起重要作用，保持着分生组织的特点和分生功能，侧根、第一次木栓形成层和维管形成层的一部分等都发生于中柱鞘。

（2）初生木质部。其导管常被染成红色，其细胞壁厚而细胞腔大，排列成四束呈星芒状。每束导管口径大小不一致，外侧靠近中柱鞘的导管最先发育，口径小，是一些环纹和螺纹加厚的导管，叫原生木质部；分布在近根中心位置的导管，口径大，分化较晚，为后生木质部。后生木质部的导管着色往往浅淡，甚至不显红色。这种由外向内成熟的方式，说明根初生木质部的发育是_____式。

（3）初生韧皮部。位于初生木质部的两个放射棱之间，与初生木质部相间排列，由筛管、伴胞等构成。注意其外方有一堆壁厚、染色深的韧皮纤维，因而使初生韧皮部筛管的位置不够明显，需仔细观察，但在多数植物根的初生韧皮部中没有这种纤维组织。

（4）薄壁细胞。位于初生木质部和初生韧皮部之间的薄壁细胞，当根进行次生生长时，它分化成维管形成层的一部分。

蚕豆幼根的最中心部位是一群未分化成导管的薄壁细胞（称为"髓"）。在大多数双子叶植物根中没有髓存在，为什么？

（三）单子叶植物根的初生结构

1. 禾本科植物根的构造

取水稻老根横切片在低倍镜下观察，可分为表皮、皮层和中柱三部分（见图 6.4），再用高倍镜仔细观察各部分：

（1）表皮。最外一层细胞，老根的根毛已残破不全。

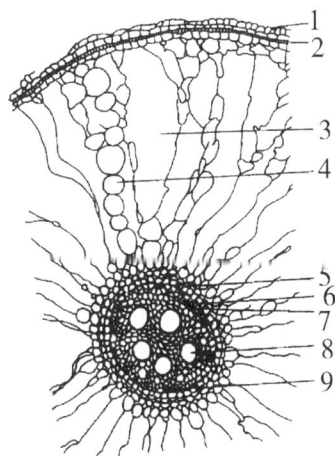

图 6.4　水稻老根横切面

1. 表皮；2. 外皮层；3. 气腔；4. 残留的皮层细胞；5. 内皮层；6. 韧皮部；7. 中柱鞘；8. 后生木质部；9. 原生木质部

（2）皮层。可分为外皮层、皮层薄壁细胞和内皮层。

①外皮层：表皮细胞之内，由内外两层薄壁细胞夹着一层厚壁细胞组成，当表皮和紧靠表皮的一层薄壁细胞脱落后，其厚细胞则代替表皮起保护作用。

②皮层薄壁细胞：由许多放射状的薄）壁细胞构成，其中分布有许多大型的气腔（由薄壁细胞彼此分离，然后溶解而形成，并且还可见到残余的皮层薄壁细胞和碎片。

③内皮层：皮层最内一层细胞，其细胞壁除外切向壁未增厚外，其余五面均增厚并栓化，横切面为马蹄形，但与初生木质部放射棱相对应处的内皮层细胞的壁不增厚，这些细胞称通道细胞（有什么功能）。

（3）中柱。中柱在内皮层以内，根横切面的中轴部分，由以下五部分组成：

①中柱鞘：紧靠内皮层，排列比较紧密的一层细胞。

②初生木质部：为多原型，靠近中央常有 5~6 个后生木质部的大导管（亦为外始式发育）。

③初生韧皮部：间隔分布于初生木质部之间，由筛管和伴胞组成。

④薄壁细胞：分布于初生木质部与初生韧皮部之间，常被染成绿色。

⑤髓：由薄壁细胞组成，后期（老根）这些细胞的壁全部增厚并木化。

2. 鸢尾科植物根的构造

取鸢尾（或百合科韭菜）根横切片观察，也分为表皮、皮层和中柱三个部分，中央无髓，被后生木质部的导管所充满，其内皮层细胞也为五面加厚的马蹄形，并夹杂有壁未增厚的通道细胞（见图6.5）。

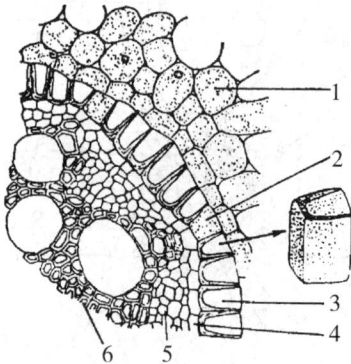

图6.5 鸢尾属根毛区横切面的一部分
1. 皮层薄壁组织；2. 通道细胞；3. 内皮层；
4. 中柱鞘；5. 初生韧皮部；6. 初生木质部

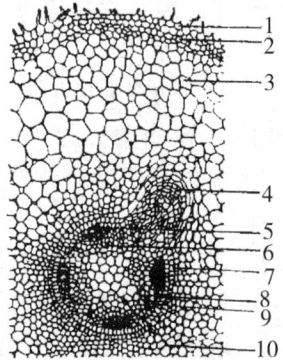

图6.6 蚕豆根横切面（示侧根发生）
1. 表皮；2. 外皮层；3. 皮层薄壁细胞；
4. 侧根；5. 机械组织；6. 韧皮部；
7. 内皮层；8. 中柱梢；9. 原生木质部；
10. 后生木质部

（四）侧根的发生

取胡萝卜肉质直根观察，其侧根排列成较宽的两行（侧根的数目与原生木质部的关系如何），用刀片通过根中心纵切后观察，可见其侧根发生的部位，这种起源方式称为_____。

取蚕豆（或棉）侧根发生的横切片，置低倍镜下观察，可见正对着初生木质部放射棱有侧根的生长点，它是由此处的中柱鞘细胞向外作平周分裂，然后向各处方向分裂产生的。长生点细胞继续分裂、生长、分化，使其穿过皮层，突破表皮，从而形成了侧根（见图6.6）。

（五）双子叶植物根的次生生长过程和次生结构

1. 维管形成层和木栓形成层发生

观察大豆（或蚕豆）根形成层发生过程的横切片，首先在初生木质部放射棱和初生韧皮部之间的_____恢复分裂活动，产生片段形成层弧，接着形成层弧向两侧延伸，与正对着初生木质部放射棱已恢复分裂能力的_____细胞相连，形成了波浪状的形成层环（见图6.7），由于波浪状形成层环各部分形成先后不同，且向内分裂产生的次后木质部数量多于向外产生的次生韧皮部数量，因而波浪状形成层环逐渐向外推移，形成了维管形成层圆环，并且产生了明显的次生维管组织。

在维管形成层发生的同时，其他_____细胞也恢复分裂能力，产生了木栓形成层，由它向外、向内分裂，产生了_____层和_____层，三者合称为周皮（见图6.8）。

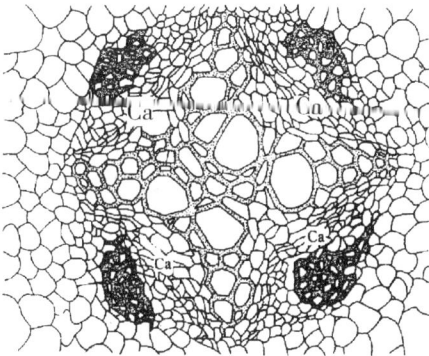

图6.7　蚕豆幼根形成层发生
[示形成层环（Ca）]

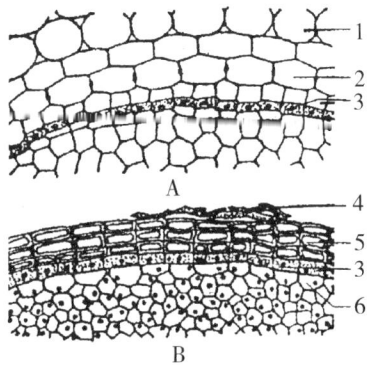

图6.8　根木栓形成层的发生
A. 木栓形成层形成；B. 周皮形成
1. 皮层；2. 内皮层；3. 木栓形成层；
4. 皮层碎片；5. 木栓层；6. 栓内层

2. 双子叶植物根的次生结构

观察棉花或花生老根横切面切片，首先用低倍镜观察，从外至内区分周皮、次生韧皮部、维管形成层、次生木质部等几大部分；然后转用高倍镜详细观察（见图6.9）。

（1）周皮。周皮是老根最外的几层扁平、径向排列整齐而紧密的长方形细胞，在切片中它们着色较浅，常呈浅黄甚至无色。在老根中周皮由_____、_____和_____三部分组成。

（2）次生韧皮部。次生韧皮部是周皮以内、维管形成层以外的部分，它由筛管、_____、_____、和_____等组成。

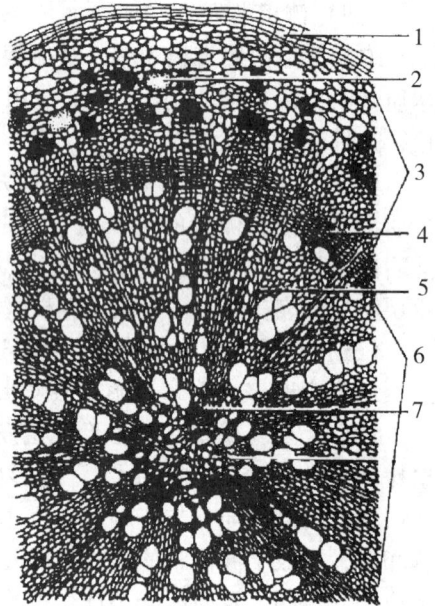

图6.9　棉花老根横切面（示次生结构）
1. 周皮；2. 分泌腔；3. 韧皮部；4. 维管形成层；5. 射线；6. 次生木质部；7. 原生木质部

①韧皮射线。在次生韧皮部中，有数条韧皮射线呈放射状分布，在永久片中其细胞被固绿染料染成蓝色，每条射线由一至几列长方形的生活薄壁细胞以其径向壁伸长相接而成。它在内方毗连维管形成层而与次生木质部中的木射线相对。它在根的外方，终止于周皮的栓内层（在二原型的桑根中，正对着初生木质部中的射线则较宽，含有多列射线细胞）。

②韧皮纤维。韧皮纤维分散在韧皮射线等组织细胞之间。在染色良好的切片中，韧皮纤维呈红色。在横切面上，单个纤维细胞与茎的纤维的形态结构相同。但韧皮纤维细胞存在较分散，少见多个纤维相连成束。在一些切片中，其细胞壁收缩变形，是切片制片中产生的假象。

③韧皮薄壁细胞、筛管和伴胞。在韧皮射线之间，有圆形或长圆形的韧皮薄壁细胞，细胞排列较为疏松，细胞内含大量的贮藏营养物质。

筛管和伴胞与韧皮薄壁细胞相间存在，可依两者在横切面上的形状和大小加以区分，尤其在近维管形成层的外方之处，较易区分筛管和伴胞。

（3）维管形成层。在次生韧皮部和次生木质部之间有几层薄壁细胞，其长轴沿圆周方向排列，其中的一列为维管形成层细胞。其内方和外方的细胞，分别是正在生长分化中的次生木质部以及次生韧皮部的细胞。

（4）次生木质部。在维管形成层以内，占大部分的为次生木质部，被染上红色。它由导管、_____、_____、_____和_____等部分组成。注意观察.

①木射线。木射线始于次生木质部的一定部位，与次生韧皮部的韧皮射线隔着维管形成层而相对应。其细胞的形状、排列和韧皮射线相同。但其细胞壁会不同程度地木化增厚，在细胞内也含大量的贮藏营养物质。木射线与韧皮射线合称为_____。

②导管和管胞。许多导管分散在次生木质部中，它在横切面上为近圆形，管口最大并具有较厚的次生壁。而管胞在横切面上常为四边形，且其口径很小。

③木纤维和木薄壁细胞。在次生木质部中，可明显地见到成群的木纤维细胞，其细胞较大，常为多边形，细胞壁较木薄壁细胞的壁厚，着色也较深，而木薄壁细胞内多含有淀粉粒。

（5）初生木质部。在次生木质部以内，初生木质部仍保留在根的中心，呈星芒状，它的存在是根的次生构造和茎的次生构造相区别的主要标志之一。

（六）根瘤和菌根

根瘤是_____和_____两部分共生而成的瘤状结构。肉眼观察花生、田菁、紫云英等豆科植物的根系，认识根瘤的形态。

菌根是_____和_____共生而成的结构。用放大镜观察马尾松幼苗或竹的幼根，其根尖常变粗而不具根毛，在根尖外部常披有一层白色绒毛状的菌丝体，即为菌根。菌根特别粗短，常有珊瑚状的分枝。

四、作业与综合题

1. 绘制蚕豆幼根轮廓简图，并注明各部分名称。
2. 绘制双子叶植物根初生结构简图，并注明各部分名称。
3. 根尖的形态结构和它的生理功能是如何相互适应的？
4. 根毛和侧根有何不同？它们是如何形成的？
5. 根中形成层的出现与活动对初生结构有哪些影响？
6. 比较单子叶、双子叶植物根构造的异同。
7. 根瘤和菌根是如何形成的？它们对植物体有何作用？

实验 **7** 茎的形态与结构

一、目的与要求

（1）掌握枝、芽、茎的外部形态和类型。

（2）掌握双子叶植物茎的初生构造及次生构造。

（3）了解木材三切面的结构特点和双子叶植物根茎的构造。

（4）了解双子叶植物茎与根茎的异常构造。

（5）掌握单子叶植物茎与根茎的内部构造。

二、用品与材料

（1）用品：光学显微镜、放大镜、解剖针、镊子、载玻片、盖玻片、单面切片。

（2）材料：校园植物，三年生杨树枝条，永久切片：向日葵茎、三年生椴树茎、松茎三切面、黄连根茎、大黄根茎、玉米茎、石菖蒲根茎。

三、内容与方法

（一）茎的外部形态

取三年生杨树（或其他树木）的枝条，观察其形态特征：

1. 节与节间

茎上着生叶的位置叫节，两节之间的部分叫节间。

2. 顶芽与腋芽

着生于枝条顶部的芽叫顶芽，着生在叶腋处的芽叫腋芽，也称侧芽。

3. 叶痕与芽鳞痕

叶脱落后在茎上留下的疤痕，叫叶痕。芽鳞脱落后留下的痕迹，叫芽鳞痕，常在茎的周围排列成环。根据芽鳞痕可判断枝条的生长年龄。

（二）芽的结构与类型

取一枝条，首先观察各类芽在枝条上着生的位置及其特点，然后用镊子将芽取下。左手持芽，右手用镊子将芽从外向内逐层剥下，放在白纸上，用放大镜观察其结构。或用刀片将芽纵剖为二，然后用放大镜观察芽的结构，可以看到以下三种结构的芽。

芽可以根据其生长位置、发育性质、有无芽鳞、活动能力的不同进行分米，观察校园植物的各种芽，填写下表。

芽的类型\植物名称	叶芽	花芽	混合芽	顶芽	腋芽	副芽	不定芽	鳞芽	裸芽	活动芽	休眠芽

（三）正常茎的形态和类型

观察校园中各种植物的茎，填写下表。

茎的类型	植物名称
直立茎	
缠绕茎	
攀缘茎	
匍匐茎	
平伏茎	
木质茎	
草质茎	

（四）双子叶植物茎的内部构造

1. 双子叶植物茎的初生构造

取向日葵幼茎的横切面切片于显微镜下观察，结合片子，填写图7.1各部分结构名称。

（1）表皮层：一层细胞，排列紧密，细胞外壁可见染成红色的角质层，表皮上可见表皮毛。

（2）皮层：多层细胞组成，具有细胞间隙，靠近表皮的几层细胞较小，且常分化为厚角组织。仔细观察，判断内皮层是否具有凯氏带或凯氏点？

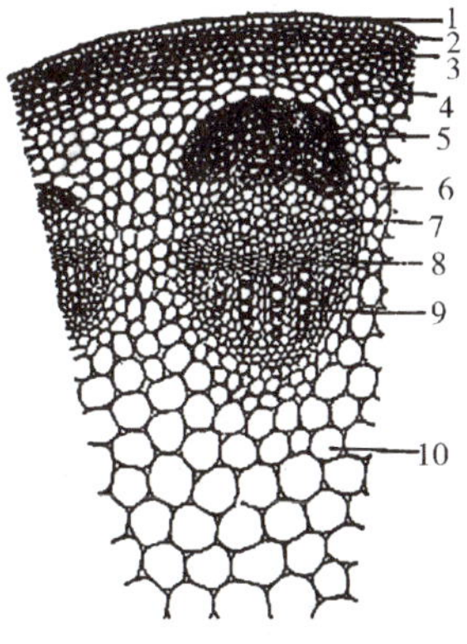

图7.1　向日葵幼茎横切面

（3）维管柱：常由多个成束的维管束构造，每个维管束均为无限外韧型的。初生木质部是内始式的，其中导管最易识别；初生韧皮部为外始式的，韧皮部细胞较小，在初生韧皮外方常可见纤维（韧皮纤维）；束中形成的层细胞扁平，壁薄。

（4）髓及髓射线：茎的中央由许多大型壁细胞组成的髓部。试想根的结构中有无此结构？在维管束之间的薄壁细胞，它们连着皮层与髓部，称之为髓射线。髓射线细胞有何功能？

2. 双子叶植物茎的次生构造

（1）双子叶植物草质茎的次生构造

取薄荷茎横切片，可见次生构造较简单，次生结构的量，没有或只有极少数的木质化组织。其构造的主要特点为：

①表皮长期存在，表皮上有气孔，无木栓层。

②次生构造不发达，大部分或完全是初生构造。

③髓部发达，髓射线较宽。填写图7.2各部分结构名称。

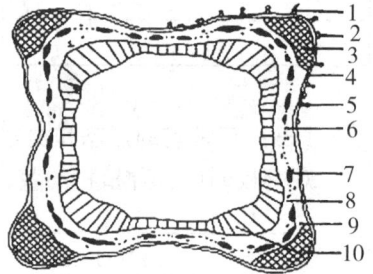

图7.2 薄荷茎横切面

（2）双子叶植物木质茎的次生构造。

取三年生椴树茎或桂枝的横切片于显微镜下观察，由外向内依次可见：

①表皮：一层排列紧密的薄壁细胞组成，外面常包着一层角质层，三年生以上的茎中，表皮常常脱落或残缺不齐。

②周皮：由木栓层、木栓形成层、栓内层构成。仔细观察木栓层细胞在横切面上有何特点？木栓形成层细胞扁平，栓内层细胞具细胞间隙，细胞呈较厚的薄壁细胞。是否看到了皮孔？皮孔的结构如何？

③皮层：紧靠栓内层的几层薄壁细胞，与栓内层较难区分。比栓内层细胞壁较薄，且有时较大。桂枝皮层中具纤维束与石细胞群相间组成的环带。

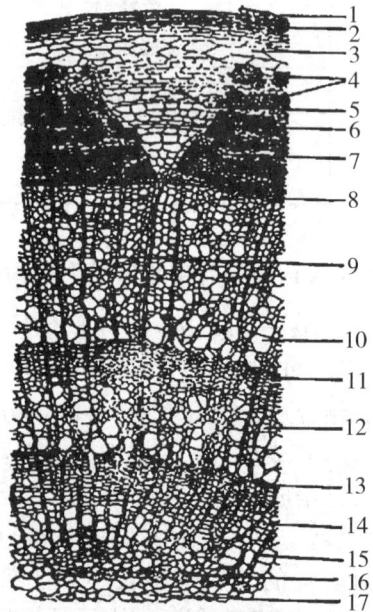

图7.3 椴树老茎横切面

④韧皮部：在形成层以外，排列呈梯形，由韧皮纤维、韧皮薄壁细胞、筛管、伴胞构成。髓射线在韧皮部变宽成喇叭形。

⑤形成层：一层扁平的薄壁细胞，细胞质浓，细胞核明显。

⑥木质部：在形成层以内，所占比例较大。由导管、管胞、木纤维和木薄壁细胞构成。射线在木质部为 1～2 列细胞。在三年生的椴树茎中可以明显看到三个年轮。试想年轮是如何形成的？

⑦髓：位于茎的中心，由薄壁细胞组成，占横切面的很少部分。有些植物髓细胞含草酸钙簇晶或由石细胞组成。

⑧射线：分为髓射线和维管射线。试想一下两者有何区别？它们来源有何不同？填写图 7.3 各部分结构名称。

3. 木材的三切面

取松木材三切面的制片观察，在三个不同的切面上，次生木质部（木材）的各种结构（管胞、射线、具缘纹孔、树脂道）的特征。

把观察的结构填入下表：

	管　胞	射　　线	具缘纹孔	树脂道
横切面				
径向切面				
切向切面				

（五）双子叶植物根茎的内部构造

根茎是一种地下茎，其显微结构与地上茎有所不同。结合观察黄连根茎的制片，注意根茎有如下特点：

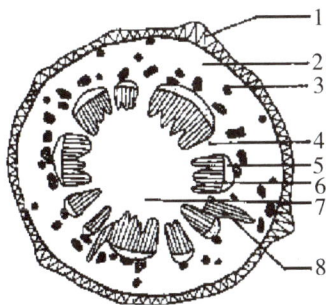

图 7.4　黄连根状茎的正常构造

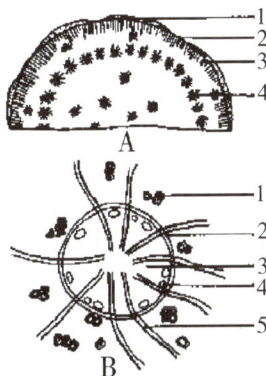

图 7.5　大黄根状茎的异常构造

（1）常具木栓层，少数有表皮。

（2）皮层中常见根迹维管束和叶迹维管束。

（3）皮层内具厚壁组织。

（4）维管束排列呈环状，中央髓部明显。

请把图7.4中的结构填写完整。

（六）双子叶植物茎和根茎的异常构造

有些植物的茎或根茎除形成次生结构外，常有部分薄壁细胞，能恢复分生能力，转化为新的形成层，产生异常构造。如常见的大黄的根茎，在髓部形成多个异型维管束，它们为周木式的维管束，内为韧皮部，其中常见黏液腔，外方为木质部，形成层环状，射线为深棕色，作星芒状射出，习称星点（见图7.5）。请把图7.5的结构名称填上。

（七）单子叶植物茎与根茎的内部构造

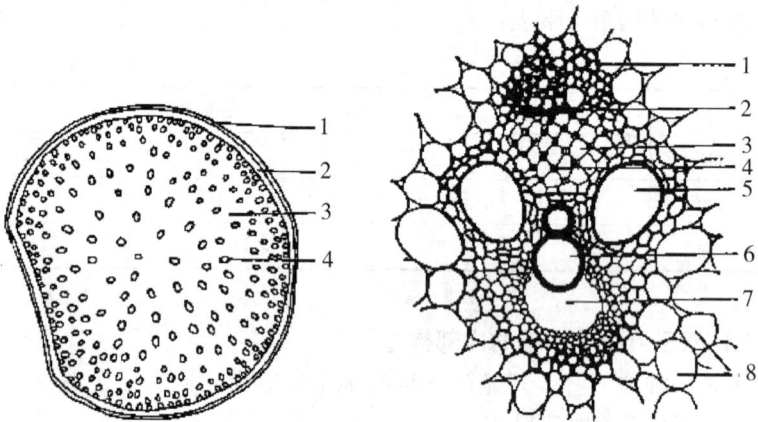

图7.6　玉米茎横切面及一个放大的维管束

1. 单子叶植物茎的内部构造

图7.6为单子叶玉米茎的结构图，请把图中的标注名称填写完整。

请思考：维管束是何类型？维管束外有何结构？表皮内是否分为皮层与髓部？

2. 单子叶植物根茎的内部构造

与茎相比，根茎有以下两个特点：①内皮层明显（具凯氏带），因而皮层与维管柱有明显分界。②皮层中常见叶迹维管束。可观察石菖蒲根茎的横切面。

四、作业与综合题

(一)作业

1. 绘制向日葵幼茎横切面(1/6)详图,并注明各部分结构。

2. 绘制椴树茎横切面(1/6)详图和横切面简图。

3. 绘制玉米茎横切面简图及维管束详图。

4. 请把实验内容中的各表格填写完整。

(二)综合题

1. 比较双子叶植物根与茎在初生结构上的异同。

2. 试比较单子叶植物茎与双子叶植物木本茎在构造上的异同。

3. 双子叶植物根茎内部构造有哪些特点?

4. 皮孔是如何发育形成的?

5. 如何在切片中较快地判断出木材的三个切面?

6. 如何理解芽是枝条的原始体?

实验 ⑧ 叶的形态结构及营养器官的变态

一、目的与要求

（1）掌握叶的组成；叶片的形态；叶脉的类型；单叶与复叶的区别；复叶的类型；叶序。

（2）掌握单子叶植物与双子叶植物叶的解剖结构。

（3）了解不同生境植物叶片的结构特点。

（4）认识根、茎、叶的变态和种类。

二、用品与材料

（1）用品：光学显微镜、解剖针、镊子、载玻片、盖玻片、单面刀片。

（2）材料：校园植物；永久切片：薄荷叶、水稻叶、松针叶、夹竹桃叶、眼子菜叶；新鲜材料和标本：萝卜、甘薯、玉米支柱根、吊兰、常春藤、菟丝子、生姜、马铃薯、黄精、荸荠、洋葱、百合、皂角、葡萄、竹节蓼、豌豆、半夏、向日葵、猪笼草及红树呼吸根照片。

三、内容与方法

（一）正常叶的形态

1. 叶的组成

校园观察梨叶或其他植物完全叶，分清叶片、叶柄及托叶三个部分。

2. 叶片的形态

校园观察多种植物的叶，把所见的植物名称填入下述各项中：

（1）叶片的形状。

叶片形状	植物名称
针形	
披针形	
卵形	
圆形	
肾形	

（续上表）

叶片形状	植物名称
箭形	
线形	
椭圆形	
心形	
剑形	
盾形	
戟形	

（2）叶基的形状。

叶　基	植物名称
楔形	
耳形	
盾形	
圆形	
抱茎	
心形	
偏斜	
穿茎	
渐狭	
截形	

（3）叶端的形状。

叶　端	植物名称
圆形	
钝形	
截形	
急尖	

（续上表）

叶　端	植物名称
渐尖	
芒尖	
短尖	
微凹	
倒心形	
渐狭	

（4）叶缘的形状。

叶　缘	植物名称
全缘	
波状	
锯齿状	
重锯齿状	
芽齿状	
圆齿状	
缺刻	

（5）叶片的分裂。

叶片的分裂	植物名称
浅裂	
深裂	
全裂	

（6）叶脉的类型。

叶　脉	植物名称
羽状网脉	

（续上表）

叶　脉	植物名称
掌状网脉	
直出平行脉	
羽状平行脉	
辐射脉	
弧形脉	
二叉脉	

3. 单叶与复叶

如一个叶柄上只有一片叶片称为单叶；如一个叶柄上有两片以上的叶片则称为复叶。复叶类型较多，校园观察各种复叶类型并填入下表。

复叶类型	植物名称
三出掌状复叶	
五出掌状复叶	
七出掌状复叶	
三出羽状复叶	
单数羽状复叶	
双数羽状复叶	
二回羽状复叶	
三回羽状复叶	

4. 叶序

叶在茎枝上排列的次序或方式称为叶序，校园观察各种植物的叶序并填入下表。

叶序类型 植物名称	互　生	对　生	轮　生	簇　生

（二）叶的内部结构

1. 双子叶植物叶的显微结构

取薄荷叶横切片于低倍镜下观察，分清上、下表皮，叶肉和叶脉等几个部分的基本构造，然后转换高倍镜观察。请把图8.1中各结构名称填写完整。

（1）表皮：分为上表皮与下表皮，均为一层细胞，排列紧密，细胞外壁角质化，有角质层。下表皮气孔较多。另外表皮上可见非腺毛、腺毛和腺鳞。

（2）叶肉：分为栅栏组织与海绵组织。栅栏组织紧靠上表皮，细胞排列紧密而整齐，其长轴垂直于表皮，细胞含叶绿体较多，一层细胞。海绵组织位于栅栏组织和下表皮之间，细胞排列疏松，细胞呈圆形或椭圆形，细胞间隙发达，排列无序，细胞含叶绿体较少。

（3）叶脉：主脉由维管束和机械组织组成。维管束靠上表皮为木质部，靠下表皮为韧皮部，中间有形成层，但形成层活动有限。维管束外有机械组织。侧脉越细分，结构也越简化，观察一下哪些细胞首先消失，最后的细脉只有何种成分？

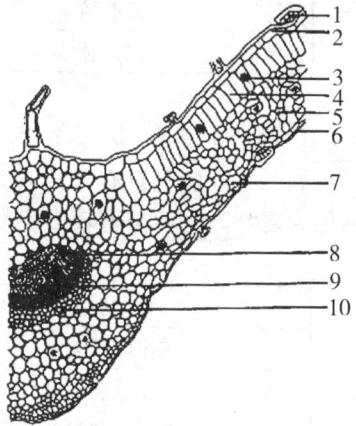

图8.1　薄荷叶的横切面

2. 单子叶植物叶的显微结构

取水稻叶的横切片于显微镜下观察。注意与双子叶植物叶的区别。请把图8.2中各结构名称填写完整。

（1）表皮：一层细胞，在上表皮中可见大型的泡状细胞，组成扇形。其具有角质层，细胞壁常常硅质化，形成硅质的乳突（硅细胞）。

（2）叶肉：无栅栏组织与海绵组织的分化。

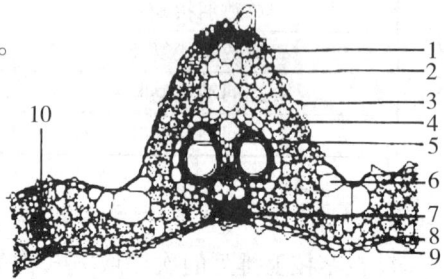

图8.2　水稻叶的横切面

（3）叶脉：叶脉中的维管束为有限外韧的维管束，在维管束与上、下表皮之间有发达的厚壁组织，这些厚壁组织组成维管束鞘。

3. 松针叶的显微结构

取松针叶的横切面于显微镜下观察，请把图8.3中各结构名称填写完整。

（1）表皮及皮下层：表皮细胞排列紧密，壁厚，且木质化。外壁有一层很厚的角质层。表皮上气孔下陷。皮下层是一到数层纤维状的硬化薄壁细胞（有何作用）。

（2）叶内：皮下层为叶肉组织，无栅栏组织与海绵组织的分化。叶肉细胞的细胞壁向内凹陷，有无数的褶襞。最内层具凯氏带，称为内皮层。叶肉中分布有树脂道。

（3）维管束：位于叶的中央，由 1~2 个外韧维管束构成，维管束中木质部与韧皮部大多为初生的，次生的很少。在韧皮部外方有厚壁细胞。

4. 旱生植物叶的显微结构

取夹竹桃叶的横切面于显微镜下观察，请把图 8.4 各结构名称填写完整。

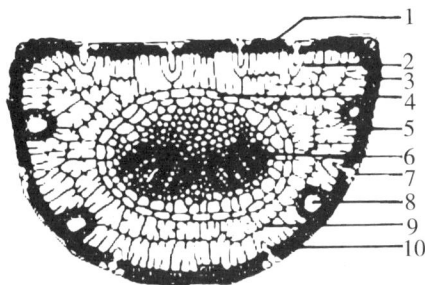

图 8.3　松针叶的横切面

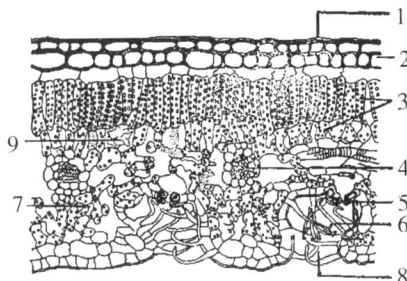

图 8.4　夹竹桃叶的横切面

（1）表皮：2~3 层细胞，壁较厚，排列紧密，具角质层，且角质层发达。下表皮气孔位于下陷的气孔窝里。

（2）叶肉：栅栏组织为二层细胞，有时下表皮也具有栅栏组织。海绵组织为多层细胞。

（3）叶脉：维管束为双韧的。

5. 水生植物叶的显微结构

取眼子菜叶的横切面于显微镜下观察，把图 8.5 中各结构名称填写完整。

（1）表皮：一层细胞，壁薄，无角质化。

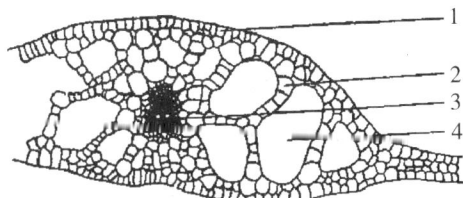

图 8.5　眼子菜叶的横切面

（2）叶肉：叶脉细胞不发达，没有栅栏组织与海绵组织的分化，细胞间隙大，具有发达的气腔。

（3）叶脉：叶脉细胞很不发达。主脉木质部退化，韧皮部细胞外有一层厚壁细胞。

（三）根、茎、叶的变态和类型

植物在长期的历史发展中，为了适应环境的变化，其营养器官的形态构造产生了一些变态性状，而这些变态性状形成后可代代遗传下去。请观察下列新鲜材料及标本：萝卜、甘薯、玉米支柱根、吊兰、常春藤、菟丝子、生姜、马铃薯、黄精、荸荠、洋葱、百合、皂角、葡萄、竹节蓼、仙人掌、豌豆、半夏、向日葵、猪笼草及红树呼吸根照片，把合适的植物名称填入下列各项：

  肉质直根：

  块根：

  支持根：

  气生根：

  攀缘根：

  寄生根：

  根状茎：

  块茎：

  鳞茎：

  球茎：

  枝刺：

  茎卷须：

  叶状茎：

  叶刺：

  叶卷须：

  苞片：

  捕虫叶：

四、作业与综合题

（一）作业

1. 绘制薄荷叶横切面详图。

2. 绘制玉米叶横切面详图。

3. 比较分析旱生植物和水生植物叶在结构上的异同。

4. 请把实验内容中的各种表格填写完整。

（二）综合题

1. 双子叶植物叶与单子叶植物叶在结构上有何不同？

2. 从松针叶的结构分析它属于哪种生态型植物。

3. 在显微镜下如何判断玉米叶的上下表皮？

实验 ❾ 花的形态

一、目的要求

掌握花的主要形态结构、花序的类型，为后期学习植物分类学奠定基础。

二、用品与材料

（1）用品：解剖镜、镊子、解剖针、刀片、载玻片。

（2）材料：桃、黄瓜、百合、柳、蓖麻、葡萄、八仙花、豌豆、锦葵、紫草、油菜、荠菜、蒲公英、向日葵、棉花、茄子、牵牛花、马铃薯、迎春花、小麦、车前草、马蹄莲、茴香、人参、女贞、无花果、繁缕、大戟、唐菖蒲。

三、内容与方法

（一）花的类型

1. 完全花和不完全花

（1）完全花：一朵花一般具有花萼、花冠、雌蕊和雄蕊四部分，如桃。

（2）不完全花：缺乏花冠、花萼、雄蕊或雌蕊中的一部分或几部分的花，如黄瓜。

2. 重被花、单被花和无被花

（1）重被花：具有花萼和花瓣的花，如桃。

（2）单被花：只有花萼或花瓣的花。这种花的花萼或花瓣称花被，每一片称花被片，如百合。

（3）无被花（裸花）：不具花被的花。这些花常具苞片，如柳。

填空题（请写出以下几种植物的花被类型）：

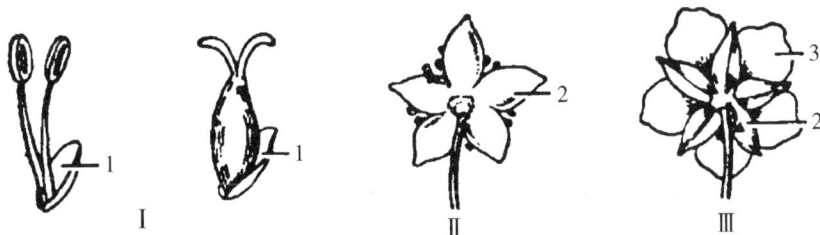

I ＿＿＿＿＿；Ⅱ ＿＿＿＿＿；Ⅲ ＿＿＿＿＿

3. 两性花、单性花和无性花

（1）两性花：一朵花具有雌蕊又有雄蕊，如桃。

（2）单性花：缺乏雄蕊或雌蕊。其中，有雄蕊而缺雌蕊或仅具有退化的雌蕊称雄花；有雌蕊而缺雄蕊或仅具退化雄蕊称雌花。若雄花和雌花同生于一株植物上称雌雄同株，如蓖麻；雌花和雄花分别生于不同植株称雌雄异株，如柳。若同一植株上，既有单性花又有两性花的称杂性同株，如朴；若单性花和两性花分别长在不同植株上的称杂性异株，如葡萄。

（3）无性花（中性花）：既无雄蕊又无雌蕊或雌雄蕊退化的花，如八仙花花序周围的花。

4. 辐射对称花、两侧对称花和不对称花

（1）辐射对称花（整齐花）：是指通过一朵花的中心可作多个对称面的花，如桃。

（2）两侧对称花（不整齐花）：是指通过一朵花的中心只能作一个对称面的花，如豌豆。

（3）不对称花：是指通过一朵花的中心不能作出对称面的花，如缬草。

5. 花被的卷叠方式

花被的卷叠方式是指花瓣或花冠裂片，或萼片在花芽内的卷折方式。

（1）镊合状：花被片边缘彼此相接触排成一圈，如葡萄、锦葵。若镊合状花被的边缘，微向内弯，称内向镊合，如沙参；如微向外弯，称外向镊合，如蜀葵。

（2）旋转状：花被片彼此以一边重叠呈回旋形式，如夹竹桃、黄栀子。

（3）覆瓦状：花被片边缘彼此覆盖，其中有一片完全在外面，一片完全在里面，如紫草。

6. 花萼的类型

（1）离萼：萼片之间完全分离，如油菜。

（2）合萼：萼片之间多少有合生，合生部分称为萼筒，上部分离的部分称裂片，如益母草。

（3）副萼：是指花萼下方另有一轮类似萼片状的苞片，如棉花。

（4）宿存萼：是指有的植物果实成熟时，花萼仍然留存，如茄子。

（5）早落萼：是指有的植物花冠开放前花萼就已经脱落，如虞美人。

7. 花瓣的类型

（1）离瓣花：花瓣之间完全分离，如油菜。

（2）合瓣花：花瓣之间部分联合或完全联合。其中，花冠下部联合的部分称花冠筒；上部分离的部分称为花冠片，如益母草。

（二）花冠的形态

1. 十字形

花瓣 4 枚分离、上部外展呈十字形，如油菜。

2. 蝶形

花瓣 5 枚分离，排成蝶形花冠，上面一瓣最大，位于外方，称为旗瓣；侧面两枚较狭小，称翼瓣；最下两枚最小，下缘稍合生，并向上弯曲，状如龙骨，称为龙骨瓣，如豌豆。

3. 管状（筒状）

花瓣大部分合成管状，上部的花冠裂片向上伸展，如向日葵盘花。

4. 舌状

花瓣 5 枚，基部合生成一短筒，上部宽大，向一侧伸展呈扁平舌状，前端有 5 个小齿，两性花，如蒲公英。

5. 钟状

花冠筒一般呈筒状，上部宽大，向一侧延伸呈钟状，如黄瓜。

6. 漏斗状

花冠筒长，自基部逐渐向上扩大呈漏斗状，如牵牛花。

7. 辐状（轮状）

花冠筒短，裂片自基部向四周扩展，形如车轮，如马铃薯。

8. 高脚碟状

花冠下部狭圆筒状，上部呈水平状扩大如碟，如迎春花。

9. 唇形

花瓣稍呈二唇形，上面（后面）两裂片多少有连合为上唇，下面（前面）三裂片为下唇（也有的植物是上唇三裂，下唇二裂），如益母草。

填空题（请分别写出以下植物花冠的类型）：

1. _____ ; 2. _____ ; 3. _____ ; 4. _____ ;

5. _____ ; 6. _____ ; 7. _____ ; 8. _____ ; 9. _____

（三）花序的类型

1. 单生花

一枝花柄上只着生一朵花称单生花，如玉兰。

2. 花序

小花在花序轴上的排列顺序。分为无限花序和有限花序两类，具体如下：

（1）无限花序：开花期间，花轴的顶端继续向上生长，并不断产生花，花由花轴下部依次向上开放，或由边缘向中间开放，这种花序称为无限花序。

①总状花序：花序轴较长，上面着生许多花柄近等长的花，如荠菜。

②复总状花序：花序轴作总状分枝，每一分枝又形成总状花序，形状似圆锥，又称圆锥花序，如南天竹、女贞。

③穗状花序：花序轴较长，上面着生许多花柄极短或无花柄的花，如车前草。

④复穗状花序：花序轴上每一分枝又形成一穗状花序，如小麦。

⑤柔荑花序：花序长而柔软，多下垂，上面着生许多无花柄又常无花被的单性花，开花后整个花序脱落，如柳。

⑥肉穗花序：花序轴肉质肥大或棒状或鞭状，花序外常包有一个大型的苞片，称佛焰苞。这种花序又称佛焰花序，如马蹄莲。

⑦伞房花序：花序轴较长，下部的花柄较长，上部的花柄依次渐短，整个花序的花几乎排列在一个面上，如梨。

⑧伞形花序：花序轴较短，顶端集生多花柄近等长的花，并向四周放射排列，形状如张开的伞，如人参。

⑨复伞形花序：花序轴伞形分枝，每一分枝上再形成伞形花序，如茴香。

⑩头状花序：花序轴顶端缩短膨大成头状或盘状的总花托，上面密集着生许多无柄或近于无柄的花，如向日葵。

⑪隐头花序：花序轴膨大而内陷成中空的球状体，其凹陷的内壁上着生许多没有花柄的花，如无花果。

填空题（请分别填写以下植物的花序名称）：

1. _____ ; 2. _____ ; 3. _____ ; 4. _____ ;
5. _____ ; 6. _____ ; 7. _____ ; 8. _____ ;
9. _____ ; 10. _____

（2）有限花序：在开花期间，花序中最顶点或最中心的花先开，由于顶花的开放，限制了花序轴顶端的继续生长，因此开花的顺序是从上往下或从中心向周围开放，这种花序称为有限花序或离心花序。

①单歧聚伞花序：花序轴顶端先开一朵花，在这朵花的一侧形成侧枝，侧枝顶再开一朵花，然后再在这朵花下方再生一侧枝，如此连续分枝就形成了单歧聚伞花序。其中，如果侧轴是一左一右交互着生的，称为蝎尾状聚伞花序，如姜、唐菖蒲；如果所有侧轴均向一侧生长，则全形有些螺旋卷曲，称为螺旋状聚伞花序，如紫草。

②二歧聚伞花序：花序轴顶花先开，顶花下同时发出两个侧轴，每一个轴继续以同样的方式分枝开花，这种花序称为二歧聚伞花序，如繁缕。

③多歧聚伞花序：花轴顶花先开，顶花下同时发出数个侧轴，侧轴常比主轴长，各侧轴又形成小的聚伞花序；若花轴下面生有杯状总苞，则称杯状聚伞花序，如大戟。

④轮伞花序：聚伞花序生于对生叶的叶腋中，看似轮状排列，如益母草。

填空题（请填写以下植物的花序名称）：

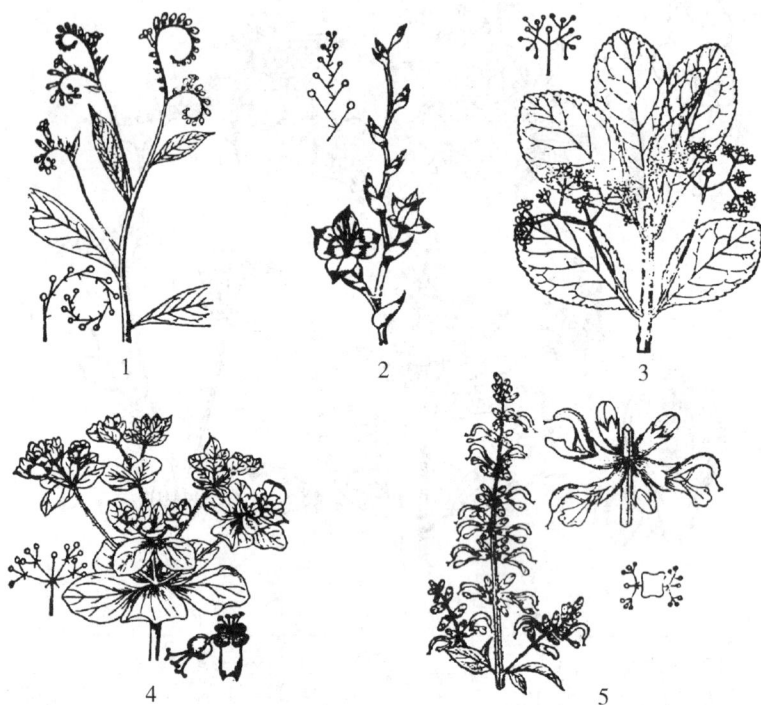

1. _____ ; 2. _____ ; 3. _____ ;
4. _____ ; 5. _____

四、作业与综合题

1. 绘制桃花或百合等的形态结构图，并分别对其花的形态特点给予说明。
2. 试分析单生花与花序的进化特征。

实验 ⑩ 花的解剖结构

一、目的与要求

（1）掌握花药、花粉粒的形成、发育及胚珠、胚囊的结构特点。

（2）了解雄、雌蕊及子房的形态特点。

二、用品与材料

（1）用品：解剖镜、显微镜、载玻片、盖玻片、镊子、刀片、蒸馏水、吸水纸、纱布块等；15% 蔗糖溶液，I－KI 溶液。

（2）材料：油菜花、百合花及锦葵科、豆科、菊科等科花的新鲜材料；百合花药（幼期、成熟期）横切片、百合子房横切片等。

三、内容与方法

（一）雄、雌蕊形态类型及子房位置的观察

用镊子剥取新鲜（或浸制）花材标本，观察雄蕊群和雌蕊群的形态类型。

1. 雄蕊的类型

雄蕊的类型根据花丝、花药的数目、离合及长短情况来判断。具体类型见图 10.1。

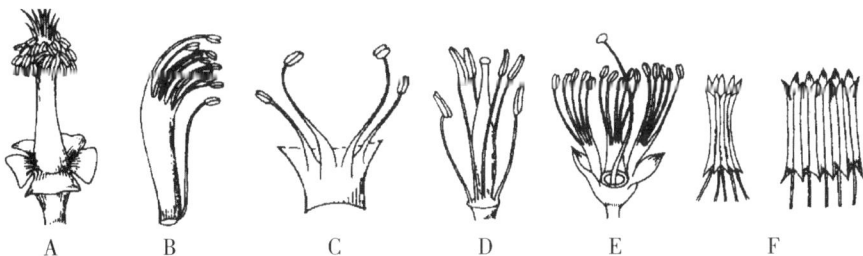

图 10.1 雄蕊的类型

A. 单体雄蕊；B. 二体雄蕊；C. 二强雄蕊；D. 四强雄蕊；E. 多体雄蕊；F. 聚药雄蕊

（1）单体雄蕊：花中所有雄蕊的花丝连合成筒状，花药分离，如锦葵、棉花等锦葵科植物。

（2）二体雄蕊：花中雄蕊的花丝连合成两束，如蚕豆、豌豆、洋槐等的花中有10枚雄蕊，其中9枚连合，1枚分离。

（3）二强雄蕊：花中具有4枚雄蕊，2枚较长，2枚较短，如紫苏等唇形科和泡桐等玄参科植物。

（4）四强雄蕊：花中具有6枚雄蕊，4枚较长，2枚较短，如油菜、白菜等十字花科植物。

（5）多体雄蕊：雄蕊多数，花丝连合成数束，如金丝桃、酸橙、蓖麻。

（6）聚药雄蕊：雄蕊花药连合成筒状，花丝分离，如向日葵的管状花等菊科植物。

有些植物花的雄蕊不具花药，称为退化雄蕊，如鸭跖草；还有少数植物的雄蕊发生变化，没有花丝、花药区别而呈花瓣状，如美人蕉。

2. 雌蕊的类型

根据心皮的离合与数目，雌蕊可分为以下三种类型（见图10.2）。

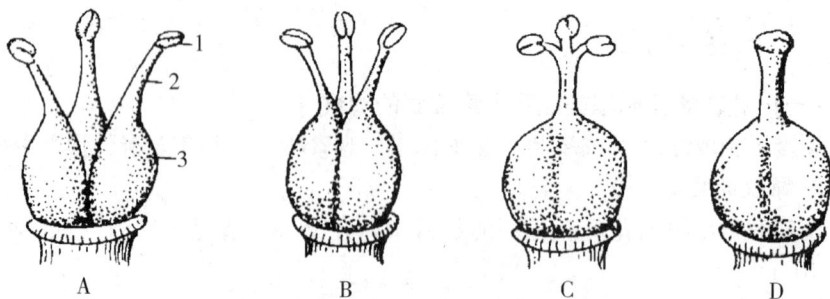

图 10.2　离生单雌蕊和复雌蕊

A. 离生单雌蕊；B～D. 不同程度合生的复雌蕊

1. 柱头；2. 花柱；3. 子房

（1）单雌蕊：一朵花中的雌蕊仅由一个心皮组成，子房一室，如大豆、蚕豆、桃等。

（2）离生单雌蕊（离生心皮雌蕊）：一朵花中有若干彼此分离的单雌蕊，如八角、草莓、木兰、蔷薇等。

（3）复雌蕊（合生心皮雌蕊）：一朵花的雌蕊由2枚或2枚以上的心皮合生而成，可以是一室或多室，如黄瓜、柑橘、棉花、油菜等。

3. 子房着生位置的判断

根据子房在花托上着生的位置，子房与花托愈合的程度及其与花的各部分的关系，可分为下列三种（见图10.3）。

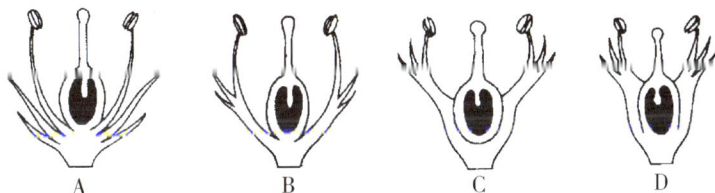

图 10.3　子房着生位置

A. 上位子房（下位花）；B. 上位子房（周位花）；C. 半下位子房
（周位花）；D. 下位子房（上位花）

（1）子房上位：花托扁平或突起，仅子房底部和花托相连，称上位子房，花的其他部分处于子房之下，故称下位花，如油菜。如果花托下陷，花的其他部分着生于花托上端边缘，即位于子房的周围，称为周位花，如桃、月季等。

（2）子房下位：子房生于杯状花托（现多认为是花筒，即是花被和雄蕊基部愈合而成的花筒，本质并非花托）中，并完全与花托愈合，花的其他部分着生于子房上方花筒的边缘，称下位子房、上位花，如苹果、黄瓜等。

（3）子房半下位：子房仅下半部与凹陷的花托愈合，而花的其他部分着生于花托周边，围绕着子房，称半下位子房、周位花，如马齿苋、菱等。

（二）花药的结构和花粉粒的形成与发育

1. 百合幼嫩花药的结构

取百合幼嫩花药横切制片进行观察（见图 10.4）。

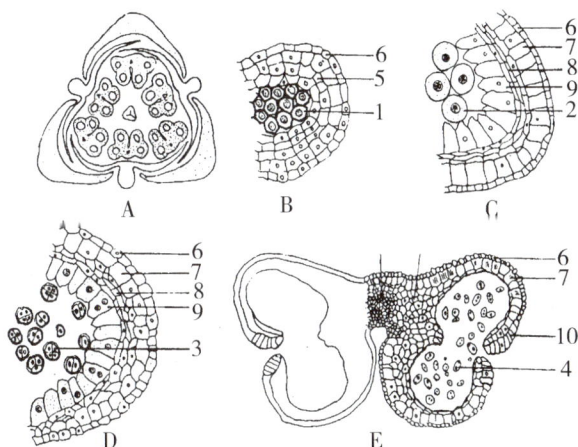

图 10.4　百合花药和花粉粒的发育

A. 花芽横切面；B. 造孢组织时期；C. 花粉母细胞时期；
D. 二分体和四分体时期；E. 成熟花粉粒时期

1. 造孢细胞；2. 花粉母细胞；3. 二分体和四分体；4. 成熟花粉粒；5. 花药壁层；6. 表皮；
7. 药室内壁（纤维层）；8. 中层；9. 绒毡层；10. 唇细胞；11. 药隔维管束；12. 药隔基本组织

（1）花药的横切面呈_____形，花药有_____对花粉囊，_____个药室。花粉囊之间以药隔相连。药隔主要由薄壁细胞组成，中间有一个周韧维管束。

（2）花药壁：构成花粉囊的壁，也称花粉囊壁，它包括：

①表皮：花药最外面的一层细胞，角质层薄，有气孔器。

②药室内壁（纤维层）：位于表皮下的一层大型细胞。

③中层：药室内壁以内的几层较小的薄壁细胞。

④绒毡层：花药壁最内的一层细胞，细胞质浓，有时可见两核或多核的细胞。

（3）花粉囊壁以内为药室，药室中有很多花粉母细胞。

2. 百合成熟花药的结构

取百合成熟花药横切制片或徒手切片切取百合花药制片观察，并与幼嫩花药进行比较，发生了哪些变化？

（1）药室内壁细胞的细胞壁出现纤维状条纹加厚，因此该层细胞又叫纤维层。

（2）由于纤维层细胞壁的收缩，引起花粉囊壁的开裂，同一侧的一对花粉囊之间的间隔已不存在，使两个药室连成一个。

（3）绒毡层及中层有何变化？

（4）药室中形成成熟花粉粒。百合的成熟花粉粒为_____细胞花粉粒，外壁上有花纹。

3. 花粉粒的形态和结构

在观察百合成熟花药制片时，可用高倍镜观察花粉囊中的花粉粒。花粉粒具有外壁和内壁，外壁上有花纹和萌发孔。用镊子夹取任一植物的花粉粒少许，做成临时制片，在显微镜下观察，注意花粉粒的形状、大小、外壁上的花纹和萌发孔等。成熟花粉粒含_____个细胞，包含_____个营养细胞和_____个精细胞，因此为_____细胞花粉，这种成熟花粉粒又称为_____体。

4. 花粉萌发试验

取干净的单凹载玻片，在凹陷处滴一滴15%蔗糖水溶液。取一朵当天开放的百合花（或凤仙花等其他植物的花），用解剖针或镊子取出少许花粉置于玻片的蔗糖水中，并用解剖针将花粉分散，加上盖玻片。把制片置显微镜下，观察萌发前的花粉粒形态（可见萌发孔）。将制片静置 0.5～1 小时后，再用显微镜观察，是否可见有管状结构长出？这具体是什么结构？

（三）子房和胚珠的结构及胚囊的形成与发育

取百合子房横切片或徒手切片做成临时装片，置显微镜下观察，对照图解，识别子房结构，然后选一个切面较完整的胚珠进行观察，了解胚珠和胚囊的结构。

1. 百合子房的结构

百合子房主要由子房壁、胎座和胚珠组成，横切面上可见有_____个子房室，每室中可见到_____个胚珠（实为纵向两列）。胚珠着生处为胎座。百合胚珠着生在中轴上，所以为_____胎座。子房壁的最外面一层细胞叫外表皮，最内一层细胞叫内表皮，内外表皮之间为薄壁细胞；在对着每一子房室中央凹陷处的子房壁中可见到一维管束穿过，该维管束称为背束，子房壁外部有一凹陷，此处为背缝线；每二子房室之间为二心皮结合处，子房壁在此处也有一凹陷，为腹缝线，此处有一维管束，称为腹束。此外在胎座中也有较小的维管束。

2. 百合胚珠的结构

选其中一个胚珠换高倍镜详细观察下列各个部分：

（1）珠柄：较粗而短，胚珠以珠柄着生在胎座上。

（2）珠被：有_____层珠被，在外方的为_____珠被，在内方的为_____珠被（靠近珠柄的一侧往往只有一层珠被）。

（3）珠孔：珠被在一端合拢处，留有一狭沟，即珠孔（由于珠孔很窄，正好切到它的机会不多，故在切片上不易见到）。

（4）珠心：位于珠被之内，由薄壁细胞组成。

（5）合点：珠心与珠柄的连接处为合点。

（6）胚囊：在珠心中发育，成熟的胚囊占据珠心的大部分体积。

3. 胚囊的形成与发育

通过连续切片做成的幻灯片或示范显微切片，观察胚囊的形成与发育全过程（见图10.5）。

观察后思考：为什么在一个胚囊内看不到一个完整的八核胚囊？

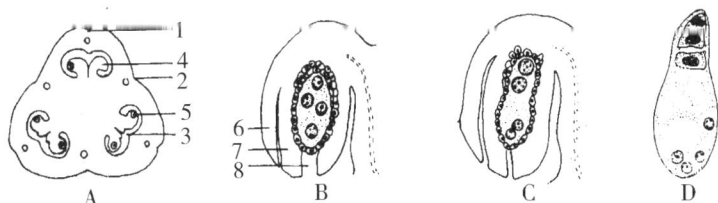

图10.5　百合胚囊的发育

A. 胚囊母细胞（子房横切）；B. 四分体时期（胚珠纵切）；

C. 四核胚囊（胚珠纵切）；D. 八核（7细胞）胚囊

1. 背缝线；2. 腹缝线；3. 子房室；4. 胚珠；5. 胚囊母细胞；

6. 外珠被；7. 内珠被；8. 珠孔；9. 珠心

①从横切面可见子房由_____、_____和_____三部分组成，在胚珠中发育出雌配子体，即_____。百合子房有_____个心皮合生，有_____个子房室，其胎座式为_____。

②成熟胚珠的结构组成有_____、_____、_____、_____、和___五个部分。胚囊在_____中发育形成。

③被子植物成熟雌配子体（胚囊）一般由7细胞组成，其中1个最大的细胞称为_____，其所含的两个细胞核称为_____；合点端的3个细胞称为_____；珠孔端有1个_____细胞和2个_____细胞，两者合称卵器。

四、作业与综合题

1. 绘制百合花药横切面简图及1/4详图，标示花药结构及其花粉囊的结构。

2. 绘制百合子房横切面简图、胚珠纵切面简图，标示子房及胚珠的结构。

3. 简述花药的结构及花粉粒的发育过程。

4. 由幼期花药发育为成熟花药发生了哪些变化？

5. 简述胚珠的结构及胚囊的发育过程。

实验 ⑪ 被子植物胚胎发育和果实的构造与类型

一、目的与要求

（1）掌握典型被子植物胚胎发育过程与特点，学习荠菜胚整体压挤方法。

（2）通过果实解剖了解胎座的类型，真果与假果的区别。

（3）了解果实的结构，识别果实的主要类型。

二、用品与材料

（1）用品：显微镜、电视显微镜、解剖镜、扩大镜、镊子、刀片、载玻片、盖玻片、表面皿、擦镜纸、纱布块、蒸馏水、5% KOH、10% 甘油等。

（2）材料：荠菜和小麦果实（胚各个不同发育时期）纵切片和幻灯片或照片；荠菜不同发育时期的新鲜角果，番茄、柑橘、黄瓜（瓜类）、苹果、梨、桃或李、豌豆（豆类）、油菜（或菜心）、棉、百合、石竹、向日葵、八角、水稻、小麦、板栗、榆或槭、胡萝卜、草莓、莲、桑、菠萝等各类新鲜或贮存的果实标本。

三、内容与方法

（一）胎座类型的观察

胚珠在子房内心皮愈合处着生的部位称为胎座。结合各类果实的解剖（横、纵切）进行观察，常见的胎座有下列几种类型（见图 11.1）：

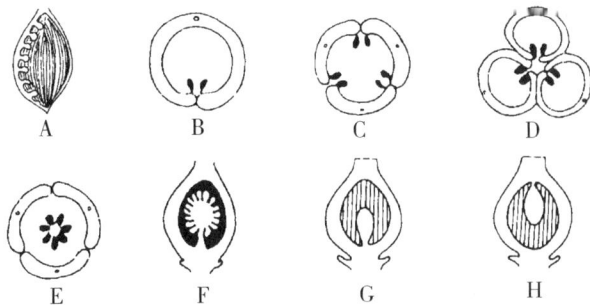

图 11.1　胎座的类型

A～B. 边缘胎座；C. 侧膜胎座；D. 中轴胎座；

E～F. 特立中央胎座；G. 基生胎座；H. 顶生胎座

1. 边缘胎座

单雌蕊，子房一室，胚珠着生在心皮边缘，即腹缝线上，如大豆等豆科植物。

2. 侧膜胎座

复雌蕊，子房一室或假数室，胚珠着生在两个心皮相连的腹缝线上。其胎座数目和心皮数目一致，如白菜、南瓜、冬瓜、紫花地丁等。

3. 中轴胎座

复雌蕊，子房多室，胚珠着生在两个心皮愈合的中轴上，其子房数目和心皮数目相等，如棉、龙葵、柑橘、百合等。

4. 特立中央胎座

复雌蕊，子房一室，胚珠着生在隔膜消失后留下的独立中轴周围。此胎座初期多发育为中轴胎座，以后各室隔膜消失，中轴上部也消失，而成一室，如石竹、马齿苋、报春花等。

5. 基生胎座

由 1~3 个心皮组成，子房一室，胚珠一枚生于子房基部，如紫茉莉（1 心皮）、向日葵（2 心皮）、大黄（3 心皮）。

6. 顶生胎座

由 1~3 个心皮组成，子房 1 室，胚珠 1 枚生于子房室的顶部，如眼子菜（1 心皮）、瑞香（2 心皮）、樟（3 心皮）。

（二）胚和胚乳的发育

1. 双子叶植物荠菜胚和胚乳的发育

（1）荠菜短角果的形态结构（见图 11.2）：取新鲜荠菜未成熟短角果观察，其形状呈三角形或倒心脏形，由两个心皮组成，其边缘互相连接形成一室，心皮边缘连接处着生两行胚珠，为侧膜胎座。在两心皮相连的缝线处延伸出一个隔膜，因为它不是心皮弯向子房内形成的，故称假隔膜，隔膜将子房分为两室，称为假二室，成熟短角果沿腹缝线开裂，其中有多数小型种子，假隔膜宿存。

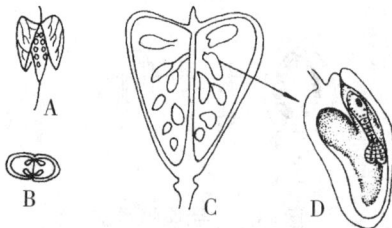

图 11.2 荠菜角果的横切及纵切

A. 角果外形；B. 角果的横切；C. 角果的纵切；D. 一个胚珠的放大

（2）荠菜胚和胚乳的发育（见图 11.3）：取不同发育时期胚（短角果内）的纵切片，先在低倍镜下观察角果切片的全貌，可见角果内着生多个胚珠挑选一个比较完整并接近通过中央部位的胚珠纵切面来观察。然后换用高倍镜仔细观察胚囊内的胚和胚乳的不同发育时期：

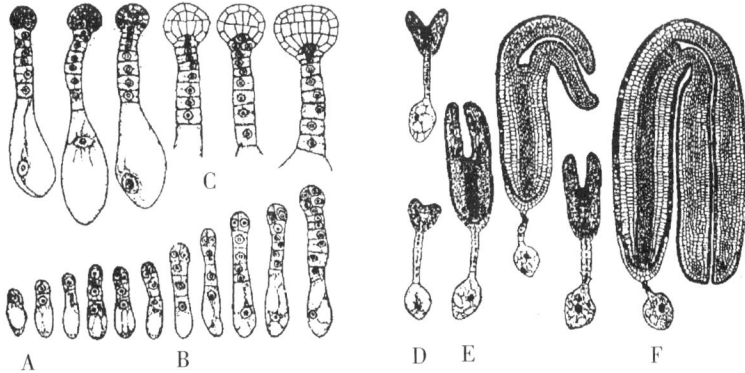

图 11.3 荠菜胚的发育过程
A. 二细胞期；B. 四细胞期；C. 球形胚期；D. 心形胚期；E. 鱼雷形胚期；F. 成熟胚期

①球形胚（原胚）时期：球形胚时期是胚还未分化出各种器官的原始时期。从两个细胞的胚到小的、大的球形胚时期，可见紧贴胚囊珠孔端有一个高度液泡化的大型细胞，称为胚柄基细胞，又称泡状细胞，最靠近珠孔或已由基细胞横分裂为多个单列细胞组成的胚柄。胚柄将胚体推送到胚囊中部，以便更好地吸收营养。在二细胞原胚时期远珠孔端的顶细胞（胚细胞）也在发育，在不同的切片中可看到 4 个、8 个或几十个细胞的球形胚体。注意胚囊内胚乳的发育情况，此时初生胚乳核经过多次核分裂，形成了多数游离核，分布在胚囊四周。

②胚分化时期：胚分化时期是胚开始分化出各种器官，直到这些器官分化完成，包括心形胚和鱼雷形胚。

心形胚：取心形胚时期切片观察，可见在球形胚体顶端两侧，由于细胞分裂较快形成两个突起，即为子叶原基，整个胚体呈心脏形。

鱼雷形胚：取此期切片观察，由于子叶原基生长延长形成两片子叶，子叶基部胚轴也相应伸长，整个胚体呈鱼雷形，以后子叶随着胚囊形状而弯曲、胚柄逐渐退化，仅胚柄基部的泡状细胞比较明显。

注意观察此时期胚乳的变化，可见靠胚囊外侧的胚乳游离核已形成细胞壁成为胚乳细胞；以后随着胚体长大，胚乳细胞又解体，将营养转动到胚并贮藏在子叶中。

③成熟胚时期：观察荠菜成熟胚（老胚）切片，整个胚已弯曲呈马蹄形，有两片肥大的子叶，子叶之间夹生的小突起是胚芽，另一端是胚根，胚芽与胚根之间为胚轴。此时珠被已发育成种皮，整个胚珠形成了种子。

（3）荠菜胚整体压挤法：此法可对荠菜胚（或其他植物的胚）的发育进行活体观察，色态自然逼真，方法简便，效果好。

取新鲜的不同发育的短角果，从果内取出胚珠（浸制材料的胚珠压挤困难），放在盛有5% KOH 溶液的凹面载玻片表面皿中浸泡5分钟左右，将胚珠取出用清水漂洗后置于载玻片上，加一滴10%甘油，盖好盖玻片后用解剖针轻轻敲击盖玻片上方，即可将荠菜幼胚从胚珠中压挤出来，然后置显微镜下观察，识别胚发育的不同时期。

实验时注意材料必须新鲜，否则胚无韧性，易将材料压碎。此外，KOH 溶液的浸泡时间、压挤时用力均要适当。

2. 单子叶禾本科植物小麦胚和胚乳的发育（见图11.4）

在电视显微镜屏幕上（或幻灯片），观察小麦不同发育时期胚的纵切片，可见合子休眠后经过多次分裂，形成基部较长、顶部由小渐大的梨形（洋梨形）原胚，以后原胚开始分化，首先是梨形原胚偏上一侧出现一个小凹沟，以后凹沟处继续分化出胚的各个器官，注意观察子叶（盾片）、胚芽鞘、胚芽、胚根鞘、胚根、胚轴和外胚叶各部分发生部位及整个幼胚结构。

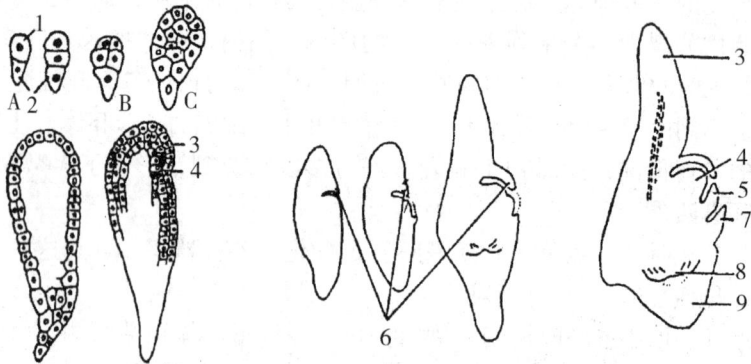

图11.4　小麦胚的发育过程

A. 二细胞胚；B. 梨形胚；C. 凹沟期；D. 成熟胚

1. 胚细胞；2. 胚柄细胞；3. 盾片；4. 生长锥；5. 胚芽鞘；
6. 胚芽鞘生长锥；7. 外胚叶；8. 胚根；9. 胚根鞘

（三）果实的结构

观察桃、苹果（或梨）新鲜果实横切面或浸渍标本。桃是真果由子房发育而来，最外层较薄而有毛是外果皮，其内肥厚肉质多汁供食用部分为中果皮，内果皮坚硬、其内含一粒种子（见图 11.5）。

苹果（或梨）是由下位子房和花筒愈合发育而来的肉质假果（见图 11.6）。花筒与外、中果皮均肉质化，无明显界线，为食用部分；内果皮木质化，常分隔成 4~5 室，中轴胎座，每室含两粒种子。

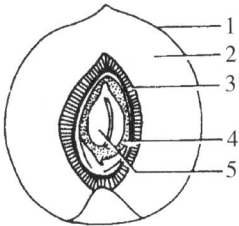

图 11.5　桃果实的纵切面

1. 外果皮；2. 中果皮；3. 内果皮；

4. 种子；5. 胚

图 11.6　苹果果实的纵切面和横切面

1. 花筒膨大部分；2. 心皮外限；3. 中果皮；

4. 内果皮；5. 种子；6. 萼筒维管束；

7. 心皮维管束

（四）果实的类型

取各种果实进行横切、纵切或用其他方法解剖观察，对照下列图解，识别果实各部分的来源和结构特点，识别主要果实类型的特征。

1. 单果

单果是由一朵花的单雌蕊或复雌蕊的子房发育形成的果实。根据果皮及其附属物的质地不同，单果可分为肉质果和干果两类，每类再分为若干类型。

（1）肉质果。

果皮或果实的其他部分肉质多汁（见图 11.7）。

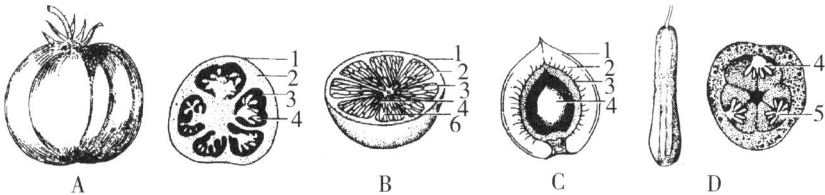

图 11.7　肉质果的主要类型

A. 浆果；B. 柑果；C. 核果；D. 瓠果

1. 外果皮；2. 中果皮；3. 内果皮；4. 种子；5. 胎座；6. 肉质毛囊

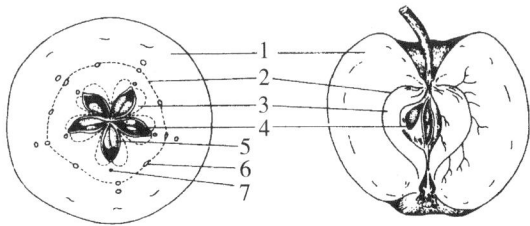

①浆果：由单雌蕊或复雌蕊发育而成，外果皮多为膜质，中、内果皮均肉质多汁。

②柑果：由复雌蕊具中轴胎座的多室子房发育而成，外果皮革质、有油囊，中果皮疏松、有维管束，内果皮膜质、分隔成瓣，在内果皮表面生有许多肉质多汁的毛囊。

③核果：由单雌蕊或复雌蕊发育而成，外果皮薄，中果皮肉质肥厚，内果皮坚硬形成"核壳"，包围在1粒种子外面，形成果核。

④瓠果：由3心皮1室的下位子房发育而成的假果，花托和外果皮组成坚硬的果壁，中、内果皮及胎座均肉质化。

⑤梨果：由花筒和具中轴胎座的子房共同参与发育而成的假果，花筒形成的果壁肉质发达，占大部分，外、中果皮肉质化，不甚发达，内果皮纸质或革质。

（2）干果。

成熟时果皮干燥，又分果皮开裂的裂果和果皮不开裂的闭果两种（见图11.8）。

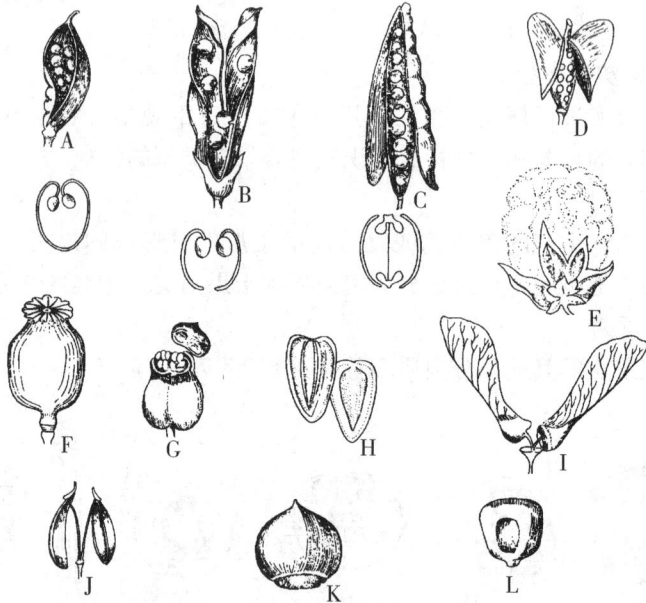

图11.8　干果的主要类型

A. 蓇葖果；B. 荚果；C. 长角果；D. 短角果；E. 背裂蒴果；F. 孔裂蒴果；G. 盖裂蒴果；H. 瘦果；I. 翅果；J. 双悬果；K. 坚果；L. 颖果

①裂果。

A. 骨突果：由离心皮雌蕊发育而成，成熟时沿背缝线或腹缝线一边开裂。

B. 荚果：由单雌蕊的子房发育而成，成熟后果皮沿背缝线和腹缝线两边开裂，少数不开裂而成节荚。

C. 角果：由两心皮的复雌蕊子房发育而成，成熟时沿两条腹缝线开裂成两瓣，两瓣之间有假隔膜。它有长角果和短角果两种。

D. 蒴果：由复雌蕊子房发育而成，成熟时以各种方式开裂。它有背裂蒴果、孔裂蒴果和盖裂蒴果三种。

②闭果。

A. 瘦果：果实细小，内含1粒种子，果皮与种皮易分离。

B. 颖果：果实细小，内含1粒种子，果皮与种皮愈合不易分离。

C. 坚果：果皮坚硬，内含1粒种子。

D. 翅果：果皮延伸成翅状。

E. 分果：由复雌蕊具中轴胎座的子房发育而成，成熟后各心皮沿中轴分离，但各心皮不开裂，各含1粒种子。

2. 聚合果

由一朵花中多数离生单雌蕊和花托共同发育而成的果实。每一个雌蕊形成一个单果（小果），许多单果聚生在花托上，称聚合果（见图11.9A～E），根据小果性质不同，可分为：

（1）聚合膏葖果：如八角茴香、玉兰、珍珠梅。

（2）聚合瘦果：多数瘦果聚生在一个膨大肉质花托上，如草莓。多数骨质瘦果，聚生在凹陷壶形花托里，如金樱子、蔷薇。

（3）聚合坚果：如莲。

（4）聚合核果：如悬钩子。

3. 聚花果（又称复果）

由整个花序发育成的果实（见图11.9F～H）。桑葚是由整个雌花序发育而成，每朵花的子房各发育成一个小瘦果，包藏在肥厚多汁的肉质花被中。无花果是多数小瘦果包藏于肉质凹陷的囊状花轴内形成的一种复果。凤梨（菠萝）是很多花长在肉质花轴上一起发育而成，花不孕，肉质可食用部分是花序轴。

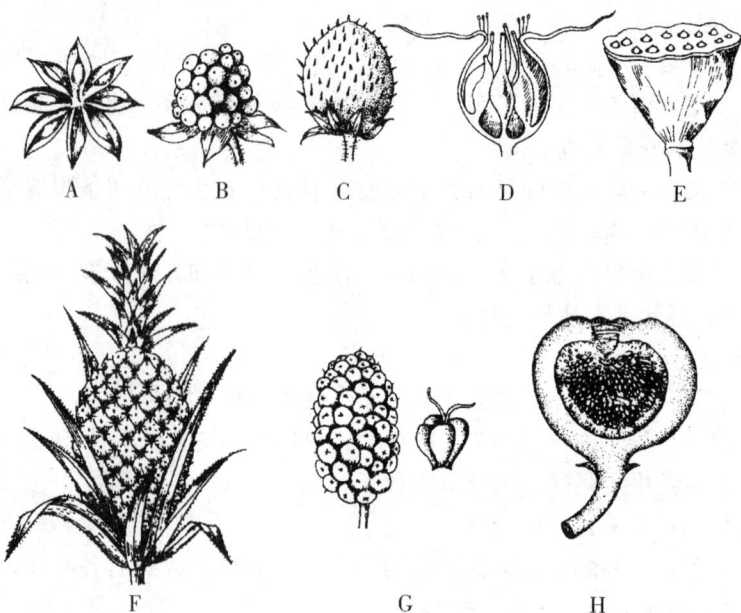

图 11.9 聚合果、聚花果

A. 聚合蓇葖果；B. 聚合核果；C. 聚合瘦果；D. 聚合骨质瘦果；
E. 聚合坚果；F. 凤梨；G. 桑葚；H. 无花果

四、作业与综合题

1. 绘制荠菜胚三个不同时期发育的草图。

2. 双子叶植物胚与单子叶植物胚发育的主要区别是什么？

3. 果实和种子的主要区别是什么？它们是怎样形成的？

4. 胚囊、胚、胚乳各在什么地方形成的？由什么发育而来？

5. 真果和假果有什么区别？请根据实验材料说明。

6. 观察记录并填写：

（1）单果是_____发育而成的果实；聚合果是_____发育而成的果实；复果是_____发育而成的果实。真果指_____果实；假果指_____果实。

（2）下列常见植物的果实，其食用的主要部分是：

例：番茄：主要食用其肉质多汁的中果皮、内果皮和胎座；

柑、橙：_____；

黄瓜、西瓜：_____；

冬瓜：_____；

桃、李：_____；

苹果、梨：_____；

草莓：_____；

香蕉：_____；

花生、向日葵：_____；

水稻、小麦：_____；

菠萝：_____。

（3）把观察结果填入下表（如举例）：

植物种类	果实类型		真果或假果	胎座类型	主要特征
	肉质果	干果			
番茄	浆果		真果	中轴胎座	两心皮上位子房发育形成的果实，成熟时中、内果皮及胎座均肉质化，肥厚多汁

实验 ⑫ 藻类植物（一）

一、目的与要求

（1）通过代表种类的实验观察，掌握蓝藻门和绿藻门的主要特征。

（2）理解蓝藻门和绿藻门在植物界演化中的地位。

（3）学会一些实验观察的基本方法和技能。

二、用品与材料

（1）用品：I–KI 溶液、稀墨汁、0.1% 的碱性湖蓝（亚甲基蓝）BB 液、载玻片、盖玻片、蒸馏水、滴管、镊子、解剖针、醋酸洋红、吸水纸和显微镜等。

（2）材料：色球藻属、颤藻属、念珠藻属、鱼腥藻属、衣藻属、丝藻属、水绵属和轮藻等代表种类。

三、内容与方法

（一）蓝藻门

1. 色球藻属（*Chroococcus*）

（1）取材：在池塘、河沟、泉水及湿地上都能采到。在花盆的壁上和土表有时呈现出蓝绿色，这是由于色球藻和一些其他藻类共同生存的结果。

（2）装片观察：用吸管吸取少量生有色球藻的水制成水封藏片；或用镊子、解剖针在长有色球藻的树皮上挑一些藻类群体（外观紧密的为色球藻，外观疏松的为绿球藻）放在水滴上，再用解剖针把它们分散，盖上盖片后进行观察。

①藻体的形态特征：注意观察色球藻在单细胞时的形状是怎样的，在群体时细胞的形状又是怎样的。

②藻体的细胞结构：从盖玻片的一侧加一滴稀墨汁，用吸水纸从盖玻片

另一侧把墨水吸过去，在高倍镜下观察，将显微镜的视野调暗一些，正反扭动细调焦螺旋，注意观察胶质鞘的特征。群体中的每个细胞是否有胶质鞘？如何区别中央质和色素质的区域和位置？也可用0.1%碱性湖蓝BB水溶液染色1~2分钟，制成水封藏片进行镜检，效果较好。

2. 颤藻属（*Oscillatoria*）

（1）取材：颤藻分布最为广泛，生于水渠、池塘、积水坑、畜栏周围的污水沟等有机质较多的地方。在污水中生长旺盛，常在浅水底形成一层蓝绿色膜状物，或成团漂浮水面。一年四季都可采到。标本采回后，放在盛有清水的培养皿或小瓷盘中，置窗台向阳处数小时，其藻丝可向四周漫延散开，这是藻丝能前后移动，也能左右摆动的缘故。

（2）装片观察：用小镊子或解剖针挑取少量的蓝绿色物（即颤藻），置于载玻片中央的一滴水中，盖上盖片，在显微镜下观察下列各项：

①藻体形态和运动：颤藻是由单列细胞所组成的丝状体，它是否具有分枝？它们运动方式是怎样的？

②藻体细胞的形态结构：由于颤藻多为_____形的细胞所组成，所以在观察细胞结构时，应当注意尽量在低倍镜下首先选择丝状体较宽、细胞较长的种类，然后换用高倍镜仔细观察丝状体。注意观察颤藻有无胶质鞘？有无异形胞？两端的细胞形态有何特点？藻殖段指的是什么？再揭去盖片，用0.1%碱性湖蓝BB液染色，盖上盖片，1~2分钟后，正反扭动细调焦螺旋，观察中央质和色素质。注意区别它们的颜色、区域和位置。

③丝状体中的死细胞：先在低倍镜下移动载玻片，当发现丝状体中有的地方发亮，就将此处移到视野中央转换高倍镜，双凹形的死细胞就可看清。

蓝藻的贮藏物质主要是_____，它呈微细小颗粒分布在_____中，加一滴I-KI溶液即变为_____。此外，还有_____，多为分布在细胞横壁附近的大小不等的颗粒。

3. 念珠藻属（*Nostoc*）

（1）取材：该属藻类生于水中或潮湿的土壤或石面上。雨季可从草地上采取膜状或木耳状的念珠藻。采来的标本可用4%的福尔马林浸泡，也可晾干保存。实验时若用晾干的标本，则需提前几十分钟浸泡在清水中或温水中。

（2）制片观察：用镊子取芝麻粒大小的胶质小块或胶质丝置于载片中央，加一滴清水，先用镊子或解剖针将胶质小块适当弄碎，然后盖上盖片，并用手指轻压盖片，使材料均匀散开，即可在显微镜下观察。

①藻体的形态特征：在低倍镜下可以看到，念球藻是由许多_____埋于_____中。藻体的细胞呈现_____形，相连成_____。

②藻体细胞形态结构：用高倍镜观察，可以看到丝状体的单列细胞中有较大型的_____将丝状体隔开成为_____。由于其细胞内缺乏_____而呈淡_____，因此与营养细胞形态有所差别。

仔细观察藻丝细胞的形态，有时可以看到连续几个大型的、椭圆形的细胞，其内含物变稠，颜色稍深，壁增厚，这些细胞称为_____。

4. 鱼腥藻属（*Anabeana*）

（1）取材：多生于池塘、沟渠中，有一种鱼腥藻生长在满江红的叶内，与其共生，是一种能固氮的蓝藻。更多的是以丝状的形式散布在水中。因此，最易采集的是与满江红叶片共生的念珠藻。

（2）制片观察：用吸管取一滴鱼腥藻标本液于载片中央，或用镊子取满江红的2～3片小叶，置于载玻片中央，滴一滴水，并用镊子将叶子挤压弄碎，拣去叶子的残片，盖上盖片在显微镜下观察。

在低倍镜下观察藻体的形态结构，比较鱼腥藻属和念珠藻的异同点。在高倍镜下观察一条藻丝，可以看到其细胞的颜色呈_____。注意观察细胞内有无细胞核和细胞器的结构。在营养细胞内可见有暗色的气泡。在丝状体上仔细观察，可以找到呈淡黄绿色的并且细胞壁加厚的_____，有时在丝状体上可以找到较大型的、椭圆形的_____，这些细胞的细胞质很浓，这就是_____。

5. 示范观察

微囊藻属（*Microcystis*）和伪枝藻（双歧藻）属（*Scytonema*）。

（二）绿藻门

1. 衣藻属（*Chlamydomonas*）

（1）取材：衣藻常生活在有机质较多的污水中，在雨季的水坑中，衣藻可成纯群，使呈草绿色。冬季的养鱼缸内、春秋雨季的池塘中都有衣藻生存。采到藻种后，可在室内进行分离培养和长期保存。实验取材时，可先将培养缸放置向阳处，稍等片刻，即可见培养缸向阳面的水面和缸壁交界处有绿色衣藻的纯群。用吸管自衣藻纯群中取一滴绿水，便可制片观察。

（2）装片观察：按上述方法用吸管吸取一滴衣藻绿水，制成水封藏片，放在显微镜下镜检。

①衣藻的运动：在低倍镜下观察，可以清楚地看到绿色的衣藻细胞游动的现象。注意在视野中寻找，有时可见到有的衣藻以鞭毛和细胞的顶端附着在载玻片上，藻体在缓慢地摆动。在水封片盖玻片的一侧加入胶水，可达到限制衣藻活动的效果。

②衣藻的形态结构：在低倍镜下观察，注意观察衣藻的形态主要有哪些。

然后放在高倍镜下观察，可看到细胞中的叶绿体呈_____形态。在衣藻缓慢摆动过程中看到叶绿体一侧边缘有一个红色的_____。在高倍镜下有时还可找到前端细胞质中的_____。

③观察不活动的衣藻细胞：还可以在水封装片的一侧加一滴 I-KI 溶液，这样可杀死衣藻，并使细胞内的一些结构部分着色，便于观察细胞的具体结构。在高倍镜下观察，可看到叶绿体底部的_____被染成蓝紫色，调节显微镜的焦距，还可以看到被染成黄色位于叶绿体腔内细胞质中的_____。在焦距合适，并且视野内光线稍暗的情况下，有时还可以看到两条等长的灰白色的胶质线，由细胞顶端伸出，这就是_____。有时用 I－KI 染色后，叶绿体似乎全部变成蓝紫色，这是由于衣藻的叶绿体除具有一大型淀粉核外，在叶绿体内还有分散分布的_____的缘故。

④衣藻的生殖：衣藻的生殖方式有_____和_____。衣藻在培养液中培养一个时期后，常有许多衣藻沉于培养缸的底部。取培养缸底部的绿色沉积物制片观察，不但可见衣藻的营养体，而且常在显微镜的视野内找到孢子囊或合子。孢子囊内常可见 2 或 4 个孢子。除此以外还可找到合子。在高倍镜下观察，可清楚地看到衣藻的合子呈橘红色，细胞壁加厚，壁上常见有突起的刺状花纹。

2. 丝藻属（*Ulothrix*）

（1）取材：多固着生长于清洁流水的石头上，丛生长呈深绿色毡层状，用手触摸既不黏滑也不粗糙。采集时需用采集刀从固着物上刮下，这样能使固着器保存完好。

（2）装片观察：用镊子取少量丝藻制作水封藏制片，在显微镜下观察（见图 12.1）：

①藻体形态和细胞结构：丝藻为_____的丝状体。在观察细胞的形态结构时，注意主要有两种类型的细胞，其中位于丝状体基部，叶绿体较小，色较淡，行使固着功能的细胞，叫_____，其上为一列短筒形的_____，其细胞经 I-KI 溶液染色，可看清大型环带状的_____和其中的蛋白核，也可看出细胞核。

②丝藻的生殖：有时将采集回来的丝藻

图 12.1　丝藻
1. 丝藻植物体；2. 丝藻部分细胞

放在蒸馏水中，数小时后可观察到游动孢子或配子的形成。即使生活材料中看不到生殖过程，但在标本中常可以看到丝藻的一些营养细胞变为孢子囊或配子囊，其内的原生质分裂成数目不同的子原生质体的情形。

3. 水绵属（*Spirogyra*）

（1）取材：水绵属是河水中分布极为普遍的绿藻。常生活在较洁净的水域中，而且自开春化冻至结冰前都能采到新鲜的标本（以春季最盛）。由于水绵碧绿滑腻（这是与丝藻在感观上的主要区别），并常成团浮于水面，故采集时，这些特征可以作为初步鉴别的特点，有时水绵成丝团漂浮生长时，逐渐转变成黄绿色，这种情况下，常可找到有性生殖的材料（春秋两季较多）。

（2）装片观察：用解剖针挑取少许水绵丝状体，于玻片上制成水封藏片进行观察。

①水绵的形态结构：在镜检时，注意比较水绵和丝藻在形态结构方面的异同点。在低倍显微镜下可以看到，水绵由_____构成的丝状体，每个细胞为_____形，细胞内可见带状螺旋形的_____，围绕在细胞周围的细胞质中。加一滴 I－KI 溶液并在另一侧用吸水纸使其吸出去。再选择一条藻丝较宽又仅为一条叶绿体的水绵，换用高倍镜，调节细调焦螺旋，仔细观察，还可以看见叶绿体上分布着一列颗粒状的_____。光线稍调暗一些，可以看到分布于细胞中央的一团细胞质和着黄色的_____，但不甚清楚，可以看到披着褐色的细胞壁。

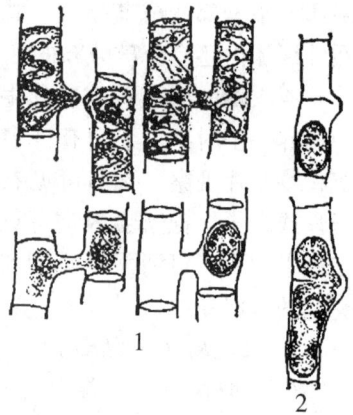

图 12.2　水绵
1. 水绵的梯形接合；
2. 水绵的侧面接合

②水绵有性生殖过程：可由春秋两季自水域中采集漂浮生长的，已变成黄绿或黄色的水绵丝状体制片镜检观察，常可以观察到水绵的有性生殖过程，在彼此紧邻接的两个丝状体细胞间发生的过程。如两个相接的丝状体结合后，好像梯子，这种接合类型叫_____接合，有时还能看到有些种类的同一条丝状体各个相邻细胞间进行_____接合。观察有性生殖过程，制片时也可以用加一滴 I-KI 溶液染色镜检观察，其配子和合子以及接合管形成过程，都能看清楚。

4. 轮藻属（*Chara*）

（1）取材。

植物体多大型，一般高约 10～60 cm，多生于淡水中，尤其在含有钙质或硅质较多的浅湖泊、池塘或稻田中常大片生长。采集有性器官（精囊球和卵囊球）的轮藻时，应注意连泥一起挖出，以便观察到埋入泥中的藻体和假根。

将采集的材料连淤泥一起放入培养缸中，倒入适量水（以刚刚淹没轮藻的藻体为宜），然后置于向阳处，即可长期培养，而且每年皆可生出性器官。

（2）观察。

①轮藻的外形：用放大镜分辨轮藻的主枝、侧枝和轮生短分枝和假根；分辨植物体上的节与节间，轮生短分枝的节上单细胞的苞片和小苞片。轮藻的生殖器官就生在轮生的短分枝上。橘红色的精囊球肉眼可见。

②轮藻的节和节间细胞：为了观察轮藻的节和节间细胞，可制成透明标本。其方法是把轮藻植物体的主枝或轮生分枝，放入盛有2%～3%盐酸或醋酸的小烧杯中，浸泡数分钟后取出，用清水洗涤即可观察，也可用甘油封片观察。另外也可以茎作横切片在显微镜观察，可以看到茎中央被一个大型的_____占据，外面包着_____。

③轮藻的生殖器官：取标本作水封藏片，在显微镜下首先观察卵囊球和精囊球生长的位置，并比较两者的形态和大小。然后分别辨认卵囊球的5个螺旋状绕生的_____，5个和1个大的_____，以及精囊球的盾状细胞的界限。最后可以用橡皮头轻压盖片，使精囊球破裂，精囊丝清晰可见。

5. 示范观察

（1）实球藻、空球藻、团藻、盘藻和绿梭藻。

（2）竹枝藻、刚毛藻和毛枝藻。

（3）小球藻、绿球藻、水网藻和四胞藻和栅列藻。

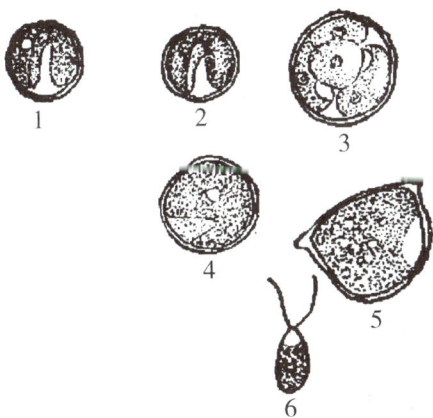

1～3. 小球藻；4～6. 绿球藻

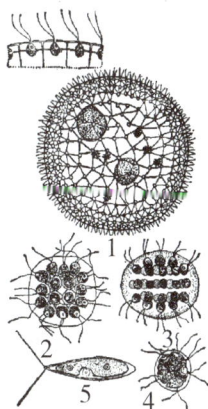

1. 团藻；2. 盘藻；3. 空球藻；
4. 实球藻；5. 绿梭藻

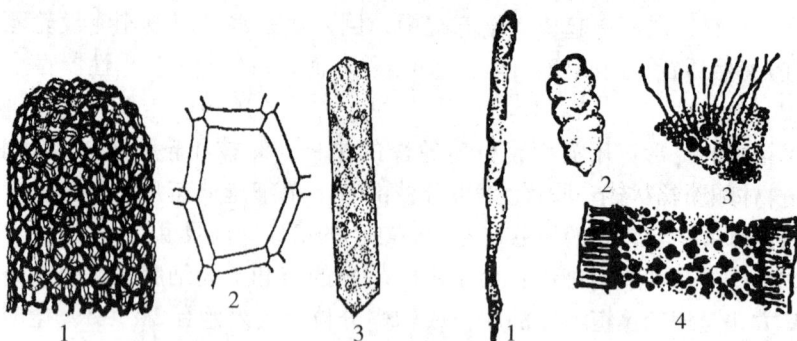

水网藻
1. 部分藻体；2. 几个细胞组成网眼；3. 单个细胞

四胞藻
1~2. 外形；3. 细胞的排列；4. 部分藻体

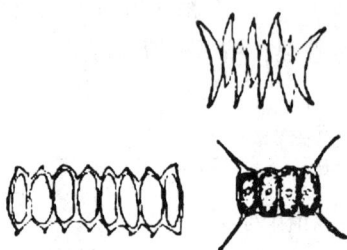

几种栅列藻

竹枝藻

刚毛藻

毛枝藻

四、作业与综合题

（一）作业

1. 注图

（1）颤藻丝状体一段，请标示营养细胞、死细胞、离盘的相应位置。

（2）念珠藻丝状体及其周围的胶质，请标示营养细胞、异形细胞、厚垣孢子等。

颤　藻

1. 营养细胞；2. 死细胞；3. 离盘

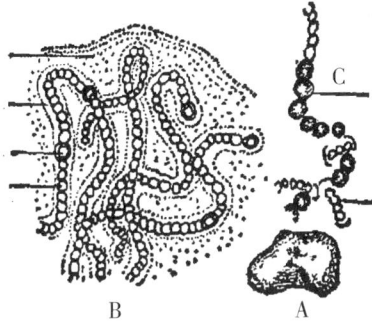

念珠藻

A. 胶体外形；B. 部分植物体放大；

C. 厚垣孢子及其开始萌发产生新丝状体的胶质鞘

1. 营养细胞；2. 异形细胞；3. 丝状体的胶质鞘；

4. 包被的胶质；5. 厚垣孢子；6. 萌发产生新丝状

（3）衣藻的细胞结构：请标示鞭毛、伸缩泡、眼点、细胞核、叶绿体、淀粉核和细胞壁。

（4）水绵的细胞结构：请标示细胞壁、细胞质、叶绿体、蛋白核、细胞核、胞质丝和中央大液泡。

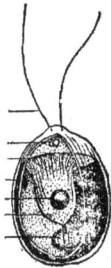

衣　藻

1. 鞭毛；2. 伸缩泡；

3. 细胞壁；4. 眼点；

5. 细胞核；6. 细胞质；7. 淀粉核

水　绵

1. 中央大液泡；2. 细胞核；3. 细胞质；

4. 胞质丝；5. 叶绿体；6. 细胞壁

2. 注图

（1）注明色球藻的细胞和胶质鞘。

（2）注明鱼腥藻的形态结构，请标示异形胞、厚垣孢子和营养细胞。

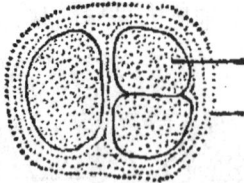 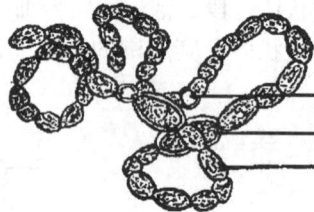

色球藻   鱼腥藻

（3）轮藻的一段短分枝，注明性器官各部结构。

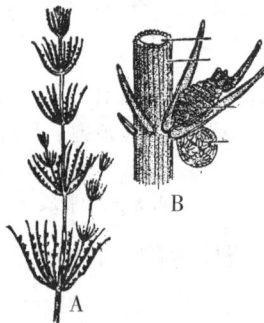

轮　藻

A. 植物体的一部分　B. 侧枝

1. 节间细胞；2. 皮层细胞；3. 卵囊；4. 精子囊

（二）综合题

1. 试以实验材料为例总结蓝藻门的主要特征，并分析蓝藻门的原始性。

2. 通过镜检，比较念珠藻和鱼腥藻的异同点。

3. 以实验材料为例，说明什么是单细胞、群体和多细胞植物体，什么是同配、异配和卵配，什么是同宗结合和异宗结合，什么是游动孢子和似亲孢子。

4. 试述绿藻的主要特征，说明绿藻在形态、结构、生殖方式和生活史等方面的多样性。

实验 ⑬　藻类植物（一）

一、目的与要求

通过对代表植物的实验，了解裸藻门、金藻门、褐藻门和红藻门的主要特征，重点掌握其观察方法，系统地掌握褐藻和紫菜的生活史。

二、用品与材料

（1）用品：I-KI 溶液、醋酸洋红等。

（2）材料：裸藻属、直链藻属、小环藻属、羽纹藻属、舟形藻属和无隔藻属等新鲜藻类植物材料海带、紫菜以及海带带片横切制片、海带配子体制片、海带生活史各时期显微照片。

三、内容与方法

（一）裸藻门

裸藻属（*Euglena*）

（1）取材：春、夏和秋季污水中常可找到裸藻。裸藻旺盛生长时可成纯群，使水呈草绿色。它们常生长在小水域中，栖底或附于水底杂物上。采回标本后，可在室温、光照下较长时期培养备用。

（2）装片观察：取裸藻水液制作水封藏片观察。

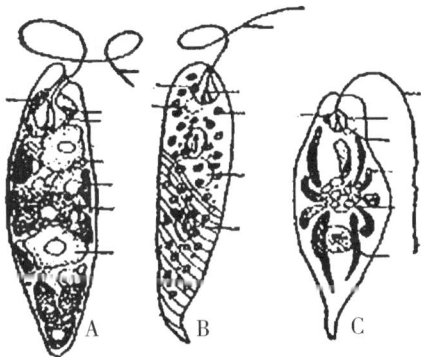

图 13.1　裸藻的结构
A. 叶绿体的大型盘状，具蛋白核；
B. 叶绿体粒状；C. 叶绿体带状

①裸藻的形态和运动：在低倍显微镜下观察，可看到裸藻的细胞形状为_____，颜色为_____，由于_____的螺旋状运动而使裸藻旋转向运动，同时还可以看见在运动中，裸藻可以改变体形。

②裸藻的结构：自显微镜上取下装片，在盖片一侧加一滴 I-KI 溶液，在另一侧用吸水纸吸出水分，吸入 I-KI 溶液为的是杀死裸藻。在高倍镜下观察，可以看到裸藻细胞的详细结构。在细胞前端有胞口、胞咽和贮蓄泡，贮蓄泡

附近有几个_____。在靠近贮蓄泡的一侧，细胞质中有一红色的_____（正反扭动细调焦螺旋）；在细胞内可见许多呈盘状或纺锤形和颗粒状的___。在细胞内有一个较大型的细胞核。细胞内还可能看到副淀粉体（副淀粉体遇碘不呈蓝色，但在弱碱性溶液作用下现出轮纹）。在碘液染色的情况下，把视野内的光线稍调暗一些，可看到鞭毛。

除少数种类外，大多数裸藻无_____，有_____，能游动，以_____方式繁殖。

（二）金藻门

金藻中包含了硅藻、金藻和黄藻三大类。植物体有单细胞、群体和丝状体类型。

1. 硅藻纲

取材：硅藻在淡水中极为普遍，春秋两季是淡水硅藻的生长高峰期。有时呈黄褐色的纯群漂浮水面呈水花，或固着在其他藻体上（如刚毛藻），或在水底中栖底生活。雨后，有些硅藻可在湿土上迅速繁殖，使地表或石面上形成黄褐色或暗褐色的薄的胶状层。自上述环境采集硅藻后，并保存藻种。

装片观察：取生活的混合标本作 1~2 片水藏封片，在显微镜下观察它们的壳面、带面、形状、纹饰、色素体和运动的情况，大体辨别出它们中哪些是属于中心硅藻目，哪些属于羽纹硅藻目。然后重点观察以下四属：

（1）直链藻属（*Melosira*）。

中心硅藻目。为淡水中常见的链状群体，细胞圆柱形，各细胞的壳面互相连接。如用解剖针拨下单个细胞，就可看到一般不易看见的细胞的壳面。观察时应注意分辨链状群体中的细胞界限。注意检视材料中有无复大孢子的产生（秋、冬季常可采到直链硅藻的复大孢子）。

（2）小环藻属（*Cyclotella*）。

中心硅藻目。分布很广，单细胞，壳面呈圆形，带面呈长方形。用解剖针轻点盖玻片一边使其翻转，极易辨别细胞的这两个面。

（3）羽纹藻属（*Pinnularia*）。

羽纹硅藻目。单细胞，壳面呈长椭圆形，细胞两侧边近平行，两端钝圆，可前后缓缓运动。注意移动载玻片，选择一个体积较大者在视野中央观察。不经染色就可见其肋纹、两块板状色素体、壳缝、端节和油滴。用解剖针点盖玻片观察其带面，特别要注意比较色素体、胞质桥、细胞核、中央节和端节在两个面观察时有何不同。然后再加一滴 I-KI 溶液将其杀死和染色，并比较壳面和带面的特征。从带面两端中部寻找上、下壳套合的界限。

（4）舟形藻属（*Navicula*）。

羽纹硅藻目，此属种类很多，分布很广，最为常见。在显微镜下大多类似于一只只黄褐色的小船在缓缓地移动。与羽纹藻属有很多类似之处。其主要区别是该属的纹饰为线纹，壳面观细胞两端较尖，或为头状、喙状，而且细胞两侧缘不近于平行，中部较宽。

2. 金藻纲

（1）金光藻属（*Chromulina*）。

取材：金光藻广布于大小水域中，是水库中常见藻类。早春生长旺盛，可在水体表层形成漂浮层或使水体浑浊。用生活水域的水液培养可在室内生活较长时期。

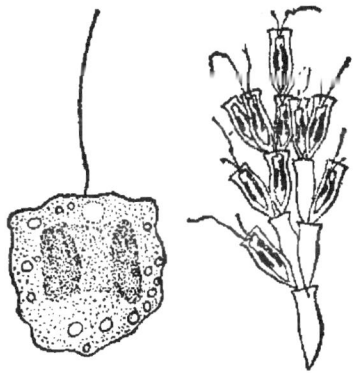

图 13.2　金光藻属和钟罩藻属

装片观察：吸取一滴带有金光藻的培养液，放入载玻片上装片观察。在低倍显微镜下可以看到金光藻是单鞭毛游动的单细胞植物体。按衣藻滴胶水方法装片镜检观察，用高倍镜在视野内选择游动缓慢的个体进行观察，可看到金光藻的细胞略多呈＿＿＿＿＿＿形，仔细观察可以看出其细胞可略能变形，这是因为金光藻细胞外＿＿＿＿＿＿＿＿的缘故。还可看到细胞内具有一至两个金黄色的＿＿＿＿＿。如加碘液染色可清楚地看到金光藻具有一条鞭毛，在一定的角度上还可以看到眼点。鞭毛基部有 1～2 个伸缩泡。多数种类具有眼点。色素体 1～2 个，板状。细胞核位于细胞中部。细胞内常贮藏有油滴。繁殖为纵分裂，产生内生孢子。

（2）钟罩藻属（*Dinobryon*）。

取材：钟罩藻是池塘、水库等水域常见的藻类，是生活在有机质较少的净水中。春季旺盛繁殖。在采集浮游藻时常杂有此藻，采回后可在净水中培养以备观察。

装片观察：吸取一滴带有钟罩藻的水制成水封藏片，在低倍镜下可以看到由许多杯状的藻鞘彼此附着成树枝状。有时可见它们缓慢地游动。换高倍镜仔细观察，可以看到杯状藻鞘内的细胞构造，能看清有两个载色体，但鞭毛不容易看到。

3. 黄藻纲

黄藻是呈黄绿色的藻类。载色体中含有＿＿＿＿＿＿＿＿＿＿等色素。贮藏的物质是＿＿＿＿＿＿＿。细胞壁的主要成分是＿＿＿＿＿。大多数细胞壁是由两个半片套合而成。游动细胞具不等长的略偏于腹部一侧的两条鞭毛，极少数为一条鞭毛，由于鞭毛不等长，所以又称不等毛藻类。在黄藻类中具有绿藻类所具有的各种形态类型。下面观察两种常见的黄藻类植物。

（1）黄丝藻属（*Tribonema*）。

取材：早春季节生长繁荣，是池塘内常见的丝状黄藻。最初生长时有基细胞，以后由于基细胞枯死而漂浮水中。黄丝藻大量繁殖时，漂浮水面，可在水面形成黄绿色棉絮状，中间有气泡。可在培养缸中用自来水培养一个适当时期。

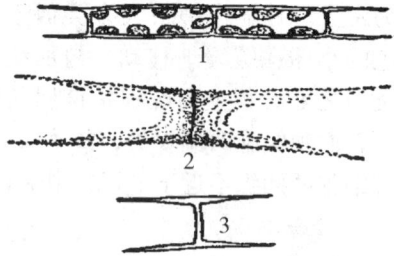

图 13.3　黄丝藻
1. 丝状体的细胞；2. 用浓氢氧化钾处理后的 H 形细胞壁的结构放大图；3. H 形细胞壁的显微镜观

装片观察：自培养缸中挑取少量黄丝藻的藻丝，置于载玻片上装片观察。在低倍镜下可见黄丝藻为＿＿＿＿＿＿＿的丝状体，外形与绿藻中的丝藻相似，细胞为＿＿＿＿＿形。加碘染色换高倍镜观察，可以看到其细胞内具有一个被染成黄色的＿＿＿＿＿＿＿＿和几个扁圆形的黄绿色的＿＿＿＿＿，但碘染色后，细胞内不见蓝紫色的颗粒，证明其细胞内不具有＿＿＿＿＿。常可在细胞内看到＿＿＿＿＿＿，这是主要贮藏物质。黄丝藻的细胞壁成"H"套合，常由 H 形壁的中间（即一个细胞近中央的 H 接头部分）断裂，断裂处可以清楚地看到 H 形的半个细胞壁的情况。

（2）无隔藻属（*Vaucheria*）。

取材：无隔藻常生长在缓流或静水中，稻田和小渠中常见，有时也生于阴湿的土壤上，采回后可带土放入培养缸的底部，保持在湿润环境下培养，浸水培养时较易坏死。

装片观察：用镊子挑取少量无隔藻藻丝装片，在低倍镜下镜检观察，可以清楚地看出藻体呈＿＿＿＿＿＿＿的丝状体。加碘液染色后，换高倍镜观察，可以看到其细胞内的多枚＿＿＿＿＿＿＿和多数颗粒状的＿＿＿＿＿＿。注意观察，可见其丝状体的尖端无色，这是无隔藻顶端生长的生长点。在低倍镜下观察时注意寻找，有时可以看到藻丝顶端膨大并生一同壁，即为＿＿＿＿＿＿＿＿，其囊内有一大型的＿＿＿＿＿＿；有时还可以看到两靠

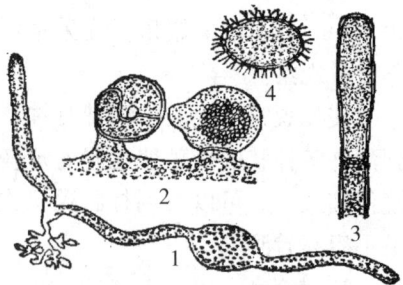

图 13.4　无隔藻属
1. 由游动孢子萌发成的幼植物体；
2. 精子囊和卵囊；3. 孢子囊；
4. 游动孢子

近的分枝产生横隔而形成管状弯曲的_____和膨大、圆形、喙状的_____。

金藻门植物体由于色素体含有的_____占优势，所以叶绿体常呈_____颜色。它储藏的食物不是淀粉，而是_____。细胞壁常成为套合的_____。

（二）褐藻门

海带（*Laminaria japonica Aresch*）

海带为冷温性海藻，是褐藻中体形较大的一种。它的外形和结构在藻类中达到高度分化。在实验观察中必须注意把海带生活史各阶段联系起来。观察难点主要是海带髓部的喇叭丝和对雌、雄配子体的区分，观察方法和步骤如下：

（1）海带孢子体外形：取浸制的海带，辨认海带的带片、带柄和固着器三部分，注意观察它们的形状、长度及其主要功用，找出其生长点的部位。

（2）带片上的孢子囊区域：在成熟带片表面，可看到许多暗褐色疱状体，这就是_____。

（3）带片内部结构和孢子囊结构：首先用刀片切2 cm 长、0.5 cm 宽的带片，注意选择一面有孢子囊，另一面或其中一部分没有孢子囊的材料，以便对比和了解孢子囊的发生。然后做徒手切片，选择其中较薄而完

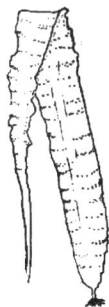

图 13.5　海带的外形

整的数片做水藏封片。先找出产生孢子囊的部分，再从无孢子囊的部分由外向里辨认以下各部结构：

①表皮：带片两面最外边的 1~2 层小形、排列紧密并具色素体的细胞。

②皮层：两边表皮下方的多层细胞。靠近表皮下方的皮层细胞较小，有的还含色素体，为_____，皮部还可看到黏液腔。而在外皮层下方的较大而无色的细胞为_____。

③髓部：在带片中央的部分，是由细长的_____和端部膨大的_____组成。

再观察从表皮发生的孢子囊和隔丝，两者在带片表皮上排成栅栏状层。孢子囊为单细胞，棒状，里面的大颗粒就是尚未放出的_____。隔丝在孢子囊之间，其下部细长无色，正反扭动细焦节螺旋方可看清，其上部稍膨大，内含多个金褐色的色素体，比孢子囊高出一段。

（4）海带的雄雌配子体：取雄雌配子体制片在显微镜下区分雌、雄配子体。由于制片中的材料不都是发育成熟的配子体，所以要注意抓住特征加以辨认。如果是由几个到十几个细胞组成的分枝丝状体，每个细胞较小，色淡，这就是_____。如果是由少数较大的细胞组成，分枝也很少，褐色，色较

深，这就是_____。

（5）合子萌发出的幼小孢子体：在制片中观察合子萌发出的几个至几十个细胞的幼小孢子体。最后，结合实物显微照片，把海带生活史系统地联系起来。

（四）红藻门

紫菜属（*Porphyra*）

观察方法和步骤如下：

（1）紫菜的外形和颜色：取浸制的紫菜观察，紫菜多为_____色，藻体为很薄的_____体，多为一层细胞厚。基部有 1 个小圆盘形的_____。

（2）精子囊和果孢子：取紫菜叶状体浸制标本（或在市场上买干制的紫菜，实验前用水浸泡数十分钟），放入培养皿中使其展开，从其颜色上大体辨认果孢子和精子囊的区域。颜色深紫红色为_____，乳白色为_____，然后在不同区域各撕一小块紫菜置载玻片中央的一滴水中，用解剖针和镊子展开，切勿使折叠。盖上盖片，在显微镜下检视。注意各种紫菜的精子囊器中，精子囊的数目是不一样的。然后取紫菜横切制片，从切面比较营养细胞、果胞、精子囊的形状、大小、数目和排列方式。

（3）紫菜的贮藏物质：可在材料上加一滴 I‑KI 溶液观察它的贮藏物质，它的红藻淀粉遇碘并不变紫黑色，而是先变黄褐，再变成红，进而变成紫色。

四、作业与综合题

（一）作业

1. 图示

（1）海带带片横切示意图，请标示带片结构和孢子囊等。

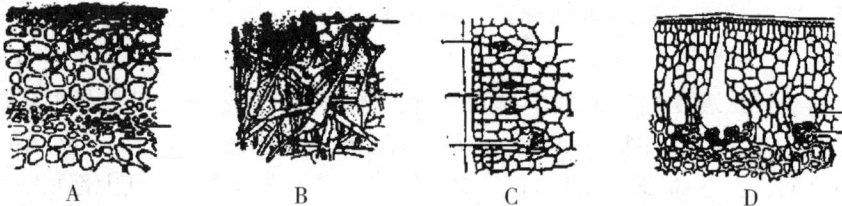

A. 孢子体横切面；B. 髓部示喇叭丝；C. 皮层部分横切面，示黏液腔道形成的初期；

D. 成体纵切面，示黏液腔道

1. 皮层；2. 髓部；3. 结合的喇叭丝；4. 藻丝；5. 分泌腔；6. 表面分生细胞；7. 分泌细胞

（2）以实验材料为例，识别下图中的硅藻。

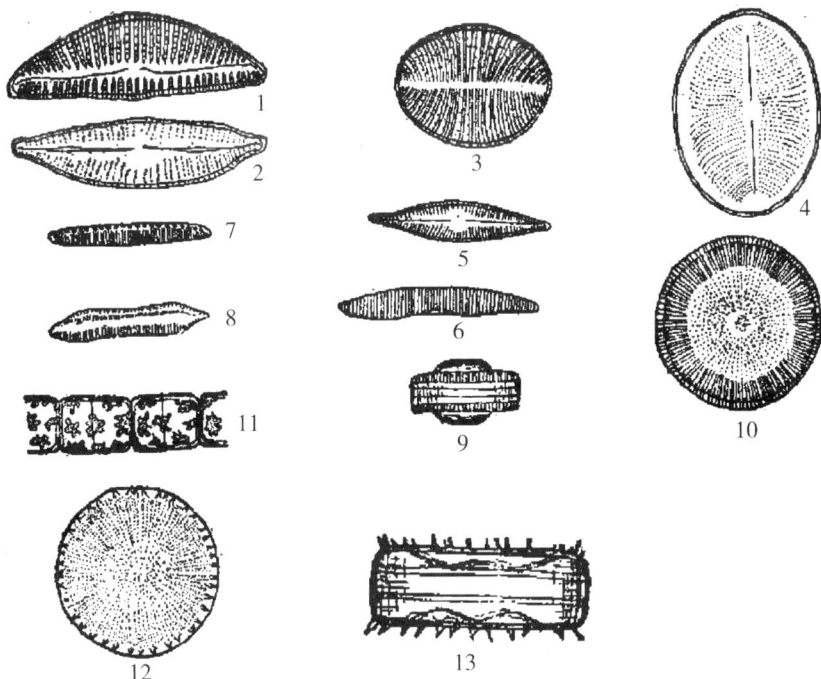

1 和 2：＿＿＿＿＿；3 和 4：＿＿＿＿＿；5 和 6：＿＿＿＿＿；
7 和 8：＿＿＿＿＿；9 和 11：＿＿＿＿＿；12 和 13：＿＿＿＿．

2. 填表

以实验材料为例比较中心硅藻和羽纹硅藻的主要区别。

类　型	壳　面	带　面	形　状	纹　理	色　素	运　动
中心硅藻						
羽纹硅藻						

（二）综合题

1. 以实验材料为例比较金藻纲、黄藻纲和硅藻纲的主要区别。

2. 以实验材料为例比较裸藻门和金藻门之间的主要异同。

3. 比较紫菜和海带生活史的主要异同。

实验 ⑭ 菌类及地衣

一、目的与要求

（1）了解并掌握菌类及地衣植物形态结构的基本特征。

（2）了解菌类及地衣植物常见的代表植物与人类生产、生活的关系。

二、用品与材料

（1）用品：光学显微镜、体视显微镜、解剖针、镊子、载玻片、盖玻片、培养皿、滴瓶、吸水纸、KOH 溶液。

（2）材料：球菌、杆菌、螺旋菌制片，黑根霉制片，青霉分生孢子制片，伞菌菌褶制片，黑根霉、青霉、平菇、蘑菇、香菇、银耳、木耳、灵芝等实物标本，黏菌模型，壳状地衣、叶状地衣、枝状地衣、地衣叶状体制片。

三、内容与方法

●菌类

菌类植物不是一个自然亲缘关系的类群，它们是一群没有根、茎、叶分化，一般无光合色素的（硝化细菌、氢细菌、硫细菌和铁细菌除外），并依靠现存有机物而生活的一类低等异养植物。菌类包括细菌、黏菌和真菌三大类群。

（一）细菌门（Bacteriophyta）

单细胞，无核、裂殖植物，绝大多数异养，种类较多，但形态可归纳为三种基本类型：

（1）球菌。菌体呈球形。

（2）杆菌。菌体为两端呈圆形或方形的棒状细胞。

（3）螺旋菌。菌体常弯曲而形成螺旋状或弧形细胞。

其代表见图 14.1。

（二）黏菌门（Myxomycota）

为一团裸露、多核、变形虫状且

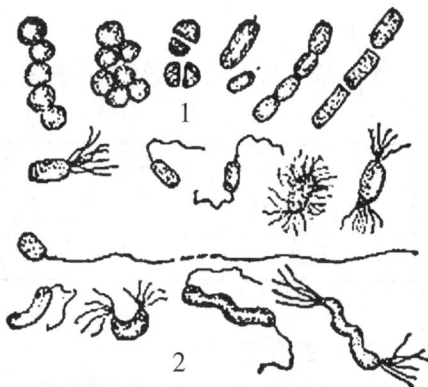

图 14.1　细菌的形态

1. 球菌和杆菌；2. 带鞭毛的杆菌和螺旋菌

能运动吞噬固体食物的原核体。黏菌具有动、植物特征。

其代表见图 14.2 和图 14.3。

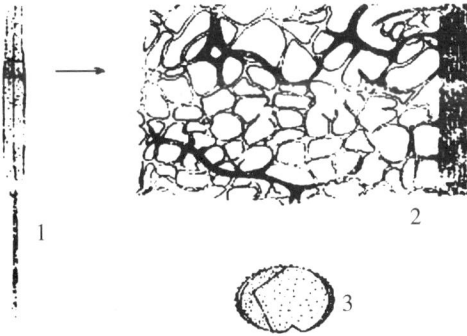

图 14.2　美发网菌

1. 孢子囊外形；2. 孢网；3. 孢子

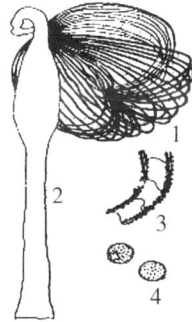

图 14.3　灯笼菌紫色变种

1. 孢子囊；2. 囊柄；3. 肋条；4. 孢子

（三）真菌门（Eumycota）

其植物体称为菌丝体，实为有很多菌丝缠结而成的整体结构，每根菌丝可为单细胞、多核（即无横隔菌丝），也可为多细胞、单核（即有横隔菌丝）。真菌菌丝是由孢子萌发形成的芽管（germ tube）发展而来的。一些高等真菌进入生殖阶段，菌线体便特化为各种形态结构的子实体（相当于被子植物的果实），常见的真菌植物有食用菌如平菇、香菇、银耳、木耳等，也有农作物的病原菌如小麦锈病菌、玉米黑粉菌、水稻稻瘟病菌、棉炭疽病菌和提取青霉素的青霉等，繁殖方式有多种。

实验仅观察藻菌纲、子囊菌纲和担子菌纲三个纲的常见代表。

1. 黑根霉（*Rhizopus nigricans*，又称面包霉）

在实验前一个星期，先在培养皿中垫上 4～5 层湿纸，然后，将切好的数块新鲜面包放置其中，并暴露在空气中 1 天，盖好培养器皿盖，置于弱光温暖处或温箱中（25℃～30℃）培养 4～5天后，培养基表面长满的白色绒毛即为黑根霉菌丝体。再经过 1～2 天，菌丝顶端出现黑色小点即为孢子囊。

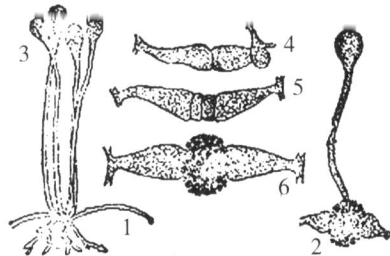

图 14.4　黑根霉

1. 菌丝；2. 假根；3. 孢子囊；
4～6. 有性接合过程；7. 接合子的萌发

95

此时，即可用镊子从基质上取黑根霉菌少许制成临时玻片进行观察。

取黑根霉制片或临时玻片，在低倍镜下观察，可见其菌丝体（见图14.4）由许多无隔多核的营养菌丝所组成。营养菌丝由横生在基质表面的匍枝和伸入基质吸收营养的假根组成。假根能分枝；匍枝向上产生的直立部分为孢子囊梗，顶端膨大为球形的孢子囊，囊内充满黑色小球形的孢子。

2. 青霉属（*Penicillium*）

在实验前一个星期，先在培养皿中垫上4~5层湿纸，然后，取新鲜的橘子皮（用水浸湿）放入培养皿中，在橘子皮上洒些孢子，盖好，置于温暖处或温箱中（25℃）培养4~5天后，橘子皮上长出白色青霉菌丝体。再经过1~2天，菌丝变为绿色，即青霉的分生孢子。此时，取少许青霉菌丝体，用5%KOH溶液制成临时玻片，即可进行观察。

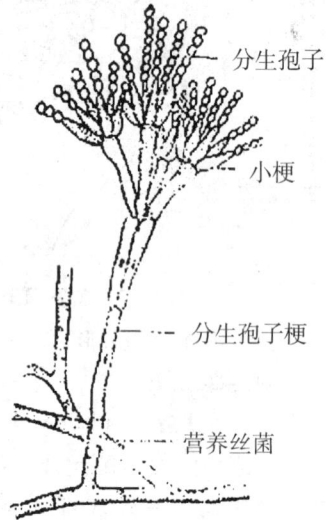

图14.5　青霉属

取青霉制片或临时玻片，在低倍镜下观察，可见其菌丝体由许多有隔的菌丝所组成，菌丝体上的每个细胞只有一个核。菌丝上有直立的分生孢子梗，孢子梗顶端作一次至多次分枝，整个形状与扫帚相似（见图14.5）。末级分生孢子梗呈瓶状，在其顶端有成串的分生孢子。孢子为白色，成熟时绿色。

3. 伞菌科（Agaricaceae）

观察新鲜或浸渍的伞菌属标本，整个成熟的伞菌子实体由许多营养菌丝交织而成，外形呈雨伞状，下有一长柄称为菌柄，上部伞形的盖称为菌盖（菌帽），菌盖的反面有菌褶，菌褶上有子实层（肉眼看不到）。菌柄在接近菌褶处的环状薄膜称为菌环，菌柄基部还有菌托，菌托与土壤或基质接触，菌丝可伸入基质吸收养分。

取伞菌菌褶制片观察：先在低倍镜下观察，可见在中央的圆形结构为菌柄之横切面，菌褶在菌柄周围作辐射状排列；再转换到高倍镜下放大观察，可见每条菌褶由许多菌丝交织而成，菌褶的两侧产生无数单细胞的担子，在成熟的担子顶端产生淡黄色的单孢子（见图14.6）。通常一个担子产生四个担孢子，担子与担孢子之间有担子小柄相连，但往往被担孢子所遮盖，在散发了担孢子的担子顶上，可见担子小柄。另外在担子与担子之间，有时可见大型的薄壁细胞（侧丝）在其中起缓冲作用。有的伞菌属的担子为有隔担子，担孢子分别从各分隔担子的担子小柄上产生，如木耳。

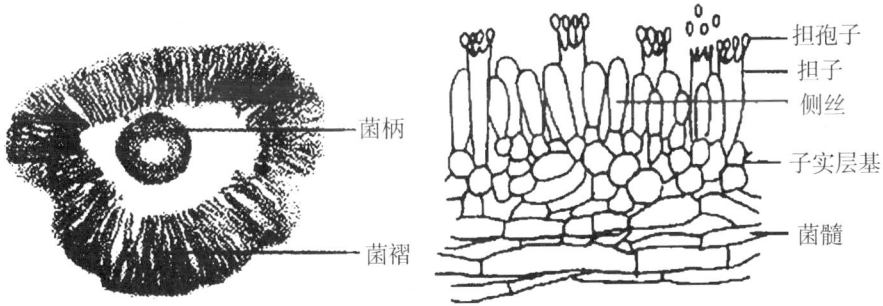

图 14.6　伞菌菌褶横切面结构样图

观察平菇（*Pleurotus ostreatus*）、香菇（*Lentinus edodes*）、银耳（*Tremella*）、蘑菇（*Agaricus campestris*）（见图 14.7）、灵芝（*Ganoderma lucidum*）（见图 14.8）、木耳（*Auricularia*）（见图 14.9）实物标本。

图 14.7　蘑　菇

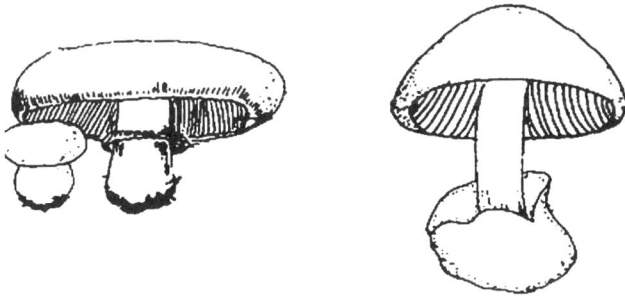

图 14.8　灵　芝

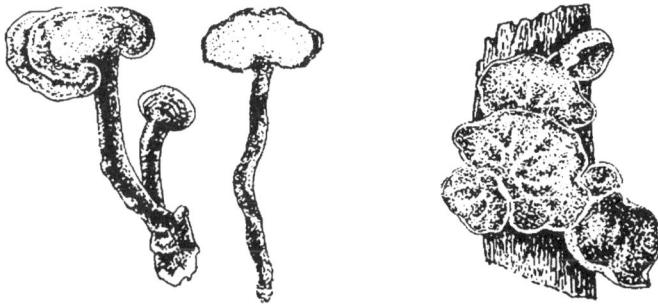

图 14.9　木　耳

●地衣植物

地衣是某些真菌与藻类的共生体，是多年生植物，其中的藻类大多为单细胞的蓝藻与绿藻，真菌以子囊菌为主。大部分地衣是喜光性、不耐污染的植物。按其外部形态，可归纳为三种：壳状、叶状和枝状，每类中又有多种。按真菌与藻类相互分布的层次关系，也可划分为同层地衣和异层地衣两种类型。

1. 取地衣叶状体横切面观察

可见地衣叶状体有上、下两层表皮，在上表皮下可看到许多颗粒状的藻类组成的藻胞层，藻胞层与下表皮之间为菌丝组成的髓层（见图 14.10）。

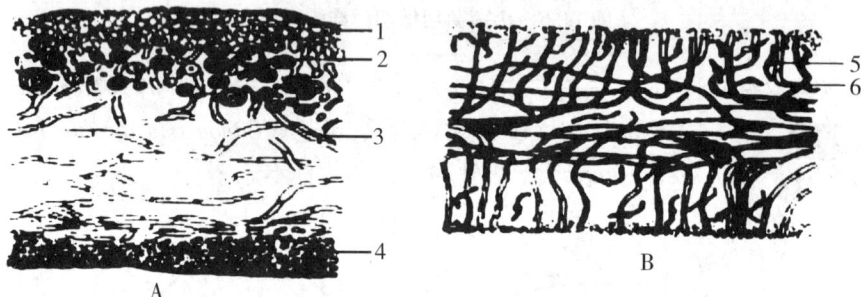

图 14.10 地衣的结构 [示同层地衣（B）与异层地衣（A）]
1. 上皮层；2. 藻胞层；3. 髓层；4. 下皮；5. 念珠藻；6. 菌丝

2. 地衣实物标本观察

有壳状地衣、叶状地衣和枝状地衣（见图 14.11）三种基本形态类型，标本解剖上也常分为同层地衣和异层地衣。

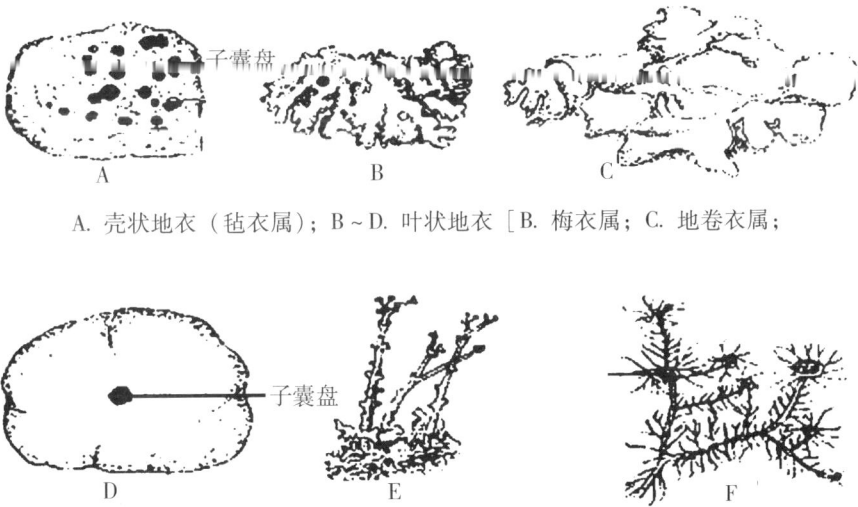

A. 壳状地衣（毡衣属）；B～D. 叶状地衣 ［B. 梅衣属；C. 地卷衣属；

图 14.11　地衣的形态

D. 果皮衣属（腹面观］；E～F. 枝状地衣（E. 石蕊属；F. 松萝属）

四、作业与综合题

1. 绘图

1. 绘制黑根霉菌丝体一部分和孢子囊图，注明假根、匍匐菌丝和孢子囊等名称。

2. 绘制青霉分生孢子梗形态图，注明分生孢子及分生孢子梗等名称。

3. 绘制蘑菇的子实体形态及子实层结构图，注明菌盖、菌柄及菌褶等名称。

4. 绘制地衣叶状体结构简图，并注明各部分名称。

（二）填表

类　别 项　目	菌类植物	地衣植物
一般特征		
不同点		
相同点		

实验 ⑮ 苔藓植物

一、目的与要求

掌握本门的基本特征和生活史，了解本门植物在植物界的演化地位。

二、材料与用品

（1）材料：地钱、葫芦藓的标本及制片。
（2）用品：显微镜、解剖镜、白纸、镊子等。

三、内容与方法

苔藓植物（Bryophyta）是一群小型多细胞的高等植物，分为两纲，约840属，3 000多种，多生于阴湿之处，少数生水中。生活史中有明显的世代交替，配子体占优势，孢子体寄生在配子体上。

（一）苔纲（Hepalicae）

植物体为扁平叶状体，有背腹面之分，此纲可以地钱为代表进行观察：地钱（*Marchantia*）分布较广，多生于阴湿地、岩石及树干上。

1. 地钱的配子体形态

地钱的配子体就是其营养体，为绿色扁平的二叉分枝的叶状体，匍匐生长。取地钱标本在显微镜下观察下列各部（见图15.1）：

（1）气室与气孔：叶状体背面有菱形小格状的气室，其中央的小白点则是气孔。

（2）鳞片与假根：叶状体腹面有两至多行的紫色鳞片。在鳞片之间并有假根。

（3）胞芽杯和胞芽：在叶状体背面分叉处或沿中肋常生有孢芽杯，绿色，两边有缺口，下有细柄，其内长有孢芽。用解剖针挑取孢芽在显微镜下观察孢芽的大部分细胞中含有叶绿体，在边缘有一些

图15.1 地钱（一）
A. 雌配子体及颈卵器托；B. 雄配子体及精子器托；C. 胞芽杯；D. 胞芽放大

贮藏脂肪的细胞，在中央有一些细胞颜色较暗，以后发育成假根。

（4）精子器托和颈卵器托·地钱雌雄异株。取标本观察和比较两者的不同，精子器托生在叶状体背面，具一长柄，柄的顶部为圆盘状，周围有凹陷，许多精子器埋于盘的上面。卵器托亦具长柄，其顶部上缘有 8 ~ 10 个辐射状的指状芒线，在两条芒线之间的基部倒悬生着一列颈卵器。每行颈卵器两侧各有一片薄膜将其盖住，称为蒴苞。

2. 地钱叶状体内部结构

取叶状体纵切制片观察下列各部：

（1）表皮层：一层细胞，其间有气孔和气室。

（2）同化组织：细胞薄壁直生，含较多叶绿体，排列疏松常有分枝。

（3）贮藏水分和养料的细胞：细胞较大，横生，排列紧密，含叶绿体少，约为 5 ~ 6 层。

（4）下表皮：上具鳞片与假根。

3. 地钱精子器和颈卵器内部结构

取制片进行观察（见图 15.2）：

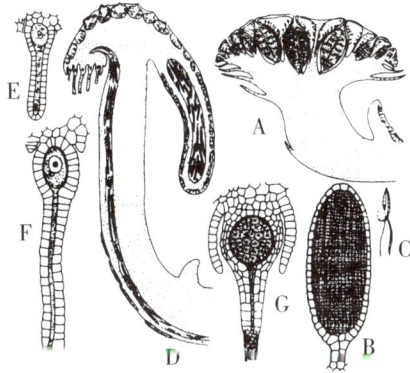

图 15.2　地钱（二）

A. 精子器托纵切面（示精子器）；B. 精子器；C. 精子；D. 颈卵器托（示颈卵器）；E. 颈卵器；F. 成熟的颈卵器和卵；G. 颈卵器内存胚（幼孢子体）

（1）精子器：椭圆形，埋于精子器托部，下有一短柄，周围有由一层细胞组成的壁，内存无数精细胞。

（2）颈卵器：瓶状，壁为一层细胞，膨大的部分叫腹部，上有长颈，颈沟内有颈沟细胞，腹部内有卵，最下一个颈沟细胞与卵之间的一个细胞叫腹沟细胞，注意观察颈卵器外面的一层假被。

4. 孢子体

取有孢子体的颈卵器托制片观察孢子体各部：

（1）基足：埋于颈卵器基部的组织中。

（2）蒴柄：较短，一端与基足相连，一端与孢蒴相连。

（3）孢蒴：壁一层细胞，内有孢子体和弹丝，弹丝细胞壁螺旋加厚。思考它与孢子的散发有何关系。孢子同型，但有性的区别，由其分别萌发成为地钱的雌雄配子体。

（二）藓纲（Musci）

植物体部有茎、叶的分化，叶常有中肋，在基部为螺旋状排列，孢子萌发成配子体时原丝体阶段显著，孢子体较苔类的构造复杂一些，孢子囊内有蒴轴。可以葫芦藓为代表进行观察。

葫芦藓（*Funaria hygrometrica Hedw*）

属真藓目，多生于潮湿土壤、墙角和沟边，常成群成片生长，曾分布较广，但近年来可能由于环境污染而较少找到。

1. 配子体外形

即营养枝，取标本在解剖镜下观察。植物体矮小，高约 1～3 cm，茎直立，叶片螺旋排列在茎上部，叶薄只有一层细胞厚，由茎向下生出单列细胞的假根，伸入泥土中（见图 15.3）。

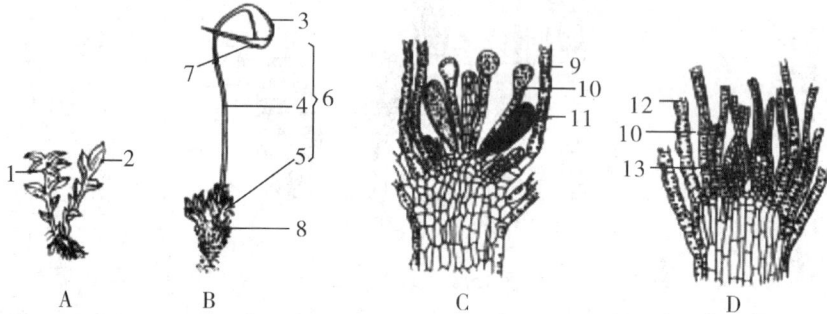

图 15.3　葫芦藓

A. 配子体；B. 孢子体寄生在配子体上；C. 雄器苞纵切面；D. 雌器苞纵切面
1. 雄器苞；2. 雌器苞；3. 孢蒴；4. 蒴柄；5. 基足；6. 孢子体；7. 蒴帽；8. 配子体；
9. 雄苞叶；10. 精隔丝；11. 精子器；12. 雌苞叶；13. 颈卵器

2. 精子器

葫芦藓雌雄同体而不同枝，配子枝单性，精子器和颈卵器分别生在不同的配子枝的顶端。产生精子器的枝端顺形宽大而且向外张，形成一个莲座式的叶丛，像一朵小花，叶丛中聚生很多棒形状的精子器和隔丝，精子器呈橘红色，肉眼可见。在解剖镜下用镊子挑取精子器和隔丝于载玻片的中央的一滴水中，盖上盖玻片在低倍显微镜下观察：

精子器有一短柄，周围有一层细胞，里面产生许多螺旋状两根鞭毛的精子。注意观察隔丝的形态构造，它是单细胞的还是多细胞的。

3. 颈卵器

颈卵器生在雌配子枝的顶端，叶片紧包像一个叶芽，基部生有几个颈卵器的隔丝。用镊子轻轻剥去叶片，然后置显微镜下观察，颈卵器瓶状，具长颈，下有膨大的腹部，腹内有一卵。

颈卵器内部结构：取纵切片在显微镜下进一步观察，注意精子器的壁的细胞层数和其内精子母细胞或已成熟的精子结构。

隔丝是单列多细胞、前端稍膨大，颈卵器的颈部很长，中部有一列颈沟细胞，最下一个颈沟细胞和卵之间的一个细胞是腹沟细胞，但颈沟细胞和腹沟细胞在受精前往往会消失，在颈卵器的腹部有一明显的卵，颈卵器下也有短柄。

4. 原丝体

取装片观察：原丝体是由孢子萌发而成的早期配子体，为多细胞的分枝丝状体，含多数圆形叶绿体，细胞间的横壁不斜生，原丝体下有多细胞分枝的假根，但无叶绿体，细胞横壁斜生，原丝体上长出芽，由芽进一步发育成配子体。

5. 孢子体外形

取标本观察外形，可分为三部分：

（1）基足：埋于雌雄配子枝顶端组织内，外表看不见。

（2）蒴柄：细长，将引伸到配子体的上方。

（3）孢蒴：即孢子束，在蒴柄顶部，常由蒴柄弯曲向下形似一个歪斜的葫芦。孢蒴顶部有一尖针形的帽状物称蒴帽。想想它是孢子体的部分还是配子体的部分。

6. 孢蒴的内部结构

取孢蒴纵切制片在显微镜自上而下的观察以下结构：

（1）蒴盖：孢蒴的最上部，呈圆蝶状，纵切面观上部的弧形盖。

（2）蒴壶：即产生孢子的部分。自外向内观察以下各部结构：

①表皮：最外层细胞，其外胞壁都有明显加厚。

②疏松组织：表皮内方的多层薄壁细胞，含叶绿体，有些细胞长丝状，且隔成许多气室。

③造孢组织：孢囊内方，细胞质较浓，孢子由此组织产生。整个造孢组

织为一筒状置于蒴轴外方，有些制片可看到此层组织已形成了孢子。

④蒴轴：孢蒴中央之轴，由薄壁细胞组成。

⑤蒴齿：在蒴盖下方，由蒴壶的口部生出，共两层。

（3）蒴台：亦称蒴托，不能产生孢子，为薄壁细胞所组成，位于蒴壶的下方蒴台与蒴柄相连，蒴台部的表皮层具有较多的气孔。

（4）蒴齿的吸湿连动：将成熟的孢蒴连柄剪下，将柄插在一张白纸中央的一个小孔中，尽量使孢蒴紧贴白纸，使孢蒴直立起来，然后置于解剖镜或实体显微镜下观察，左手用小镊子按住白纸，使孢蒴固定，右手用解剖针首先轻轻拔掉蒴帽，然后再轻轻拔掉蒴盖，于是蒴齿就暴露出来了。此时若空气干燥或移至灯光处片刻，内外两层蒴齿就向外翻卷，蒴齿尖端上还带有孢子再用口对着材料哈气，由于其吸湿，故蒴齿又向内轻缩回去。

想想蒴齿的这种运动与其结构的关系怎样，这种连动对孢子的散发有何意义。

四、作业与综合题

1. 绘制葫芦藓生殖器官纵切图，示精子器和颈卵器结构。

2. 绘制葫芦藓孢蒴纵切示内部结构。

3. 绘制地钱精子器托和颈卵器托外形图。

4. 苔纲与藓纲的主要异同是什么？

5. 通过讲述和实验简要说明苔藓植物门在演化中的地位以及苔类、藓类和角苔类的亲缘关系。

实验 16 蕨类植物（一）

一、目的与要求

通过实验掌握木贼纲、石松纲、松叶蕨纲、水韭纲等四个纲的主要特征及它们之间的区别，重点掌握各个纲的代表种类的形态结构和生活史。

二、用品与材料

1. 用品：显微镜、解剖镜、放大镜、镊子、解剖针、载玻片、盖玻片、刀片、吸管、间苯三酚盐酸溶液等。

2. 材料：问荆、石松、中华卷柏、松叶蕨和中华水韭等。

三、内容与方法

（一）木贼纲

问荆（*Equisetum arvense*）

问荆多生于河边、林地、草地、阴地，在我国各地均有分布。在每年的4月中旬采集生殖枝标本。采集后用5%的福尔马林液浸泡保存。也可深掘将地下茎一段带土移入花盆中，保持适当水分长期培养，在夏秋季都可以采到营养枝（见图16.1）。

（1）观察植株形态：注意观察，地下横走根状茎节的部位生有较退化的_____和_____；根状茎向地上生有营养枝，注意比较营养枝与生殖枝的区别；在营养枝茎上具有纵行的凹槽和纵棱，相间排列，纵棱明显绿色，用放大镜观察凹槽可见沟中有_____分布；在茎节上可见抱茎联合的_____。其可分为鞘筒和上缘鞘齿两部分，齿披针形，黑色边缘膜质、白色；茎上有轮生分枝，分枝不再分枝，分枝形态与主茎基本相同，但棱较少。

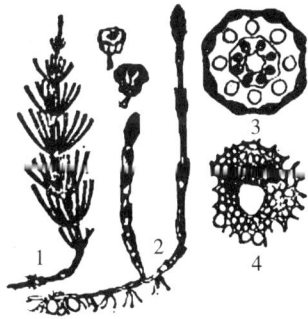

图 16.1 问荆

1. 营养枝；2. 生殖枝；

3. 茎横切面；4. 一个维管束

（2）观察问荆的孢子叶球：取孢子叶球，先从表面观察，为许多六角形的小块，即胞囊柄的盘状体。小心从孢子叶球的轴部取下一个完整的孢囊柄，在放大镜或解剖镜下观察，用针轻轻拨动，可看出孢囊柄是由六角形的盘状体和其下部中央一个细长的柄部所组成，在盘状体下面侧缘内着生5～10枚长筒形的_____。

（3）观察孢子和弹丝：用针将孢子囊捅破，先不加水和盖片，迅速在显微镜下观察，可见许多绿色的圆球形孢子在跳动，这是由于每个孢子外面都有外壁形成的带状_____的曲伸而引起的。想想用什么方法证明它。

（4）观察结构特点：取问荆的一段主茎，做横切徒手切片，用间苯三酚盐酸溶液染色、装片，在低倍显微镜下观察，自外向内可以看到茎包括_____、_____（含大量硅质，所以茎表面粗糙）和_____三个部分。中央的髓破裂成一个大空腔，皮层中间正对沟槽排列一圈。想想为什么会有这种结构？在纵肋和沟槽表皮下的几层皮层细胞分化为发达的、被染成红色的_____，在纵肋机械组织内为绿色组织，皮层的其他部分_____细胞。

（二）石松纲

石松（*Lycopodium clavatum*）

石松多生于疏林、灌丛，酸性土上，每年6～9月采集孢子叶球。

（1）观察孢子体外形：取标本观察，石松为多年生草本植物，茎匍匐或直立，也有悬垂者。通常为叉状分枝，有真根，但为不定根（见图16.2）。小型叶螺旋着生于小枝上，用放大镜或显微镜观察其叶子有无叶脉，有无分枝。用放大镜或解剖镜着重观察孢子叶球着生的位置、孢子囊生长的部位及其数目。

（2）观察孢子叶球纵切片：在低倍镜下观察孢子叶球的轮廓、孢子叶在穗轴上的排列，重点观察孢子囊的位置和孢子的发育。

做石松主茎的横切片，观察其结构并与问荆列表作比较。

用类似方法观察卷柏属的中华卷柏的孢子体外形，做孢子叶球的徒手纵切片、横切片观察其结构。

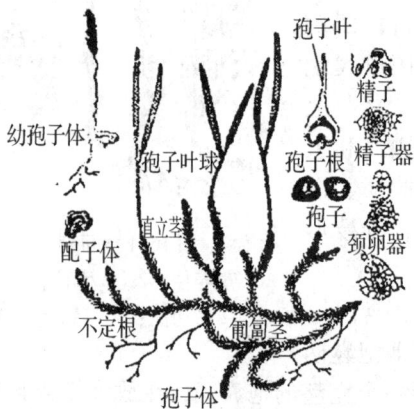

图16.2　石　松

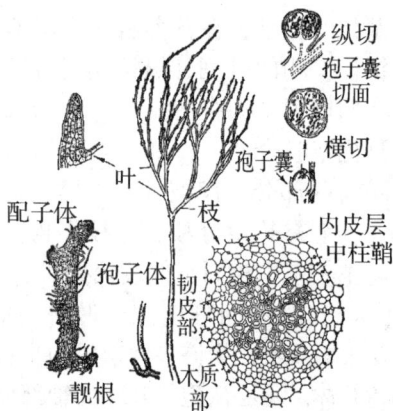

图16.3　松叶蕨

（三）松叶蕨纲

松叶蕨（*Psilotum nudum*）（见图16.3）

（1）观察松叶蕨孢子体外形：根状茎上只具_____，注意多次分叉茎枝的上下部颜色、叶形、有无叶脉、孢子囊的形状、着生位置。

（2）观察松叶蕨茎的横切制片：观察其结构，特别注意其星状中柱、皮层与中柱的细胞特征。

（四）水韭纲

水韭属（*Isoëtes*）

观察水韭属的孢子体外形，辨认短粗的茎，茎下生二叉分枝的不定根、小型叶细长如韭菜，基部较宽密集，螺旋丛生于茎顶（见图16.4）。注意观察外围的不育叶、依次向内的大孢子叶、小孢子叶。显微镜下观察孢子囊着生部位，大、小孢子囊的纵切制片。

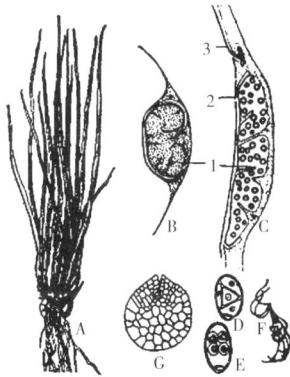

图16.4　水韭属

A. 孢子体；B. 小孢子囊横切面；C. 大孢子囊纵切面；

D～E. 雄配子体；F. 游动精子；G. 雌配子体

1. 横隔片；2. 盖膜；3. 叶舌

四、作业与综合题

1. 绘制石松孢子叶球纵切图。

2. 绘制问荆一个孢子叶球外形图，一个孢囊柄及其上着生的孢子囊侧面图，孢子和弹丝图。

3. 列表比较石松纲、水韭纲、松叶蕨纲和木贼纲的主要特征。

4. 比较卷柏、松叶蕨和木贼茎的中柱有何异同。

5. 区分孢子叶和孢子叶球、大孢子囊和大孢子、小孢子囊和小孢子、小型叶和大型叶。

实验 ⑰ 蕨类植物（二）

一、目的与要求

掌握真蕨纲的主要特征及其与其他蕨类植物的区别以及蕨的生活史。

二、用品与材料

1. 用品：显微镜、解剖镜、放大镜、解剖针、载玻片、盖玻片、刀片、吸管、Noland 固定染色剂、I-KI 溶液、间苯三酚盐酸染色剂。

2. 材料：蕨、满江红等。

三、内容与方法

1. 蕨（*Pteridium aquilinum*）（见图 17.1）

蕨多生于 200 ~ 1 200 m 的山坡、林缘和稀疏林下。囊群多于 8 月成熟，8 ~ 9 月采集较适宜。

（1）观察孢子体：取带有地下茎的新鲜孢子体（或用蜡叶标本），用水洗尽泥土，可看到蕨的横走根状茎上生有大量的_____，地上茎上生有叶，沿锈褐色的总叶轴顺序观察，可见叶轴两侧生有小叶（又称羽片），小叶上还可再分为小羽片。蕨有_____回羽片和小羽片，各级小叶都有_____，最末一级小羽片的叶缘还可有裂片。蕨的多个孢子囊生于叶的小羽部_____，形成连续的孢子囊群，小羽片的边缘背卷，将囊群盖住，成熟时褐色的_____。

（2）观察蕨的孢子囊和孢子：取蕨的羽片，将其放在载片上，滴上一两滴水，然后用针向外方轻轻拨开孢子囊群盖，拔出一些孢子囊，移去小羽片的碎片，再加一滴水，盖片后在显微镜下观察孢子囊的形态结构：每个孢子囊呈_____，且有一_____，囊壁大部分为一层_____细胞，要特别注意孢子囊上有一纵行的_____，每个细胞都明显的有三面特殊的_____增厚壁，环带以孢

图 17.1　蕨的孢子体

子囊基部起，位于孢子囊的中线，约围绕孢子囊的 3/4，与环带相连的另一端仍是数个薄壁细胞称之为 _____ 其中有两个薄壁细胞的径向壁比较细长称之为 _____。取下载玻片，用吸水纸吸去水分，再加一滴酒精装片，在低倍镜下观察：可见环带细胞放出孢子，想想其放射原理。

（3）观察叶片结构：取蕨叶的小羽片做徒手横切片在低倍显微镜下观察：蕨叶具有与 _____ 植物相似的结构，叶片上部为排列紧密的 _____（内有叶绿体），下面几层细胞排列疏松，有大的细胞间隙，似 _____ 组织，如所切的叶为具有孢子囊群的叶，还可以看到在叶缘处生有不同成熟度的孢子囊，孢子囊群外侧可见似单列细胞丝状体的组织，这是盖在孢子囊群外的带状膜质 _____ 的横切面。且蕨的双重囊群盖将孢子囊群夹在中间（见图 17.2）。

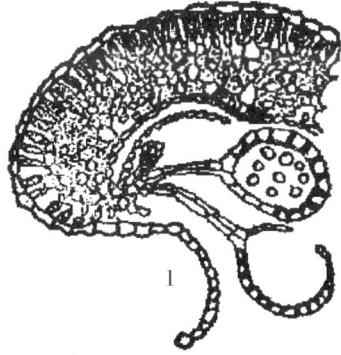

图 17.2　蕨叶近缘横切面（示叶的构造和孢子囊着生位置）

（4）取蕨根状茎做徒手横切片：用间苯三酚盐酸染色后装片，在低倍显微镜下可清晰地看到茎的多个部分，最外层为由排列紧密的细胞构成的 _____，其外壁具 _____，紧贴表皮的被染成红色的几层厚壁细胞为机械组织。再向里为皮层薄壁组织，中间为染成红色的 _____。皮层薄壁组织在茎的两侧向表皮伸出，隔开机械组织成为 _____（见图 17.3）。

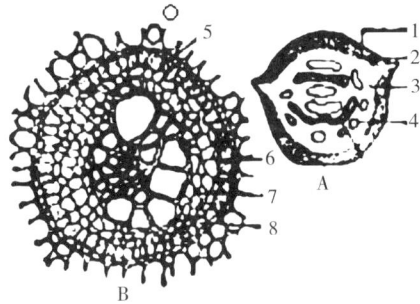

图 17.3　蕨茎横切面

A. 茎横切面轮廓　B. 一个维管束的放大

1. 表皮; 2. 机械组织; 3. 表层薄壁细胞;
4. 维管束; 5. 内皮层; 6. 维管束;
7. 韧皮部; 8. 木质部

（5）观察原叶体：取洗净的原叶体，可看出为一心形的背腹式的绿色叶状体。用镊子将原叶体腹面向上放于载玻片上，用放大镜观察原叶体腹面，可看到其心形片状体的近尖端生有大量的 _____。细心观察在假根尖有许多小突起，这些是 _____。在近心形凹陷处可见许多长的突起——颈卵器的颈部。再加一滴水用 Noland 固定染色 10 分钟，盖片放在低倍显微镜下可以清楚地看见在丝状假根之间的小突起，呈圆球形是由一层细胞构成的囊状精子，精子器内有许多具有鞭毛的精子。在原叶体上近凹陷处的_____。调节显微镜的细准焦螺旋可观察到颈卵器的颈部，稍向后弯曲倾斜可看到成行排列的颈部的壁细胞。

2. 满江红（*Azolla imbricata*）（见图17.4）

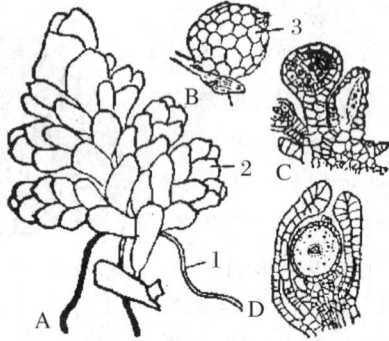

图17.4　满江红

A. 孢子体；B. 孢子果；C. 小孢子囊纵切面；D. 大孢子囊纵切面

1. 根；2. 叶；3. 小孢子囊果；4. 大孢子囊果

满江红漂浮生于池塘或水田，秋后变为紫色，又称红苹，常做农田绿肥。

（1）观察满江红外形：满江红孢子体的大小，粗细，分枝的形式，着生的部位，叶的大小，着生方式，着生部位，是否开裂，以什么方式开裂。

（2）观察满江红叶的内部结构：取满江红的沉水叶片，作横切片观察，可观察到，叶由数层细胞构成，上下表皮均有_____组织，栅栏组织内有大空隙，含少量叶绿素，近叶基向轴面具有大空腔，内有_____。

（3）观察孢子囊群结构：囊群有_____形囊托，着生在沉水裂片上，被膜盖，孢子果成对，呈_____角形，内有孢子囊1个，小孢子囊64个。

四、作业与综合题

1. 绘制蕨根状茎的横切面结构图。
2. 绘制蕨的生活史简图。
3. 绘制满江红的叶横切结构图。
4. 列出真蕨的主要分类特征，并与前面观察的几种蕨作比较。
5. 蕨类植物比苔藓植物高级，主要表现在哪些方面？

实验 ⑱ 裸子植物

一、目的与要求

（1）通过对苏铁科、银杏科、松科、杉科、柏科等一些主要代表植物的观察，了解裸子植物的主要特征，并掌握松科、杉科和柏科的重要特征，以区别它们之间的主要不同点。

（2）通过实验，认识一些裸子植物的常见树种，要求判断并标注图中各部分形态结构名称。

二、用品与材料

（1）用品：显微镜、擦镜纸、解剖镜、解剖针、镊子、载玻片、盖玻片、培养皿、滴管、滴瓶、吸水纸等。

（2）材料：盆栽苏铁和银杏标本及蜡叶标本与液浸标本。马尾松枝条和花、球果，松花粉、松雌球果纵切永久装片。杉木的小枝、花和球果。侧柏球果枝条。罗汉松种子枝和小孢子叶球枝。

三、内容与方法

（一）苏铁科（Cycadaceae）

苏铁（铁树）（*Cycas revoluta*）的观察（见图18.1）。

观察盆栽苏铁植物标本，注意其常绿乔木，单干不分枝；大型一回羽状复叶，集生于茎顶部，每片小羽叶呈条形，有一条中肋，边缘反卷；下部叶柄宿存的特点。雌雄异株；雌、雄两类孢子叶球分别着生在两株植物的茎顶上。

取苏铁干燥的大孢子叶标本，注意观察其形态特点。每一片大孢子叶很像失去叶绿素的营养叶，其上密生黄褐色长绒毛，先端宽卵形，边缘呈羽状分裂，基部呈柄状，两侧着生一

图18.1 苏铁及大小孢子叶球

至多枚裸露的种子；每粒种子为卵圆形，微扁，顶部凹陷，成熟时为朱红色。注意观察种子裸露的方式和特点。注意大孢子叶的形态特点，进一步领会生殖器官是由营养器官进化而来的事实。

取苏铁浸制的小孢子叶标本，观察其形态特点。每一片小孢子叶呈楔形，肉质，背腹扁平。下面密生小孢子囊堆，每堆有 3～5 枚小孢子囊，群聚在一起，每个小孢子囊成熟时纵裂，其中含有多数小孢子。小孢子叶多数，螺旋状排列在小孢子叶球的主轴上。

（二）银杏科（Ginkgoaceae）

银杏（白果）（*Ginkgo biloba*）的观察（见图 18.2）。

取银杏盆栽植物标本，注意观察，落叶乔木顶生枝为营养性长枝，侧生枝为生殖性短枝。叶呈扇形，先端二裂，叶脉为二歧式分叉。小孢子叶球呈柔黄花序状，生于短枝顶端的鳞片腋内。从小孢子叶球上取下一个小孢子叶，观察其全形注意小孢子叶具一短柄，柄端生有两个小孢子囊组成的悬垂的小孢子囊群。每个小孢子具两个囊，每一囊中内含多数小孢子。大孢子叶球极为简化，有一长柄，柄端具有两枚环形大孢子叶（球领），其上各着生一枚裸露的直立胚珠。大孢子叶球亦生于短枝顶端的鳞片腋内，取大孢子叶观察种子裸露的特点。

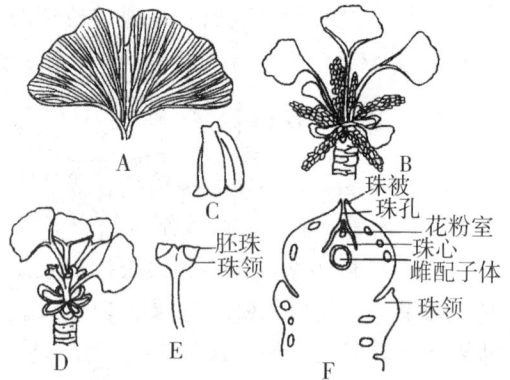

图 18.2　银杏及大小孢子叶球

取银杏种子标本，用刀片或解剖刀将其纵切开进行观察。银杏种子为核果状，与被子植物中的杏在外形上很相似，但是两者有其本质区别，请指出区别何在。种皮只有一层，分三部分：种皮外层，肉质，比较厚，并含有油脂及芳香物质；种皮中层白色，骨质（又称白果）有 2～3 条纵脊；种皮内层纸质，红色，胚乳肉质，顶部着生一个较小的胚，被胚乳包围着。

（三）松科（Pinaceae）

马尾松（*Pinus massoniana* Lamb.）（或其他松树）的观察。

首先取马尾松的小枝观察其营养体，注意枝上叶子的排列与形状；其当年生新枝上有棕色鳞片状叶，老枝上的叶为针状、绿色。观察其针状叶几针一束、长短如何、基部是否有叶鞘。剥去老枝的一部分树皮，可见其上面长有极短而细小的短枝。仔细观察针状叶生于何处。

　　马尾松为雌雄同株植物，大孢子叶球一般一至多个生于新枝顶端，小孢子叶球为数众多，生于新枝基部，观察它们的颜色、形状。在培养皿中取一雄球花观察（见图18.3），注意它是如何着生在小枝上的；然后将雄球花放入解剖镜中观察，可看到雄球花是由多数小孢子叶排列在一轴上而成的。如用针轻轻挑一个小孢子叶，便见到小孢子叶具有两个小孢子囊，中间被扁平的药隔隔开。将一个小孢子叶放在载玻片上，用针尖小心地弄破一个小孢子囊，盖上盖玻片，在显微镜下观察，可见到有许多花粉粒，在每一个小孢子（花粉粒）的两侧有一对气囊。思考这对气囊对传粉有什么作用。

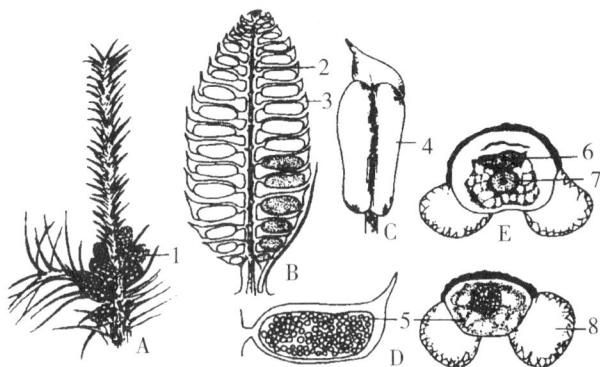

图18.3　松属小孢子叶球及其构造

　　在装有雌球花的培养皿中，取一个雌球花观察（见图18.4），注意它在小枝上是如何着生的，然后将这雌球花放入解剖镜中观察，可以看到雌球花是由许多珠鳞螺旋状排列在一个轴上所形成的。然后可用针小心地挑出一个珠鳞作详细的观察，这样可看到在珠鳞的内面基部有两个胚珠，而在珠鳞的外面则有一苞鳞，珠鳞和苞鳞区别明显、分离是松科的一个主要特征。

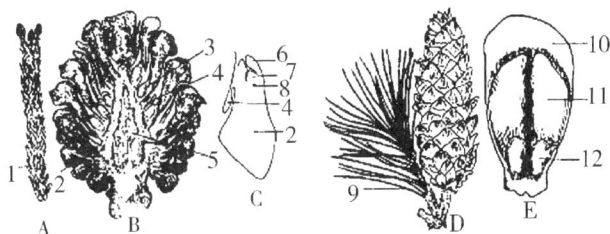

图18.4　松属果枝及大孢子叶球及其构造

雌球花发育成球果，取一个成熟的球果，削取一片果鳞观察，则可看见果鳞的内侧有两枚种子，在每一种子的上端具有一长翅。

（二）杉科（Taxodiaceae）

杉木［*Cunninghamia lanceolata*（Lamb.）Hook.］的观察（见图18.5）。

常绿乔木，速生树种，各地广泛栽培。取杉树枝条观察，注意叶子的形状，特征和在枝上的排列情况。如果在春夏间，小枝的顶端还可看到雌球花和雄球花。杉树的雄球花通常是多朵聚生在一起而形成花序，然后取一个雄球花，放入解剖镜中观察，注意它的雄球花是由无数螺旋状排列的小孢子叶所组成的。杉树的雌球花是单生或两三个聚生在一起，观察时，可以从培养皿中取一个雌球花观察，从而可看到它是呈圆球形的，上面排列着许多珠鳞，在每一珠鳞的里面着生有3个胚珠，注意在珠鳞外有没有明显的苞鳞。最后取杉的一球果观察，注意球果的形状，并剥取一果鳞观察，注意观察它里面有几个种子，种子边缘是否有翅。

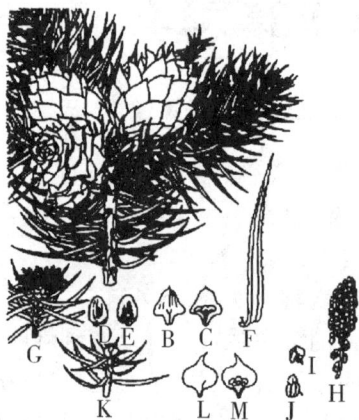

图18.5　杉木球果枝及大小孢子叶球

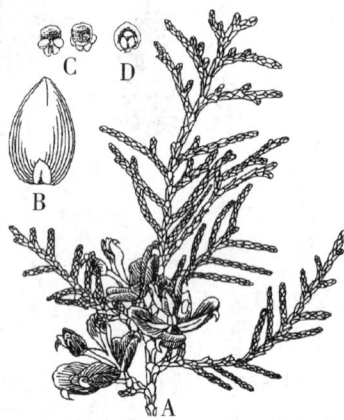

图18.6　侧柏球果枝及大小孢子叶球

（三）柏科（Cupressaceae）

侧柏［*Platycladus orientalis*（Linn）Franco］的观察（见图18.6）。

常绿乔木，小枝扁平，排列为一平面，树姿优美，常作庭园观赏树种。取一小枝观察，注意观察小枝的排列，叶片的形状。取一球果观察，其种鳞背部近顶端有一反曲的尖头，注意种鳞的数目和种子的形状。

观察后思考：柏科与松科、杉科比较，有哪些区别？

（四）罗汉松科（Podocarpaceae）

罗汉松 [*Podocarpus macrophyllus*（Thunb.）D. Don] 的观察（见图 18.7）。

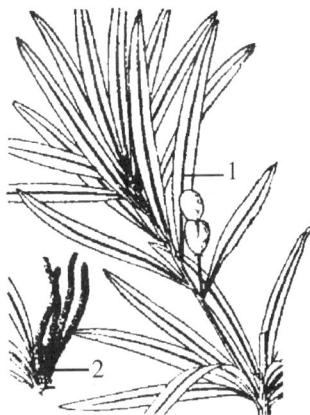

图 18.7　罗汉松球果枝及大小孢子叶球

注意叶条状披针形，尖端圆钝，中脉显著隆起。

种子卵圆形，成熟时呈紫色，颇似一秃顶的头，全部为肉质假种皮所包，种托膨大呈紫红色，仿佛罗汉的袈裟，故名罗汉松。

试想一想紫红色的套被将发育成什么结构，假种皮的来源如何。

四、作业与综合题

（一）作业

绘制马尾松的一个大孢子叶、花粉粒的外形图，并简单描述其主要特征。

（二）综合题

1. 如何区别松科、杉科和柏科（可以列表比较）？
2. 通过本次实验，你掌握了裸子植物的哪些特征？
3. 裸子植物有哪些特征比蕨类植物高级？

实验 ⑲ 被子植物（一）：木兰亚纲

一、目的与要求

（1）通过对木兰亚纲主要科的一些代表植物的观察，掌握这些科的主要特征，并进一步了解它是被子植物中最原始的类群。

（2）通过实验，要求认识木兰科、樟科和毛茛科等科中的一些主要经济植物，判断并标注图中各部分形态结构名称。

二、用品与材料

（1）用品：解剖镜、镊子、解剖刀、解剖针、载玻片、培养皿。

（2）材料：白兰花、荷花玉兰的新鲜枝条（或腊叶标本）和新鲜或浸制的花。樟树（或阴香）、肉桂的枝条和浸制的花、果。毛茛或小回回蒜、草乌头、白头翁、飞燕草的新鲜材料（具花和果）。其他材料：八角茴香、北五味子、罂粟、白屈菜等。

三、内容与方法

木兰亚纲是被子植物基础的复合群，也就是通常所称的毛茛复合群。花被完全发育，雄蕊多数、向心发育，具两核花粉和单沟花粉；雌蕊由单心皮组成，两层珠被，厚珠心胚珠，除樟科外都具内胚乳。它是被子植物中原始的一个亚纲，木兰目（Magnoliales）是现存的最原始的被子植物。

（一）木兰科（Magnoliaceae）

以白兰花（*Michelia alba* DC.）或荷花玉兰（*Magnolia grandiflora* Linn.）（见图 19.1）作木兰科的代表植物，观察时宜注意下列的特征：

（1）先取白兰花的枝条观察，注意它是木本还是草本植物；它的叶子是单

图 19.1　玉兰属植物的花枝

叶还是复叶；叶子如何着生；叶缘是否有锯齿。其次注意它是否有托叶；托叶的大小如何；是否包有嫩芽和早落，托叶落后，是否在节上留有环状的托叶环。

（2）然后从培养皿中取一朵浸制的白兰花观察，注意它的花萼成花瓣状，故称它们为花被。花被呈倒披针形，约有 10～12 片，排列成 2～3 轮。看完后，除去一部分花被，便可见到里面的雌蕊与雄蕊。观察时注意雄蕊的数目、形状与排列情况；然后再观察雌蕊是否多数，它们之间是否分离，并且要注意这些雌蕊着生在哪里，如何排列的。

（3）白兰花为栽培的观赏植物，通常采用无性繁殖，因而有性繁殖退化，常常只开花，不结果，但也偶有结果。思考：可以从腊叶标本上或浸制好的材料中看出同一属结什么果吗？

（二）樟科（Lauraceae）

以樟树 ［*Cinnamomum camphora*（L.）Presl.］（见图 19.2）或阴香 ［*Cinnamomum burmannii*（Ness.）BL.］作樟科之代表植物。

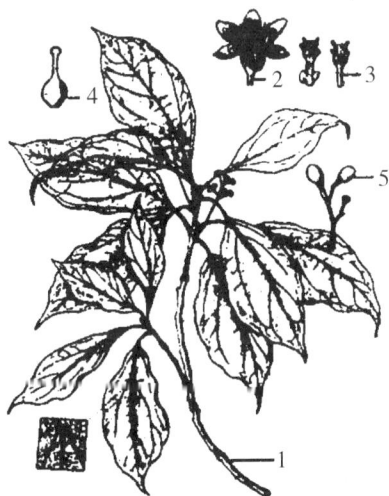

图 19.2　樟树的花、果枝

（1）取其枝条观察，注意叶片的叶脉如何分布，它的枝条是否有芳香味。从培养皿中取一朵浸制的樟树花观察，可看到它的花是较小的。花被有几个？排列成几轮？然后再将一朵花放入解剖镜中仔细观察花被内的雄蕊的数目与排列情况。雄蕊一般是排成四轮，第一轮雄蕊与第二轮的花药内向，第三轮雄蕊花药外向，并在花丝上有第二个腺体。第四轮雄蕊退化。除退化雄蕊外，其他各个雄蕊的花药均为四室，且为_____裂。然后将所有的雄蕊除掉，便可看到在花的中央有一雌蕊，注意子房的位置，且将它做一横切，看它有多少室。

（2）取浸制的樟树果观察，注意它属什么果。

（三）毛茛科（Ranunculaceae）

以毛茛（*Ranunculus japonicus* Thunb.）（见图19.3）或小回回蒜（*Ranunculus cantoniensis* DC.）、石龙芮（*Ranunculus sceleratus* L.）作毛茛科的代表植物，观察时注意下列的特征：

取一朵毛茛的小黄花，观察其全形。注意对称型及花被的变化，分别记录其各轮的数目。外轮为绿色，内轮为花瓣，呈黄色其内侧为多数雄蕊，最内侧是雌蕊，着生在隆起的花托上，每个雌蕊由单心皮构成，多心皮并呈螺旋状排列。请指出是什么果实。最后用镊子取下一枚花瓣，放在载玻片上，注意观察花瓣内侧基部有什么构造。

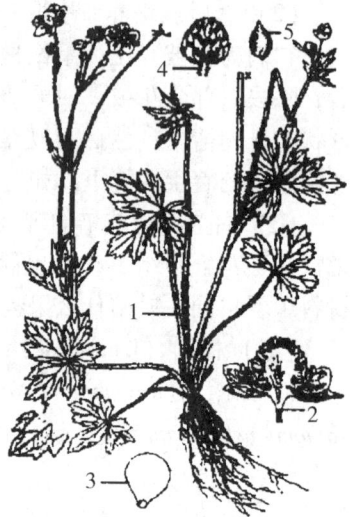

图19.3　毛茛植株、花、果

（四）观察下列一些植物，注意它们有什么主要特点。

（1）含笑［*Michelia figo*（Lour.）Spreng.］

（2）肉桂（*Cinnamomum cassia* Presl.）

（3）飞燕草［*Delphinium ajacis*（L.）Schur］

（4）八角茴香科（Illiciaceae）：八角茴香（*Illicium verum* Hook. f.）

（5）五味子科（Schisandraceae）：北五味子（*Schisandra chinensis* Baillon）

（6）罂粟科（Papaveraceae）：罂粟（*Papaver somniferum* L.）、白屈菜（*Chelidonium majus* L.）

四、作业与综合题

1. 绘制白兰的一段小枝图，并要求表示上面具有托叶痕及叶互生。

2. 绘制白兰的一朵花图（可除去一部分花被），表示出雄蕊与雌蕊的着生位置。

3. 比较木兰属与含笑属的区别，并举出2～3种代表植物加以说明。

4. 如何理解木兰目是被子植物最原始的一个类群？

实验 ⑳ 被子植物（二）：金缕梅亚纲

一、目的与要求

（1）通过对金缕梅科、桑科、山毛榉科、桦木科代表植物的观察，掌握金缕梅亚纲的主要特征。

（2）认识这亚纲中的一些常见植物与主要经济植物的形态特征及其经济意义，要求判断并标注图中各部分形态结构名称。

二、用品与材料

（1）用品：解剖镜、放大镜、镊子、解剖针、解剖刀、培养皿、载玻片等。

（2）材料：枫香的枝条和浸制的花果。桑的枝条和浸制的花果，对叶榕等无花果属植物。板栗的腊叶标本。白桦和榛子的枝条及浸制的花果。

三、内容与方法

金缕梅亚纲是一群花减化（无瓣、生在柔荑花序上）的风媒传粉群，在将一些无关的科如杨柳科（Salicaceae）移出之后，这个亚纲主要还是传统的"柔荑花序类"植物。

（一）金缕梅科（Hamamelidaceae）

枫香（*Liquidambar formosana* Hance）（见图 20.1）

落叶乔木，雌雄同株。注意观察其叶子形状，有多少裂？叶缘具有锯齿，托叶红色、条形、早落。取一枫香雄花序观察，判断其花序类型，在解剖镜下观察，注意其雄花无被，每一雄花具几枚雄蕊？注意它无花瓣，萼片是合生还是离生？萼齿5钻形，子房位置怎样？子房2室，花柱2。每一雌花序将形成一圆球形的果序，花柱和萼齿宿存，成针刺状。

图 20.1　枫香果枝

（二）桑科（Moraceae）

1. 桑树（*Morus alba* L.）

桑树是一种常见的栽培植物（见图 20.2），叶用于养蚕，根、皮、叶和桑葚可供药用，观察时应注意：

（1）取一小枝条观察，看叶如何着生、形状如何及是否有锯齿，能否看到托叶。

（2）取浸制的雌花和雄花观察，先看它们是属哪一种花序，雄花的花被多少裂，雄蕊多少，能不能看到雄花上有退化的子房，雌花的花被有多少，子房如何着生，花柱多少裂。

2. 无花果属（*Ficus*）（见图 20.2）

植物较多，对叶榕（*F. clastica* Roxb.）、榕树（*F. microarpa* L. f.）、菩提树（*F. religiosa* L.）等是热带、亚热带的常见代表种。观察时注意：

（1）取一小枝观察，看是否有托叶，托叶落后是否也有像木兰科植物一样的托叶痕，然后折断枝条，看是否有白色乳汁流出。

（2）取一花序观察，因为花序托肉质，所以通常把花序称为果（无花果）。用小刀将花序纵切，即可看到许多花生于肉质花托所组成的隐头花序内壁，花托开口处可看到苞片，因为是单性同株，注意观察哪些是雄花，哪些是雌花（要分辨那些具长花柱的结实花，具短花柱的瘿花），它们着生在什么位置，构造怎样，这样的花序对它的开花受精是否有影响。

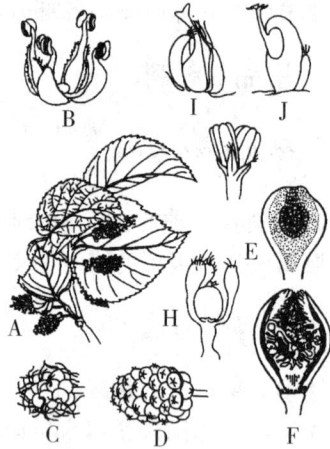

图 20.2　A～D：桑；E～J：无花果

（三）山毛榉科（Fagaceae）

板栗（*G. mollissima* BL.）（见图 20.3）

观察其叶的形状，叶缘有什么特点？叶的排列顺序如何？有没有托叶？其雄花序是否柔软下垂？

用放大镜观察其叶背，注意其上密被白色的星状毛。取带有壳斗的板栗果实的干制

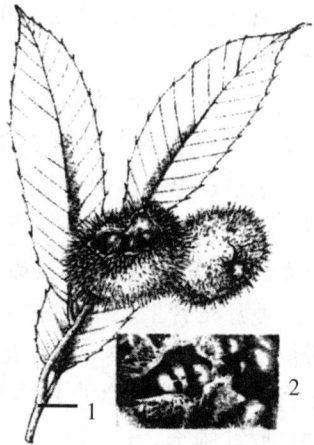

图 20.3　板栗果、枝

标本观察，可见果实全包在球状的壳斗内，壳斗的外表有尖锐的针刺，剥开壳斗，其内有几个果实？再剥开果实，观察果实内有几枚种子？思考：板栗的可食部分属于什么结构？

（四）桦木科（Betulaceae）

分别取白桦的雌、雄柔荑花序进行观察，首先从雄花序上用镊子轻轻取下一个花簇，放在载玻片上，指出苞片、小苞片的特点。用解剖针拨下苞片，注意观察雄蕊的形状和数目，然后轻轻取下一个雄蕊，细致地观察花丝特点，并注意花药间的特征。再用镊子从雌花序上取下一个花簇，放在载玻片上观察，可发现是果苞（总苞），它由三片组成，中间一枚较大，两侧较小，上部分离，下部合生。再观察一下果苞内侧有三枚带翅的小坚果。每个果实的顶端，有两枚宿存的花柱，花柱二裂。

取榛子的坚果进行观察，注意坚果外部的总苞形态特点。

四、作业与综合题

1. 绘制桑树的一朵雄花及一雌花图。
2. 观察金缕梅亚纲一些代表植物，指出金缕梅亚纲植物的主要特征。
3. 比较桑科植物与金缕梅科、山毛榉科等金缕梅亚纲植物的异同点。
4. 为什么说金缕梅亚纲是被子植物门中风媒传粉方向演化的一个侧支？

实验 21 被子植物（三）：石竹亚纲

一、目的与要求

（1）通过对石竹亚纲中藜科、苋科、石竹科和蓼科代表植物的观察，掌握各科主要特征。

（2）学习使用被子植物分科检验表及编制简单检索表的方法，要求判断并标注图中各部分形态结构名称。

二、用品与材料

（1）用品：枝剪、掘铲、采集袋、体视显微镜、扩大镜、镊子、解剖针、刀片、载玻片、盖片及绘图用具。

（2）材料：菠菜、甜菜、苋、青葙、鹅肠菜、石竹、荞麦、水蓼。

三、内容与方法

（一）观察藜科植物的特征

1. 准备

菠菜（*Spinacia oleracea* L.）（见图 21.1）、甜菜（*Beta vulgaris* L.）（见图 21.2），具花果的新鲜植株每组一份。

图 21.1 菠 菜

图 21.2 甜 菜

2. 操作与观察

（1）取一菠菜植株进行观察：一年生草本，植株高可达 1 m。根圆锥状，带红色。茎直立，中空，脆弱多汁。叶片卵形或戟形，雄花集成球形团伞花序，再于枝和茎的上部排列成有间断的穗状圆锥花序；花被通常4片；雌花团集于叶腋；子房球形，柱头4或5，外伸，胞果卵形或近圆形，两侧扁；种子直立，胚环形。

（2）取一甜菜植株进行观察：多年生或两年生草本，高达120 cm。根肥厚，_____形。茎直立，有沟纹；基生叶矩圆形，全缘而成波状；茎生叶较小，_____形。花序为___状；在解剖镜或扩大镜下仔细解剖：花为___性，通常两个或数个集成腋生花簇；花被片__，基部和___结合，果期变硬，包复___；雄蕊___，生于肥厚___上。子房___位，胚珠___个；果为___果；种子___生，扁平，双凸镜状；胚___形。

（二）观察苋科植物的特征

1. 准备

苋（*Amaranthus tricolor* L.）(见图21.3)、青葙（*Celosia argentea* L.）(见图21.4)，具花果的新鲜植株每组一份。

图21.3　苋

图21.4　青　葙

2. 操作与观察

（1）取一苋植株进行观察：一年生草本，高0.8～1.5 m，茎通常分枝。叶卵形、菱状卵形或披针形；花簇腋生，球形；雄花和雌花混生；苞片及小苞片卵状披针形；花被片3，矩圆形，顶端具一长芒尖；雄蕊3；子房上位，具一直生胚珠；胞果卵状矩圆形，环状横裂，包裹在宿存的花被片内；近圆形或倒卵形，黑色或黑棕色。

（2）取一青葙植株进行观察：一年生草本，高0.3～1 m。具显明条纹；叶片矩圆披针形、披针形或披针状条形，少数卵状矩圆形，顶端具小芒尖；花多数，密生，在茎端或枝端成单一，无分枝的_____花序；每花有___苞片和___小苞片，着色，干膜质，宿存；花被片____，着色，干膜质，宿存；雄蕊___，花丝钻状或丝状，上部离生，基部连合成___状；子房___室，___位，具_____胚珠；花柱___，宿存，柱头头状，反折；___果卵形或球形，具薄膜，___裂；种子凸镜状肾形，黑色，胚___形。

（三）观察石竹科植物特征

1. 准备

鹅肠菜［*Myosoton aquaticum*（L.）Moench.］（见图 21.5）、石竹（*Dianthus chinensis* L.）（见图 21.6），具花果的新鲜植株每组一份。

图 21.5 鹅肠菜

图 21.6 石 竹

2. 操作与观察

（1）取一鹅肠菜植株进行观察：两年生或多年生草本，节膨大。茎下部匍匐，无毛，上部直立，被腺毛。叶对生。花两性，白色，排列成顶生二歧聚伞花序；萼片 5；花瓣 5，比萼片短，2 深裂至基部；雄蕊 10；子房 1 室，上位；花柱 5。特立中央胎座；蒴果卵形；种子肾状圆形，种脊具疣状凸起。

（2）取一石竹植株进行观察：多年生草本，高约 30 cm。茎簇生，直立，无毛；_____膨大。叶_____形。花顶生于分叉的枝端，单生或对生；花下有_____苞片；萼筒圆筒形，萼齿___；花瓣___；瓣片_____形，边缘有不整齐浅___裂，基部具___；雄蕊___；花柱___，丝形；子房___位，___室，___胚珠；_____胎座；___果矩圆形；种子灰黑色，缘有_____。

（四）观察蓼科植物特征

1. 准备

荞麦（*Fagopyrum esculentum* Moench.）（见图 21.7）、水蓼（*Polygonum hydropiper* L.）（见图 21.8），具花果的新鲜植株每组一份。

图21.7 荞 麦

图21.8 水 蓼

2. 操作与观察

（1）取一荞麦植株进行观察：一年生草本，高40～100 cm。茎直立，多分枝。下部叶有长柄，上部叶近无柄。叶片为三角形或卵状三角形，顶端渐尖，基部心形或戟形，全缘，两面无毛或仅沿叶脉有毛；托叶鞘短筒状，顶端斜而截平，早落。花序为总状或圆锥状，顶生或腋生；花淡红或白色，密集；花被5深裂，裂片矩团形；雄蕊8；花柱3，柱头头状。瘦果卵形，有3锐棱，顶端渐尖，黄褐色，光滑。

（2）取一水蓼植株进行观察：一年生草本，高40～80 cm。茎直立或倾斜，多分枝，无毛。叶片为＿＿＿形，顶端渐尖，基部＿＿＿形；托叶＿＿＿状，＿＿＿质，有＿＿＿毛。花序＿＿＿状，顶生或腋生；花被＿＿＿深裂，有＿＿＿点；雄蕊通常＿＿＿；花柱＿＿＿；子房＿＿＿位，＿＿＿室，＿＿＿胚珠；＿＿＿果卵形，扁平，暗褐色。

四、作业与综合题

1. 写出菠菜、甜菜、苋、青葙、鹅肠菜、石竹、荞麦及水蓼的花程式。

2. 用检索表检索以上材料各属于什么科，并写出其检索过程。

3. 叙述藜科、苋科、石竹科及蓼科植物各科主要识别特征。

4. 归纳总结以上四科植物的共同特征。

5. 依据菠菜、甜菜、苋、青葙、鹅肠菜、石竹、荞麦及水蓼的植物特征编写一个检索表。

实验 **22** 被子植物（四）：五桠果亚纲

一、目的与要求

（1）通过实验，要求掌握锦葵科、葫芦科、山茶科、杨柳科、十字花科的主要特征及其区别，同时应掌握识别这些科中常见植物的分类根据。

（2）了解白花菜科、杜鹃花科、柿树科的特征，要求判断并标注图中各部分形态结构名称。

二、用品与材料

（1）用品：体视显微镜、扩大镜、镊子、解剖刀、解剖针、刀片、培养皿、载玻片、盖片及全部绘图用具。

（2）材料：陆地棉、大红花；南瓜、黄瓜；木荷或茶；小叶杨、旱柳；白菜、萝卜；醉蝶花；杜鹃花；报春花；柿树等。

三、内容与方法

（一）锦葵科（Malvaceae）

代表植物：陆地棉（*Gossypium hirsutum*）（见图 22.1）或大红花（*Hibiscus rosa-sinensis* L.）（见图 22.2）。

灌木状草本。叶互生，宽卵形，掌状 3 裂，稀 5 裂，叶背有长柔毛，托叶早落。花单生，小苞片 3，有尖齿 7 ~ 13，基部心形，有一腺体。花冠白色或淡黄色，开花后逐渐变红或紫色。雄蕊多数，花丝连合成筒状，心皮 4 ~ 5个。蒴果卵形，种子具长棉毛，经人工选育长的棉花纤维可达 10 ~ 65 mm。

图 22.1　陆地棉花枝及花、果形态　　图 22.2　大红花花枝及花的形态

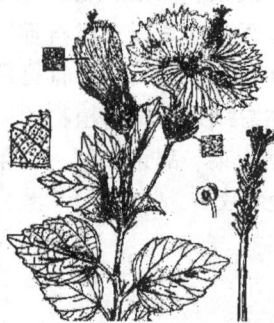

（二）葫芦科（Cucurbitaceae）

代表植物：南瓜 [*Cucurbita moschata*（Duch.）poir.]（见图22.3），黄瓜（*Cucumis sativus*）。

攀缘草质藤本，卷须不分叉，叶互生，具长柄，柄中空，叶脉掌状，花单性，雌花子房下位，三心皮合生，侧膜胎座，胚珠多数，瓠果。

取南瓜的雌、雄花，观察雌花子房由几个心皮组成？是什么胎座？观察雄花中雄蕊特点和花药聚合在一起的类型。

取黄瓜的花进行观察，注意雄蕊特征，花丝两两结合，一条分离；雌蕊3个心皮组成。将子房做一横切面，注意观察侧膜胎座的构造和结什么果实。

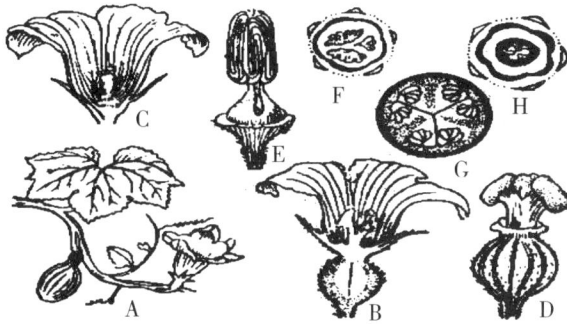

图22.3　南瓜的花、果形态

（三）山茶科（Theaceae）

取油茶（或木荷）新鲜材料观察，为常绿灌木或小乔木，幼枝具毛。单叶互生，无托叶，叶片革质较厚，椭圆形，下面侧脉不明显。再取一朵花及果观察：花大、白色，几无柄，1～2朵顶生及腋生；苞片及萼片8～10，外面密被淡黄色绒状丝毛，大小不等早落；花瓣5～7片；雄蕊多数，成内外两轮排列，外轮花丝基部合生；子房密生丝状绒毛，花柱顶端3裂，中轴胎座，每室有4～6胚珠。蒴果球形，果皮较厚，室背开裂，种子有棱角，可榨油。

取茶新鲜材料观察（见图22.4），注意和油茶比较。茶为常绿灌木，枝条无毛，叶薄革质。花白色、较小，具柄而下弯，苞片两枚，花萼5～6个宿存；花瓣5～8；

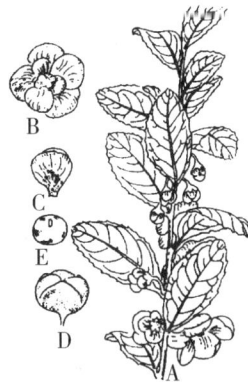

图22.4　茶的花枝及其花、果形态

雄蕊多数,外轮花丝连合成短筒,并与花瓣合生;雌蕊子房外有柔毛,横剖子房,3 室,中轴胎座。蒴果果皮薄,种子近球形。茶原产我国,为一种良好的饮料植物。

(四)杨柳科(Salicaceae)

本科的重点特征:木本,单叶互生,花单性,雌雄异株,柔荑花序;无花被,具花盘或蜜腺,侧膜胎座,蒴果,种子基部具丝状毛。

本科有 3 属,约 450 种,主要分布北温带。我国有 3 属,200 余种,全国均有分布。

1. 毛白杨(*Populus tomentosa* Carr.)(见图 22.5)

落叶乔木,具顶芽,芽鳞多片。注意叶形,叶背和叶缘上的特点。雌雄异株,雌、雄花均成下垂的柔荑花序。取一朵雄花观察,注意苞片的形状和特点;雄蕊的数目和着生的位置。取一朵雌花进行观察,注意雌蕊着生的位置,柱头 2 裂,又各自 2 裂。横剖子房或果实,观察心皮的数目和胎座的类型。蒴果,种子具毛。

绘图:毛白杨的一朵雄花图(注明苞片、花盘、雄蕊)。

图 22.5 毛白杨

2. 旱柳(*Salix matsudana* Koicz)

落叶乔木,无顶芽,芽鳞 1 片。雌雄异株,雌、雄花均成柔荑花序,直立,分别取雄花和雌花进行观察,注意雄花的苞片形状,雄蕊数目与杨属植物有什么区别,蜜腺的数目和着生的位置,雌蕊由几个心皮组成,同时应注意苞片的形状和蜜腺着生的位置。

通过毛白杨和旱柳的观察,要求总结出杨属 *Populus* L. 和柳属 *Salix* L. 的区别。

(五)十字花科 [Cruciferae(Brassicaceae)]

本科的重点特征:草本。花两性,萼片 4,花瓣 4,成十字形花冠,4 强雄蕊,侧膜胎座,具假隔膜;角果。

本科有 300 多属,3 000 余种,广布世界。我国有 85 属,360 多种,广布全国。

1. 油菜(*Brassica* sp.)(见图 22.6)

两年生草本。花排成总状花序。取一朵花观察,注意萼片、花瓣、雄蕊和组成雌蕊的心皮数

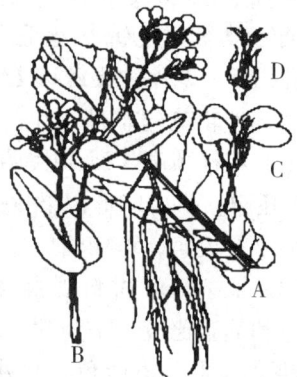

图 22.6 油 菜

目，注意花冠的形状、蜜腺的数目和着生位置，4强雄蕊，横剖子房，注意子房的室数和胎座的类型，长角果，内具假隔膜。

绘图：白菜花的侧面图（注明萼片、花瓣、4强雄蕊、子房和蜜腺）。

在十字花科中，芸薹属（*Brassica* L.）最重要，很多是我们生活中常吃的蔬菜。如大头菜（*B. caulorapa* pasq.）、芜菁（*B. rapa* L.）、菜花（*B. oleracea var. botrytis* L.）、芥菜（*B. juncea* L.）、雪里红（*B. juncea* L. *var. crispifolia* Bailey）、青菜（油菜）（*B. chinensis* L.）、油菜（*B. campestris* L.）等。

2. 萝卜（Raphanus sativus L.）

通过对标本、花、果实的观察，要求总结出其与白菜属的区别。观察对褶子叶的特点。

3. 荠菜（Capsella brusa-pastoris Medic.）

草本，具单毛和分枝毛。基生叶丛生，大头羽状分裂。总状花序，花白色。短角果倒三角形。假隔膜狭。取一粒种子，观察北狗子叶的特点。

本科除有我们常食用的蔬菜和油料外，还有不少药用植物，如松蓝（*Isatis tintoria* L.）的根，作"板蓝根"入药。其次像佳竹香（*Cheiranthus cheiri* L.）、诸葛菜〔*Oryc-hophragmus uiolaceus*（L.）O. E. Schulx〕、香雪球〔*Lobularia martima*（L.）Desv.〕、紫罗兰〔*Matthiola incana*（L.）R. Br.〕等，均为很好的观赏植物。

（六）杜鹃花科（Ericaceae）

本科的主要特征：多为常绿灌木，单叶互生或对生，轮生，两性花，雄蕊外轮对瓣，雄蕊的花药柄端常具有两个角状物，顶孔开裂或纵裂。蒴果或浆果。

本科约50属，1 300种，分布极广。我国有14属，718种，南北各省均有分布。

杜鹃花属（*Rhododendrn* L.）（见图22.7）是本科种类最多的一属，约有800种，分布于北温带，我国约有650种，除新疆外，各省均有分布，西南和西部种类最多，为世界著名的观赏植物。

图22.7　杜鹃花属花枝

（七）报春花科（Primulaceae）

本科的主要特征：草本；叶互生或基生，无托叶。花两性，辐射对称，花丝着生花冠筒上，与花瓣对生；子房上位，1室，特立中央胎座，花柱1条。蒴果。

本科约有28属，1 000 种，广布于全世界。我国有11属，约500种，南北各省均有分布。

常见的植物有点地梅［*Androsace umbellata* (Lour.) Merr.］小草本，叶基生，花白色，伞形花序，早春开花。狼尾花（*Lysimachia bar ystachys* Bge.）直立草本，花白色。顶生总状花序。蒴果。除此外，在公园内常见本科的观赏植物有四季樱草（*Prinula obcnica* Hance）（见图22.8），仙客来（萝卜海棠）（*Cyclamen persicum* Mill.）。

图22.8　报春花属植株

四、作业与综合题

1. 举例和绘图，说明特立中央胎座、中轴胎座、侧膜胎座的概念。

2. 列表比较白菜属、萝卜属、荠菜属、独行菜属的区别。

3. 杨柳科的主要特征是什么？杨属和柳属的区别是什么？

4. 说明十字花科的主要特征及其经济意义。

5. 棉絮和柳絮都属于种子毛，两者有什么区别？

6. 举例说明蒴果、长角果、短角果的区别。

7. 指出报春花科、杜鹃花科、柿树科的主要特征和区别。

实验 ㉓ 被子植物（五）：蔷薇亚纲

一、目的与要求

（1）通过对蔷薇亚纲的实验，掌握蔷薇科、豆科、芸香料和伞形科等科植物的主要特征。

（2）了解蔷薇科中四亚科之间的主要区别和科内各亚科之间的进化关系。

（3）注意观察豆科花的构造特点，掌握三亚科的特征和分亚科的依据，并判断和标注图中各部分形态结构名称。

二、用品与材料

（1）用品：显微镜、体视显微镜、扩大镜、镊子、解剖刀、解剖针、刀片、培养皿、载玻片、盖片及全部绘图用具。

（2）材料：虎耳草；绣线菊、蔷薇、月季、草莓、沙梨、苹果、李、桃、杏；蚕豆、扁豆、菜豆、合欢、紫荆或羊蹄甲；葡萄、乌蔹莓、爬山虎；柑橘属、野花椒；胡萝卜、芫荽、茴香、旱芹、窃衣等。

三、内容与方法

（一）蔷薇科（Rosaceae）

草本，灌木或乔木，常有刺及明显的皮孔。叶互生，稀对生，单叶或复叶，托叶常附在叶柄上而对生。花两性，辐射对称，花托凸隆或凹陷，花被与雄蕊常愈合成1蝶状，钟状、杯状、坛状或圆筒状的萼筒，萼裂片5；花瓣5，分离，覆瓦状排列；雄蕊多数，花丝分离，花粉外壁有条纹或丝网状的雕纹；子房上位或下位，心皮多数至1个，分离或连合，每心皮有1至数个倒生胚珠。果实有核果、梨果、瘦果、蓇葖果等。种子无胚乳。染色体：X＝7，8，9，17。

本科有100属，3 000余种，主要分布在北半球温带。我国有51属，1 000余种，全国各地都有分布。

根据本科植物的心皮数、子房位置与果实的特征分为4个亚科（见下表）。

蔷薇科 4 亚科花、果实的比较（示意图）

	花的纵切面图	花图式	果实的纵切面图
绣线菊亚科（绣线菊属）	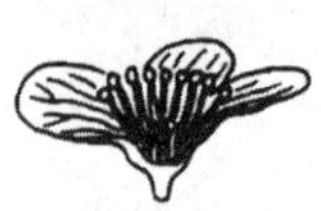		
蔷薇亚科	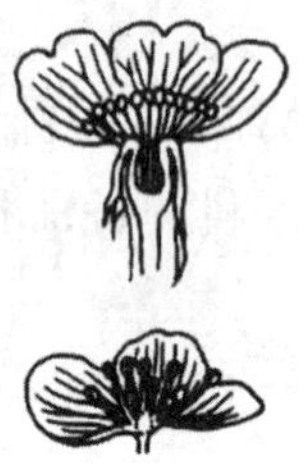		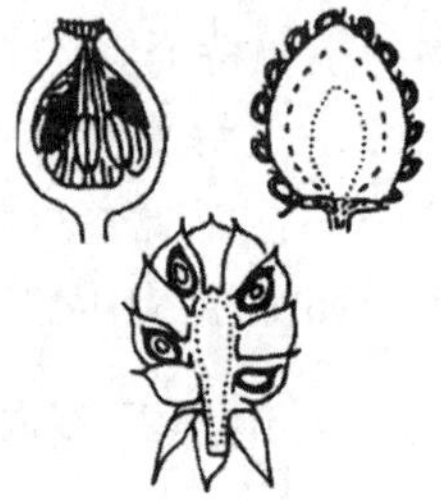
苹果亚科			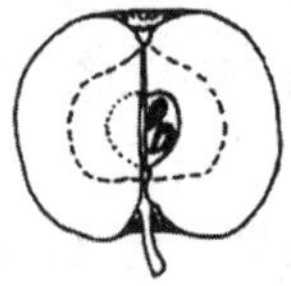
梅亚科（梅属）			

1. **绣线菊亚科（Spiraeoideae）特征**

木本。常无托叶，心皮通常 5 个（稀 12～1）分离或基部连合，蓇葖果，少蒴果。

（1）绣线菊属（*Spiraea*）：小灌木，无托叶。花筒浅杯状，伞房花序；萼片，花瓣各 5；雄蕊 15～60；心皮 5～2，分离。蓇葖果。分布于全国各地，是观赏栽培型；有光叶绣线菊、绣球绣线菊与中华绣线菊等。

（2）珍珠梅属（*Sorbaria*）：奇数羽状复叶，互生。花小，顶生圆锥状花序；花瓣 5；雄蕊 20～50；心皮数 5，稍合生。蓇葖果具多数种子。分布于我国西南部与东北部，有华北珍珠梅等。

2. **蔷薇亚科（Rosoideae Focke）特征**

木本与草本。叶互生，托叶发达。周位花；心皮多数，分离，着生于凹陷或突出的花托上。子房上位，每心皮含胚珠 1～2 个。聚合瘦果。

（1）蔷薇属（*Rosa*）：灌木。皮刺发达，羽状复叶，萼筒与花托结合成壶形；萼裂5；花瓣5；雄蕊多数，生于花筒口部，心皮多数，分离。多数瘦果集于肉质的花筒内叫蔷薇果。分布在热带与北温带的高原。常见的是玫瑰，叶皱褶。茎多皮刺和刺毛，花红色。月季（见图23.1），托叶有腺毛，萼有羽状裂片，花大型，少数至单生。还有金樱子与野蔷薇等。

（2）悬钩子属（*Rubus*）：灌木，多刺。单叶或复叶。萼宿存，5裂；花瓣5；雄蕊多数；雌蕊多数，核果小，集生在膨大的花托上，聚合果。有掌叶覆盆子、茅梅、插田泡等。

本亚科还有许多经济植物，如地榆、草莓、蛇梅、仙鹤草等。

讨论与思考：蔷薇与月季的区别是什么？说出有经济价值的几种植物。

3. 苹果亚科（Maloideae）特征

木本。有托叶，心皮2~5，多数与杯状花筒之内壁结合成子房下位，或仅部分结合为子房半下位。每室有胚珠1~2个。梨果。

（1）梨属（*Pyrus*）：叶近卵形。花柱2~5条，离生，果肉有石细胞，果实梨形。如沙梨（*P. pyrifolia*）。

（2）苹果属（*Malus*）：如苹果（*M. pumila.*），叶近卵形。花柱基部结合。萼与花梗有毛，果扁圆形，两端凹，苹果形。还有沙红、垂丝海棠等。

本亚科还有枇杷、山楂、木瓜等。

讨论与思考：苹果与梨是假果吗？它们的区别是什么？

图 23.1　月季花枝及果实形态

4. 梅亚科（Prunoideae）特征

木本。单叶，有托叶，叶基常有腺体。花筒凹陷成杯状，心皮1，子房上位，胚珠2个，斜挂。核果。内有1种子。

（1）李属（*Prunus*）：如李（*P. salicina* Lindl），叶倒卵状披针形。花3朵同生，白色。果皮有光泽。有蜡粉，核有皱纹。

（2）桃属（*Amygdalus*）：如桃（*A. persica* Linn），叶披针形。花单性，红色。果皮被密绒毛，核有凹纹。还有蟠桃、榆叶梅。

（3）杏属（*Armeniaca*）：侧芽单生，无顶芽。花先叶开放；子房与果实常被短毛。如杏

图 23.2　蚕豆及其花、果形态

（*A. armeniaca* Lam），叶卵形至近圆形，先端短尖或渐尖。花单性，微红。果杏黄色，微生短柔毛或无毛。核平滑。还有梅等。

讨论与思考：本科的识别要点是什么？本科为什么说是经济科？

（二）豆科（Fabaceae）

观察代表植物：蚕豆（*Vicia faba* Linn.）（见图 23.2），判断它属于哪个亚科。

分三个亚科：含羞草亚科、云实（苏木）亚科、蝶形花亚科。蚕豆属蝶形花亚科。花簇生，两侧对称，花萼基部连合，5 齿，花冠不整齐，花瓣 5 片，分旗瓣、翼瓣、龙骨瓣，雄蕊 10，花丝 9 枚合生，1 枚单生（二体雄蕊），雌蕊由 1 心皮组成，荚果。

有条件时可将合欢（含羞草亚科）、紫荆或羊蹄甲（云实亚科）、蚕豆或扁豆（蝶形花亚科）的花进行解剖，比较三个亚科的特征（见图 23.3）。

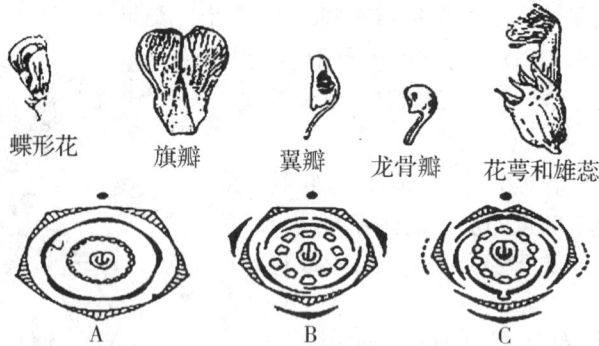

蝶形花　　旗瓣　　翼瓣　　龙骨瓣　　花萼和雄蕊

A　　　　　　B　　　　　　C

图 23.3　豆目花图式

A. 含羞草亚科；B. 苏木亚科（云实亚科）；C. 蝶形花亚科

豆科三亚科检索表如下：

1. 花辐射对称；花瓣镊合状排列，中下部常合生 ············ （1）含羞草亚科
1. 花两侧对称；花瓣覆瓦状排列
　　2. 花冠不为蝶形，各瓣多少不相似；花瓣在芽中通常为上升的覆瓦状排列，即在上方的一瓣位于最内方 ·············· （2）云实亚科
　　2. 花冠蝶形，各瓣极不相似，花瓣在芽中为下降的覆瓦状排列，即在上方的旗瓣位于最外方 ·············· （3）蝶形花亚科
讨论与思考：解剖蚕豆的花，它属于哪个亚科？

（三）芸香科（Rutaceae）

1. 取柑橘属（*Citrus* L.）的花（见图 23.4）进行观察

注意萼片、花瓣的数目和排列方式，雄蕊是否互相结合。横剖子房，观察子房室数、雌蕊由几个心皮组成？纵剖其花，注意观察子房基部花盘的形状。再取柑果观察其横剖面，区别外、中、内果皮，内果皮壁上着生许多肉质多汁的毛细胞。

在观察时要注意区别以下几种柑橘类植物：

（1）柚。常绿乔木，单身复叶为卵状长圆形，革质，具油腺点，箭叶宽大。果大、卵圆形或梨形，外果皮不易剥落。

（2）橘。常绿乔木，单身复叶为卵状披针形，具油腺点，箭叶狭窄不明显，果小，稍扁，果心空，外果皮易剥落。

（3）橙。常绿小乔木，单身复叶的箭叶极狭。果实近球形，果心不空，外果皮不易剥落。

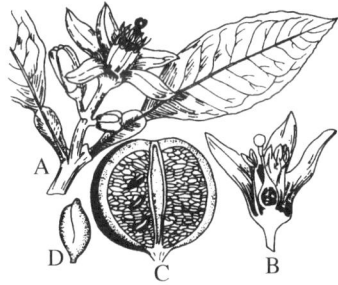

图 23.4　橙的花枝及花果形态

此外，还有柠檬（*C. limonia* Osbeck.）、佛手（*C. medica* L. *var. sarcodactylis* Swingle）、代代花（*C. aurantium* L.）。这些均为我国南方盛产的著名柑橘类水果。

2. 取野花椒（或花椒）新鲜材料或腊叶标本观察

落叶灌木，植物体密生基部扁平的皮刺，奇数羽状复叶，有小叶 7～11 片，叶中具透明油腺点，叶轴无翅或有窄翅。花单性，雌雄异株或杂性；蒴果球形开裂成蓇葖状，成熟时红色或紫红色，可作调味料，并可提取芳香油。

同属的还有竹叶椒。竹叶椒与野花椒区别是小叶 3～7 片，上有刚毛状小刺，叶轴有宽翅。

（四）伞形科 ［Apiaceae（Umbelliferae）］

1. 取胡萝卜新鲜材料（见图 23.5）观察

两年生草本。注意叶形和叶柄基部的特征。复伞形花序基部，各个单伞形花序基部是否有总苞片和小总苞片？花序中，有二型花，边花

图 23.5　胡萝卜及其花、果形态

的外侧花瓣较大，近两侧对称，花柄较长。花离中央的花是整齐的，取一朵花观察：花小、白色，花萼 5 齿裂，极小；花瓣 5，与萼互生；雄蕊 5 枚，与花瓣互生；花中央雌蕊为 2 心皮，从其外只能见到 2 枚花柱，花柱与子房之间有一圈不明显的上位花盘。纵剖一朵花并在双目解剖镜（或平台扩大镜）下观察：可见子房与花托完全愈合，为下位子房，2 个子房室。再取果实观

察：为双悬果。

栽培的胡萝卜，地下肥大的直根可作蔬菜，含胡萝卜素等，营养丰富。

2. 取其他常见伞形科植物的新鲜材料或腊叶标本观察

（1）芫荽。草本。多回羽状复叶，复伞形花序，无总苞片，但具线形小总苞片。外缘花有辐射瓣。双悬果球形。

（2）茴香。草本。多回羽状复叶，裂片细线形、花序下无总苞和小总苞，花黄色，外缘花瓣不具辐射瓣。双悬果背腹扁。

（3）旱芹。草本。羽状复叶，裂片较宽，复伞形花序，无总苞和小总苞片。双悬果两侧压扁。

（4）窃衣。草本。叶二回羽状分裂，裂片披针形至线形，总苞片通常无，很少1~2条，小总苞片线形。伞幅2~4，每个小伞形花序上花的数目较少。

本科药用植物很多，著名的有北柴胡（*Bupleurum chinensie* DC.）、防风〔*Saposhnikovia divaricata*（Turcz）Schischk.〕、川芎（*Ligusticum chuanxiong* Hort.）、当归〔*Angelica sinensis*（Oliv.）Diels.〕等。

四、作业与综合题

1. 绘制蔷薇属花的纵剖面图，写出其花程式，注明各部名称。

2. 绘制蚕豆或扁豆（或其他豆科）花冠展开图和萼片的展开图；绘制二体雄蕊和雄蕊的全面图。

3. 绘制野胡萝卜花的侧面图（注明萼片、花瓣、雄蕊、雌蕊、子房、上位花盘）。

4. 列表比较葡萄属、乌蔹莓属、爬山虎属的区别。

5. 芸香科、葡萄科、伞形科有哪些主要特征和经济价值？

实验 ㉔ 被子植物（六）：菊亚纲

一、目的与要求

（1）通过对菊亚纲的实验，掌握菊科、茄科、旋花科、唇形科等植物的主要特征。

（2）了解菊亚纲各目之间的系统演化关系，并判断和标注图中各部分形态结构名称。

二、用品与材料

（1）用品：显微镜、体视显微镜、扩大镜、镊子、解剖刀、解剖针、刀片、培养皿、载玻片、盖片及全部绘图用具。

（2）材料：向日葵、白术、红花、矢车菊、菊花、莴苣、蒲公英；马铃薯、番茄、茄、烟草、龙葵、甘薯、蕹菜、牵牛、益母草、藿香、一串红等。

三、内容与方法

（一）菊科 [Asteraceae（Compositae）]

基本特征（见图 24.1、图 24.2）：草本、半灌木或灌木，稀乔木，有乳汁管和树脂道。叶壶生，稀对生或轮生；无托叶。花两性或单性，5 基数；为头状花序或缩短的穗状花序，有一层至多层的总苞片组成总苞，头状花序单生或数个至多数排列成总状、聚伞状、伞房状或圆锥状，在头状花序中有同形的小花；筒状花与舌状花。也有异型的小花；外围是假舌状花，中央是筒状花；萼片不发育为冠毛状，毛刺状或鳞片状；花冠合瓣，辐射对称或两侧对

图 24.1　菊科花图式

称，雄蕊 5 枚，着生于花冠筒上；花药合生成筒状，花粉呈球形。子房上位，1 室，具 1 胚珠；花柱顶端 2 裂，果实为连萼瘦果。种子无胚乳。染色体 X ＝ 8 ~ 29。

1. 筒状花亚科

凡头状花序全为筒状花，或为边缘花假舌状，漏斗状，盘花为筒状花，

植物体不含乳汁。

（1）向日葵属（*Helianthus*）：一年生草本。<u>茎直立粗壮，折断茎看是否</u>有白色乳汁。单叶互生。观察头状花序：花序下的叶状苞片有几层？花序边缘有一轮黄色、无性、两侧对称的假舌状花，花冠顶端具3齿，下端连有很短的花冠筒（此花无雄蕊、雌蕊，只具退化子房），盘花密集着生多数棕紫色的管状花，两性、可孕。注意开花次序，再取一朵管状花观察，花基部具一个膜质托片，花萼退化成两个鳞片。花冠基部连合成筒状，顶端具5齿裂，辐射对称，用解剖针将花冠筒挑开，可见有5个雄蕊，着生于花冠上，花丝分离，花药聚合围绕着花柱；用解剖针挑开花药，可见雌蕊柱头分2叉，花柱细长，雌蕊由2个心皮组成；纵剖一朵花，可见子房与花托完全愈合，子房1室，1胚珠，基生胎座。连萼瘦果，种子无胚乳。

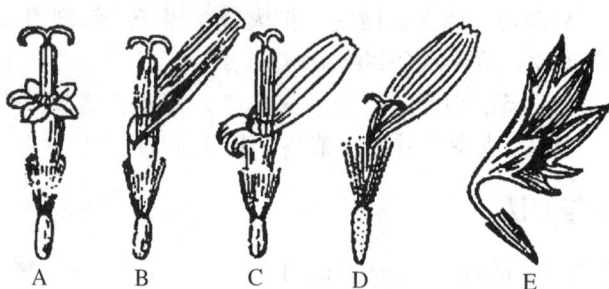

图24.2　菊科花冠类型

（2）苍术属（百术属）（*Atractylodes*）：白术（A. Macrocephalae Koidz）多年生草本，根茎粗大，呈拳状；顶生头状花序，总苞钟形，裂片呈针刺状的苞叶；还有北苍术和茅术等。

（3）红花属（*Carthamus*）：红花（*C. tinctorius* L.）为一年生或两年生草本，光滑无毛，叶质硬，边缘不规则浅裂，单生头状花序，或伞房状排列；总苞多裂，花序为两性筒状花。

（4）矢车菊属（*Centaurea*）：矢车菊（*C. cyanus* L.）一年生草本。头状花序单生枝端，总苞钟状，总苞片多层，缘花漏斗状。常5裂。

（5）菊属（*Chrysanthemum*）：多年生草本，头状花序枝端单生，或伞房状排列。总苞半球形，总苞片多裂，边缘多干膜质。盘花筒状，花药基部全缘，缘花1至多裂，雌花，假舌状，两者都结实。连萼瘦果具较多纵肋，无冠毛。菊花（*D. morifolium* Tzvel）品种很多，花、叶变化很大。

2. 舌状花亚科

整个花序全为舌状化，含乳汁。

（1）莴苣属（*Lactuca*）：一年生活多年生草本，叶全缘或羽状分裂。头状花序组成各种复花序；总苞片圆筒状；总苞片数列，外层较短，向内有渐长；花全为舌状花，白色、黄色、单红色或蓝紫色。连萼瘦果扁平，顶端窄有喙；冠毛多而细。莴苣（*L. sativa* L.），头状花序生在枝顶，排列成伞房状圆锥花序；花黄色。还有莴笋，生菜等。

（2）蒲公英属（*Taraxacum*）（见图24.3）：多年生草本。叶丛生于基部，头状花序生于花茎顶端，花全为舌状花，黄色；总苞片2裂。连萼瘦果纺锤形，有棱，先端延伸成喙，冠毛多。如蒲公英（*T. mongolicum* Hand. Mazz）、橡胶草等。

图24.3　蒲公英植株及花、果形态

讨论与思考：菊科有很多杂草，你认识多少？本科植物哪些是油料，哪些是蔬菜植物？总结本科的识别要点。

（二）茄科（Solanaceae）

1. 取马铃薯（或番茄）新鲜材料或浸制标本观察

直立草本，具块茎。注意叶形特征和排列方式。伞房花序顶生，后侧生。取一朵花观察：花萼钟状，5裂，果实不增大宿存；花冠轮状，白色或蓝紫色，5浅裂，雄蕊5枚，着生于花冠上，并与花冠裂片互生，贴合成一圆锥体，花药孔裂。横剖子房观察，子房2室，中轴胎座，含多数胚珠。浆果球形（见图24.4）。

图24.4　马铃薯花枝及其花、果形态

2. 观察茄新鲜材料

注意找出和马铃薯的异同点。

3. 取烟草腊叶标本观察

一年生草本。植物体被腺毛，有强烈气味。叶片大，长椭圆形。顶生圆锥花序，花两性，萼钟状，花冠漏斗状，粉红色。蒴果，卵球形，全部为宿萼包围，成熟后 2 瓣裂。

4. 取龙葵新鲜材料观察

一年生草本。单叶卵形或椭圆形。聚伞花序，腋外生，取一朵花观察花各部分特征（花萼、花冠、雄蕊、雌蕊）。浆果球形，熟时黑色。

属于茄科药用植物的有曼陀罗、枸杞（*Lycium chinense* Mill.）。枸杞为具刺小灌木，花淡紫色。浆果红色。

（三）旋花科（Convolvulaceae）

1. 取甘薯新鲜材料观察（见图 24.5）

多年生草本。具块根，茎匍匐，具乳汁，茎节生不定根；单叶互生。花单生或成聚伞花序。取一朵花观察：花下有两个苞片，花萼 5 裂，花冠漏斗状，紫色、粉红色至白色；雄蕊 5 个，着生于花冠上，雌蕊由 2 个心皮组成，柱头 2 裂。横剖子房，2 室，中轴胎座，每室有 2 胚珠。蒴果。块根除食用外还可作食品工业原料。

与甘薯同属的还有：蕹菜，茎中空，节处生根，叶长三角形，花粉红色至白色；蒴果，嫩茎和叶可作蔬菜。

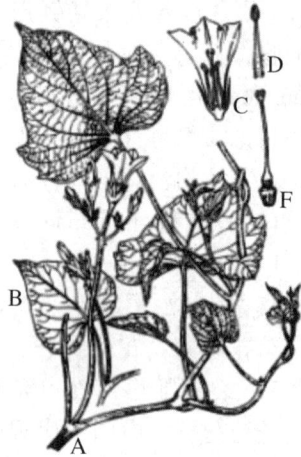

图 24.5　甘薯花枝及其花的形态

2. 取裂叶牵牛花新鲜材料观察

草质藤本，植株被粗硬毛。叶卵状心形，常 3 裂。花单生或 2～3 朵组成聚伞花序，每花有 2 个苞片，花萼 5 裂，有毛，漏斗形花冠，白色、蓝紫色或紫红色；雄蕊 5 枚，花丝不等长，冠生，基部有毛；柱头头状，2 或 3 裂，子房 3 室，每室 2 胚珠。蒴果球形。

（四）唇形科 [Lamiaceae（Labiatae）]

1. 取益母草新鲜材料观察

一年生或两年生直立草本，茎四棱形，含挥发油，有香气。叶掌状 3 全裂，中裂片又有 3 小裂，两侧裂片有 1～2 小裂，花序上的叶线形或线状披针形。轮伞花序。取一朵花观察：花外有具刺状小苞片，花紫红色，无柄，萼钟形，上端有 5 尖齿，前 2 齿靠合；花冠唇形，下唇 3 裂，中间裂片先端凹入，上现红斑；上唇较短全缘；花冠筒内基部有毛环。雄蕊 4 枚，2 强，近下唇一对花丝长。雌蕊由 2 心皮合生，柱头 2 裂，子房深 4 裂，形成 4 个小坚果，熟时黑褐色，三棱形。茎、叶入药，具活血调经的作用。

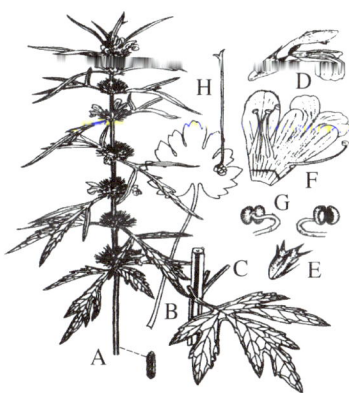

图 24.6　益母草花枝及其花的形态

2. 取藿香标本观察

注意草本，茎四棱，单叶对生特点；再将花解剖开进行观察，注意萼片有 15 条脉，内面无毛环；花冠上唇直立，2 裂，下唇 3 裂开展，中裂片较大。注意花序特点，一般均为顶生轮伞花序组成密集的圆筒形穗状花序。

3. 取一串红的花观察

该花的花苞叶、花托、花梗、萼片及花冠均为红色，整个花序都呈红色，故名一串红。花冠唇形，上唇直立而拱曲，下唇展开；雄蕊 4 枚，其中 2 枚花丝短，与花药有关节相连，上方药隔呈丝状伸长，有药室，藏在上唇里，下方药隔形状不一，本种无药室；另外 2 枚雄蕊完全退化，只有细心观察才能见到，着生在花冠上，只剩纤细的花丝，顶端生有不发育的花药。雌蕊的花柱很大，柱头 2 裂，成熟时伸出花冠；雌蕊基部有椅状腺体。结 4 枚小坚果。

四、作业与综合题

1. 写出蒲公英和向日葵管状花的花程式。
2. 绘制茄子或马铃薯花的全形图，注意雄蕊的特点，写出其花程式。
3. 描述番茄花的特点，注意花部成员的特点。
4. 绘制一串红花冠的展开图，写出其花程式。
5. 举例说明菊科舌状花亚科和管状花亚科的区别。
6. 列表比较菊科、唇形科、茄科、旋花科的主要特征。

实验 ㉕ 被子植物（七）：泽泻亚纲和槟榔亚纲

一、目的与要求

掌握泽泻科、棕榈科、天南星科植物的主要特征和检索，认识当地这些科常见的绿化植物和杂草。要求判断并标注图中各部分形态结构名称。

二、用品与材料

（1）用品：解剖显微镜、放大镜。

（2）材料：马蹄莲的花序；泽泻科、棕榈科、天南星科等各科重要种类的新鲜材料或腊叶标本。

三、内容与方法

（一）泽泻科（Alismataceae）

观察要点：水生或沼生草本，单叶，常基生有鞘。花常轮生于花葶上，两性或单性，雌雄同株或异株，有苞片，花三基数；雌蕊心皮多数离生，常螺旋状排列，聚合瘦果。

1. 慈姑（*Sagittaria sagittifolia* L.）（见图 25.1）

沼生多年生草本，地下有匍匐枝，其先端膨大成球茎。叶具肥大长柄，叶片常戟形或箭形。总状花序，每节 3～5 花轮生；花单性，雌雄同株；下部为雌花，具短梗；上部为雄花，具细长花梗，苞片披针形；花萼 3 枚宿存，花瓣 3 枚，两者互生；雄蕊多数，雌蕊心皮多数离生，螺旋状排列在凸出的花托上。聚合瘦果。球茎可供食用。

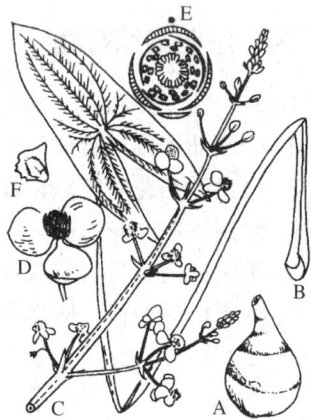

图 25.1 慈 菇

2. 泽泻（东方泽泻）[*Alisma orientale* (Sam.) Juzepez.]

多年生沼泽植物，具球茎。注意叶形的特征。花茎从叶中抽出，花序 5～7 轮，集成大型圆锥花序（复轮生总状花序），总苞片披针形；花两性；花被 6 片；雄蕊 6 枚；花托扁平，心皮多数离生，轮生。聚合瘦果。球茎可供药用，具有清热利尿的功能。

（二）棕榈科（Palmae）

观察要点：常绿乔木或灌木，稀藤本；单干直立，多不分枝，单生或丛生，常覆以残存的老叶柄基或叶痕。大型叶，单叶，掌状分裂，或羽状复叶，多集生于枝顶。叶柄基部常扩大成具纤维的鞘。肉穗花序，具佛焰苞。花小，两性或单性，花3基数，子房上位。浆果或核果，花被宿存。

1. 棕榈［*Trachycarpus fortunei*（Hook. f.） H. Wendl.］（见图25.2）

单干直立小乔木。单叶，掌状分裂。雌雄异株，肉穗花序多分枝，具佛焰状苞片，花萼及花冠3裂，雄蕊6，雌蕊心皮3。核果。

2. 短穗鱼尾葵（*Caryota mitis* Lour.）

丛生小乔木，干竹节状，具环状叶痕。叶长2～3 m，二回羽状全裂，裂片有不规则啮齿状齿缺，酷似鱼尾。肉穗花序稠密及短。核果。

3. 椰子（*Cocos nucifera* L.）

单生乔木，具环状叶痕。叶一回羽状全裂。肉穗花序具分枝。核果大型，外果皮革质，中果皮纤维质，内果皮骨质，近基部有3个萌发孔；种子1，含丰富的固体胚乳和液体胚乳。

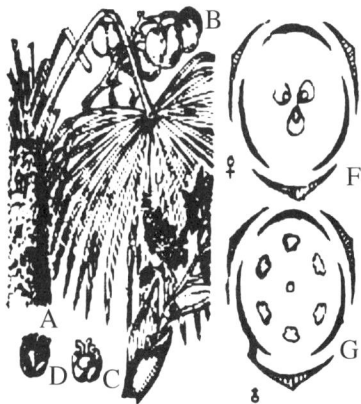

图25.2　棕　榈

（三）天南星科（Araceae）

观察要点：草本或藤本，常具块根或球茎。耐阴性良好。植物体的汁液对人的皮肤、舌和咽喉常具刺痒或灼热感。单叶或复叶，基部常具膜质叶鞘，网状脉。花两性或单性，雌雄同株或异株，花被小或缺。肉穗花序，具佛焰苞。单性同株时，通常雄花位于花序上部，中部为不育花或中性花，下部为雌花。雄蕊1～6，分离或聚药。子房上位，1至多室。浆果。

1. 花叶万年青（*Dieffenbachia maculata*）

草本。茎肉质。单叶，全缘，卵状椭圆形，淡绿色，叶面散布像牙白色小斑点。

（1）绿萝（*Epipremnum aureum*）

草质藤本。单叶，卵心形，绿色富有光泽。幼叶与老叶，地栽与盆栽，其叶形、大小均有变化。

（2）马蹄莲（*Zantedeschia aethiopica spreng.*）

草本。叶箭形，前端锐尖，叶基心形，浓绿色有光泽，长约 30 cm，宽约 10 cm。佛焰花序大型（见图 25.3），佛焰苞白色，喇叭状旋卷，肉穗花序黄色。

图 25.3　马蹄莲的佛焰花序

四、作业与综合题

1. 编写泽泻科分属检索表。
2. 编写棕榈科分属检索表。
3. 编写天南星科分种检索表。
4. 为什么说泽泻科是原始的单子叶植物？表现了哪些原始性？如何与双子叶植物联系起来？
5. 天南星科植物的主要特征有哪些？

实验 26 被子植物（八）：鸭跖草亚纲

一、目的与要求

掌握鸭跖草科、莎草科、禾本科植物的主要特征和检索，认识当地这些科常见的绿化植物和杂草，要求判断并标注图中各部分形态结构名称。

二、用品与材料

（1）用品：解剖显微镜、放大镜。

（2）材料：鸭跖草科、莎草科、禾本科等各科重要种类的新鲜材料或腊叶标本或浸制标本。

三、内容与方法

（一）鸭跖草科（Commelinaceae）

观察要点：多年生常绿草本。茎枝多粗厚肉质，蔓生、匍匐或簇生直立。有些种类叶色美丽。耐阴性良好。叶全缘，多肉质，弧状平行脉或直出平行脉，叶基部有膜质鞘。花通常辐射对称，很少两侧对称，两性，腋生花束或顶生的聚伞花序或圆锥花序，通常蓝色或白色，花被6枚，两轮，雄蕊6枚，子房上位。蒴果。

1. **吊竹梅**（*Zebrina pendula*）

多年生常绿蔓生草本。茎枝半肉质。单叶互生，全缘，绿色，叶面有纵长的紫绿色杂以银白色条纹，中部和边缘为紫色条纹，叶背紫红色。聚散花序聚生于一大一小、顶生、苞片状的叶内；花冠管白色，裂片玫瑰色。蒴果。

2. **紫万年青**（*Rhoeo discolor*）（见图26.1）

粗壮、多年生、多肉质常绿草本。茎粗厚而短，不分枝。单叶簇生，全缘，披针形，叶面暗绿色，叶背紫红色。聚散花序聚生于一大一小、顶生、蚌壳状的苞片内；苞片大而压扁，长3~4 cm，淡紫色；花白色。蒴果。

图26.1 紫万年青

3. 紫竹梅（*Setcreasea pallida cv. Purple*）

多年生常绿蔓生草本。茎叶均呈紫红色。单叶，长椭圆形，先端尖，基部抱茎。总苞长卵形，摺合成蚌壳状，花淡紫色至粉红色。蒴果。

（二）莎草科（Cyperaceae）

观察要点：多年生或一年生草本。茎实心，常三棱形，无节。叶通常3裂，有时缺，叶片狭长，有封闭的叶鞘。花小，两性或单性，生于鳞片（常称为颖）腋内，2至数个带花鳞片组成小穗，小穗复排成穗状、总状、圆锥状、头状或聚伞等各种花序；花被缺或退化为下位刚毛、丝毛或鳞片；雄蕊1~3个；子房上位，1室，柱头2~3个。瘦果或小坚果。

1. 莎草（香附子）（*Cyperus rotundus* L.）（见图26.2）

纤弱、直立、秃净、多年生草本。有匍匐根状茎和黑色、坚硬、卵形有芳香的块茎；秆三棱形，平滑、实心。叶3裂互生，叶片长线形，叶鞘棕色，边缘闭合成管状包茎。秆顶有叶状总苞2~3片，常长于花序；花序的辐射枝3~10个；覆瓦式排列于小穗轴上，小穗线形，紫红色，每鳞片内均具一朵两性花，或最下一至数枚鳞片腋内无花。取一朵花放在解剖镜或平台扩大镜下观察：花被退化成下位刚毛6条，刚毛等长于小坚果，红棕色，有倒刺。雄蕊3枚，柱头2~3（常长于花柱），小坚果双凸状，少有三棱形。坚果。农田恶性杂草，块茎可入药。

图26.2 莎 草

2. 荸荠（马蹄）[*Eleocharis tuberosa*（Roxb.）Roem. et Schult.]

匍匐根状茎顶端膨大成球茎，可供食用和药用。秆丛生，圆柱形，有多数横隔膜；叶退花，仅有膜质叶鞘；小穗顶生，具多数两性花，花外有1鳞片，雄蕊1枚，雌蕊柱头3枚，下面有下位刚毛6条，小坚果。

（二）禾本科[（Poaceae），（Gramineae）]

常分为禾亚科（Agrostidoideae）、竹亚科（Bambusoideae），前者秆为草质，秆生叶为普通叶，通常无柄，叶片与叶鞘之间无明显的关节；而后者秆为木质，主秆叶与普通叶不同，称箨（即笋壳），普通叶片具短柄，与叶鞘相连处成一关节。本实验主要观察禾亚科。

观察要点：草本，茎有明显的节和节间，节间常中空，秆圆柱形。叶2

裂瓦牛，叶鞘开口，以小穗为基本单位组成各种花序。颖果。

1. 水稻（*Oryza sativa* L.）（见图 26.3）

一年生草本。茎的节与节间明显，叶片条状披针形，叶舌膜质披针形，具叶耳。顶生圆锥花序，小穗具柄，取一个小穗进行观察：每个小穗只含有一朵发育小花，小穗基部颖片（glume）退化，只有残留痕迹。在发育花基部可看到两个鳞片状的稃片，它是两朵退化花的外稃，其余部分均已退化；再用镊子将发育花的内外稃分开，可见其外稃大而硬，呈船形，往往有芒，内稃较小，外稃和内稃之间，即位于子房基部有 2 个浆片，有 6 个雄蕊，雌蕊由 2 个心皮组成，1 室，1 胚珠，柱头 2 裂，呈羽毛状。颖果（被外稃和内稃包住）。水稻是主要粮食作物。

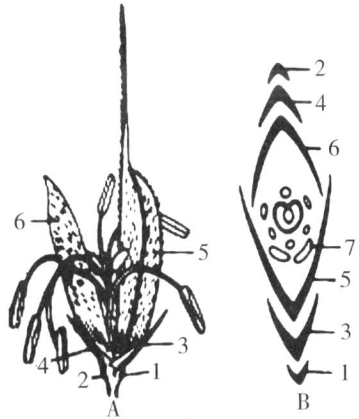

图 26.3　水稻的小穗及图式

2. 小麦（*Triticum aestivum* Linn.）（图 26.4）

注意营养体的特征。叶舌在外形上与水稻叶舌有什么不同？什么花序？花序轴（穗轴）是什么形状？在每一节上生有几个小穗？小穗是否有柄？小穗两侧压扁，取一个小穗观察；最外两片是颖片，靠下一片是第一颖（外颖），靠上的一片为第二颖（内颖），颖片是什么形状？两颖间包含几朵花？然后取一朵两性花（中下部的花）进行观察：外面较大的一片是外稃，内面一片较小的是内稃，膜质透明，外稃，内稃各几条脉？在内外稃之间包含有 3 个雄蕊，1 个雌蕊，2 个浆片，其结构和水稻花有什么不同？再取小穗最上一朵退化花观察，可见雌雄蕊已退化，只剩内外稃。颖果外不包被内外稃。

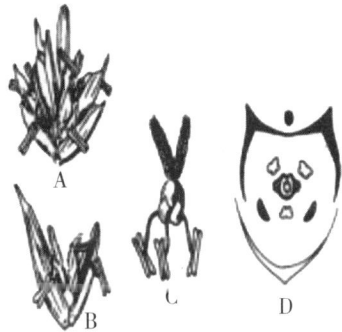

图 26.4　小　麦

3. 大麦（*Hordeum vulgate* L.）

其营养体和小麦主要区别是叶舌两侧有较大的叶耳；花序轴每节着生 3 个小穗，小穗背腹压扁；颖极狭呈针状；每小穗只含 1 朵小花；小花之外稃披针形，顶端具长芒。

4. 玉米（*Zea mays*）

大草本。单性花，雌雄同株，雄花序为顶生圆锥花序，雄小穗成对，一个具柄，一个无柄，都能发育，故叫同性对。每个小穗具 2 朵花，外包外颖和内颖，每朵雄花包括有透明的外稃和内稃，雄蕊 3 个、2 个浆片，以及 1 个退化的雌蕊。雌花序腋生，为肉穗花序，雌小穗成对排列，均无柄，每个雌小穗具 2 朵花，其中有一朵退化，小穗外有 2 个颖片，退化花的内、外稃和发育花的内、外稃以及一个能发育的雌蕊，雌蕊由 2 个心皮组成，基部具一膨大的子房，顶端为伸出的细而很长的花柱，柱头顶端 2 裂。

本科植物有很多是主要的粮食作物，具有重要的经济价值。

四、作业与综合题

1. 鸭跖草科植物有哪些主要特征？

2. 莎草科有哪些主要特征？

3. 绘制香附子花图式并写出花程式。

4. 调查当地常见的鸭跖草科、禾本科、莎草科植物。

5. 比较水稻、小麦、玉米在形态上的异同。

		水　稻	小　麦	玉　米
根	相同点			
	相异点			
茎	相同点			
	相异点			
叶	相同点			
	相异点			
小穗	相同点			
	相异点			

实验 ㉗ 被子植物（九）：姜亚纲与百合亚纲

一、目的与要求

（1）掌握凤梨科、芭蕉科、姜科、美人蕉科植物的主要特征和检索，认识当地这些科常见的绿化植物和杂草，判断并标注图中各部分形态结构名称。

（2）掌握百合科、龙舌兰科、兰科植物的主要特征和检索，认识当地这些科常见的绿化植物和杂草。

二、用品与材料

（1）用品：解剖显微镜、放大镜。

（2）材料：凤梨科、芭蕉科、姜科、美人蕉科、百合科、龙舌兰科、兰科等各科重要种类的新鲜材料或腊叶标本或浸制标本。

三、内容与方法

● 姜亚纲植物

（一）凤梨科（Bromeliaceae）

观察要点：陆生或附生草本。茎短。叶狭长，通常基生，莲座式排列。花两性，少有单性，组成顶生的头状、穗状或圆锥花序；苞片通常明显而具颜色；萼片3枚，分离或基部连合；花瓣3枚，分离或连合呈管状；雄蕊6个；子房下位至半下位，3室，柱头3，每室有胚珠多数，中轴胎座。浆果，有时为聚花果。

菠萝（凤梨）（*Ananas comosus* Merr.）（见图27.1）

多年生草本。茎短，基部常抽出吸芽，可用以繁殖。叶剑形，簇生呈莲座状，长40～90 cm，宽4～7 cm，先端渐尖，边缘有锐锯齿，生于花序

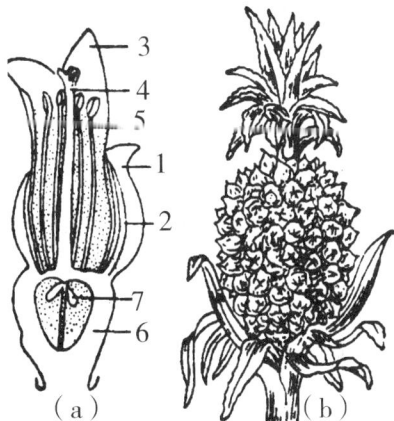

图27.1 菠　萝
（a）花的纵切面；（b）果实和冠芽

下的叶退化，常呈红色。花序球果状，为顶生穗状花序，肉质；花两性，小苞片卵形，淡红色；萼片3片，短卵形；花瓣3片，倒披针形，长约2 cm，上部紫红色，下部白色；雄蕊6个；子房下位。果为聚花果，球果状肉质多汁，由增厚肉质的花序轴、肉质的苞片以及不育的子房连合而成；果顶端具冠芽，为退化的叶丛，冠芽也可用以繁殖。菠萝为热带名果。

市场上常见该科的一些花卉植物，称观赏凤梨类。茎短；叶狭长，基生；苞片明显而具鲜艳颜色，花各部为3基数，子房下位。

（二）芭蕉科（Musaceae）

观察要点：多年生草本，单生或丛生，常具有由叶鞘包叠而成的树干状假茎。叶大型，长圆形至椭圆形，横出平行脉。花单性或两性，两侧对称，一列或二列簇生于大型、常有颜色的苞片内，再聚成穗状花序；花被片6，5枚合生，多少呈2唇形；雄蕊6枚，1枚退化；子房下位，3室。肉质浆果。

1. 大蕉（*Musa paradisiacal*）

植株较高大，假干青绿色；叶基部心形，叶柄较长，叶柄沟闭合；果实棱较明显。

2. 香蕉（*Muma acuminata* "Dwarf cavendish"）（见图27.2）

植株较矮小，假干带紫色，叶基部浑圆或钝；叶柄较短，叶柄沟张开；果实的棱不明显。有些学者认为，香蕉和大蕉皆为人工选育的三倍体植物，其性状不适合作为分类上的根据，因此，不能成为种或亚种。

图27.2 香蕉
（a）植株全形；（b）花

（三）姜科（Zingiberaceae）

观察要点：多年生草本，通常有香气，有平生、块状的地下茎；茎单生，单叶，根生或茎生，通常2裂，平行脉由中脉斜出，叶鞘常具存，柄顶常有舌片。花两性，左右对称，通常为有苞片的穗状花序、头状花序或圆锥花序，每一苞片内有花1至多朵，萼管状或佛焰苞状，通常3裂，花冠管状，不等的3裂，发育雄蕊1枚，退化雄蕊1枚而为花瓣状（即唇瓣），或有时多枚，其侧生的为线形或花瓣状；子房下位，1~3室，有胚珠多颗；花柱单生，为花药所抱持。蒴果。

图 27.3　艳山姜　　　　　　图 27.4　美人蕉

1. 姜（*Zingiber officinale* Rosc.）

根状茎，肉质肥厚，扁平，有芳香及辛辣味。茎高 0.4～1 m，有叶，2 裂，无柄，披针形至线状披针形，长 15～30 cm，宽约 2 cm，先端渐尖，基部狭。花茎直立，由根茎抽出，高 15～25 cm，被以覆瓦状、疏离的鳞片；穗状花序卵形至椭圆形，长约 5 cm，宽约 2.5 cm；苞片卵形，淡绿色，长约 2.5 cm，先端有小锐尖；花冠绿黄色，管和裂片长不及 2 cm；唇瓣矩圆状倒卵形，短于冠片，稍染紫色，有黄白色斑点。

2. 艳山姜（*Alpinia speciosa* Small）（见图 27.3）

茎可高达 3 m。叶有短柄，矩圆状披针性。圆锥花序似总状花序，点垂，长 15～30 cm；总轴和子房密被淡黄色粗毛，小苞片大，长约 2.5 cm，纵裂，白色而稍染粉红，顶端和基部均粉红；花具短柄，萼阔，钟形，长约 1.8 cm，一边开裂，花冠白色，管长约 1 cm，裂片阔椭圆形，最大的长约 3 cm，先端粉红；唇瓣阔卵形，长和宽约 4 cm，中部杂以红色和黄色，边内弯。蒴果红色，球形，直径约 2 cm。

（四）美人蕉科（Cannaceae）

观察要点：多年生、直立、粗壮草本，有块茎。叶大，互生，有横出平行脉，中脉明显。花两性，大而美丽，不对称，顶生的穗状花序、总状花序或狭圆锥花序，有苞片；萼片 3 枚，小而绿色，外观似苞片，花瓣 3 枚，萼状，通常狭而尖，绿色或有颜色，长于萼片，下部合生成一管；退化雄蕊花瓣状，为花中最美丽、最显著的部分，通常 5 枚，其中 3 枚（或 2 枚）最大，1 枚较狭而外反而成为唇瓣，其他 1 枚较狭且多少旋转，仅一边有一发育的药室；子房下位，3 室，花柱与雄蕊管合生。蒴果。

美人蕉（*Canna indica* Linn.）（见图 27.4）

全部绿色，秃净，高可达 1.5 cm。叶矩圆形，长 1~30 cm。总状花序，花红色，直立而狭，单生或成对，苞片卵形，绿色，长约 1.2 cm，萼片披针形，绿色而有时染红，长约 1 cm，花冠管短，长不及 1 cm，裂片披针形，长约 3 cm，绿色或红色；最外 3 枚退化雄蕊鲜红色，倒披针形，长约 4 cm，全缘，唇瓣全缘。蒴果绿色，长卵形，有软刺。

● 百合亚纲植物

（一）百合科（Liliaceae）

观察要点：多草本，常具鳞茎、块茎或根状茎。单叶，花被片 6 枚，排列成 2 轮，雄蕊 6 枚，与花被片对生；子房上位或半下位，3 室，蒴果或浆果。

1. 洋葱（*Allium cepa* L.）或葱（*A. fistulosum* L.）

草本，基部具粗大球形鳞茎。叶基出，中空成管状，具白粉。花葶圆柱形，中空，中下部膨大；伞形花序球形，多花密集，外包有 2~3 片反卷的苞片。取一朵花观察，花被片 6，绿白色，排列 2 轮；雄蕊 6，2 轮，各与花被片对生，花丝基部（内轮）极扩大，两侧各具一小齿，并与花被贴生；子房上位，雌蕊 3 心皮，6 室，每室具 2 胚珠。蒴果。

2. 百合（*Lilium brownii* F. E. Brown var. *viridulum* Baker.）（见图 27.5）

常绿木本，具短茎，常分支。叶丛生，厚革质，剑形，先端尖锐，边缘有剥落卷曲白色丝毛。花葶上着生大型圆锥花序，花大、白色，两性。取一朵花观察，注意花被片为几枚，雄蕊几枚，各排成几轮，雌蕊由几个心皮组成。横剖子房，观察子房室数、每室胚珠数和胎座类型，再观察果实类型。

图 27.5 百 合

（二）龙舌兰科（Agavaceae）

观察要点：茎短或极发达，有根状茎。叶常聚生于茎顶或茎基，狭，常厚而肉质，边全缘或有刺状锯齿。花两性或单性，辐射对称或稍左右对称，总状花序或圆锥花序，分枝常托以苞片，花被管短或长，裂片不相等或近相等；雄蕊 6 枚，着生于花被管上或裂片的基部，子房上位或下位，3 室，每室有胚珠 1 至多颗。蒴果或浆果。有很多是著名的热带观赏植物。

1. 虎尾兰（*Sansevieria trifasciata*）（见图 27.6）

无茎植物，有匍匐状根茎。叶常 1~2 枚，但生于强壮植株上的 2~6 枚成束，硬革质，线状披针形或长披针形，直立，先端短尖而有一绿色尖头，由中部或中部以上向下渐狭成一长短不等、有槽的叶柄，由基部至顶部有白绿色和深绿色相间的横带斑纹，稍被白粉，边绿色。花茎高 30~80 cm。花淡绿色，花柄近中部有节。浆果球形，直径约 3 mm。

2. 金边富贵竹（*Dracaena sanderiana*）

灌木。节、节间明显。单叶互生，叶长披针形，叶缘镶有黄白色的宽边。耐阴。

（三）兰科（Orchidaceae）

兰科有很多是著名的观赏植物，各地多栽培，还有一些植物可供药用。

观察要点：草本。花两侧对称，其中一个花瓣形成唇瓣，雄蕊和雌蕊结合成合蕊柱，雄蕊一或两个，花粉常结合成花粉块，子房下位，侧膜胎座。蒴果（见图 27.7）。

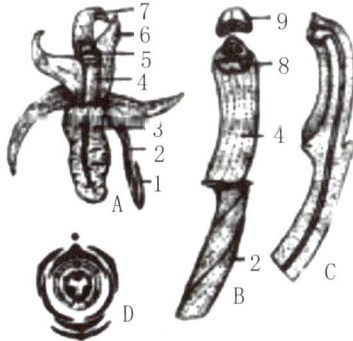

图 27.6　虎尾兰

图 27.7　兰属花的结构

1. 白芨 [*Bletilla striata*（Thunb.）Reich b. f.]

具明显粗壮的茎，注意其假鳞茎（或称球茎）形态；叶为薄纸质，叶脉折扇状。总状花序顶生，具花 4～10 朵；花苞片长椭圆状披针形，开花时凋谢，花较大，紫红色或玫瑰红色。取一朵花观察，花被片几片？排成几轮？唇瓣倒卵形，白色带红色，具紫色脉纹，中部以上 3 裂，侧裂片直立；雄蕊和雌蕊结合成合蕊柱。合蕊柱具翅，能育雄蕊 1 枚，生于蕊柱顶端背面，花粉黏合成花粉块。柱头位于雄蕊下面，分成上唇和下唇，上唇不授粉，下唇 2 裂，能授粉；子房下位，扭转 180°。横剖子房观察：3 心皮，1 室，侧膜胎座，胚珠多数，蒴果。

2. 绶草 （*Spiranths sinensis*）

为常见陆生兰，分布较广。具肉质肥大的根；茎短，叶多少肉质而近基生。花序顶生，花多而密集，穗状。螺旋状排列；花的唇瓣具短爪，近矩圆形，边缘呈皱波状；蕊柱基部稍扩大，但不形成蕊柱脚；花药直立，位于后方；花粉两块，具花粉块柄，有黏盘。

3. 建兰 ［*Cymbidium mensifolium* （Linn.） Sw.］

有假鳞茎，叶 2～6 片丛生，带状，弯曲下垂。总状花序直立，通常有 4～7 朵花；花淡绿色，浓香，萼片狭披针形，花瓣较短，唇瓣为不明显的 3 裂，花粉块 2 个。蒴果。

四、作业与综合题

1. 绘制洋葱花图式，写出花程式。

2. 写出白芨或绶草的花程式。

3. 凤梨科、芭蕉科、美人蕉科、百合科的主要特征？有哪些主要观赏植物？

4. 姜科的主要特征是什么？有哪些主要药用植物？

5. 比较大蕉和香蕉形态上的异同点。

		大 蕉	香 蕉
茎	相同点		
	相异点		
叶	相同点		
	相异点		
果实	相同点		
	相异点		

6. 参观调查本地常栽培的龙舌兰科、兰科观赏植物。

三、野外实习

实验 ㉘ 植物检索表的编制及使用方法

一、目的与要求

通过对植物检索表类型的介绍、编制及使用方法的讲述，使学生基本掌握和使用检索表。

二、用品与材料

（1）用品：中国高等植物科属检索表或地区性植物检索表。
（2）材料：选择有代表性植物标本作为检索和编制对象。

三、内容与方法

简要介绍植物检索表的类型和式样，讲述编制植物检索表需要注意的事项及使用检索表的方法，然后练习检索和编制植物检索表。

（一）植物检索表的编制

植物检索表通常是根据两歧分类的原理（即用成对的相对性状进行比较），以将各种植物的对立特征按一定的格式编制而成。具体地说，就是对有关植物进行解剖、观察，并在此基础上对一些关键性特征进行比较、分析，找出其相同点和对立特征，按两两对比排列方式，把有某类相同特征的植物的有关性状列在一项，把有与之对应的不同特征的一类植物的有关性状放在另一项下，然后在同一项下的植物中，再根据其对应的其他不同特征，作同样的划分，如此反复归类，按两歧方式编排，直至得出最后的植物名称（即不同类群如科、属、种的名称）。

编制检索表一定是选择明显对应的特征作为划分项目的依据，尽量避免选用渐次过渡的特征。

植物检索表是用于查阅和鉴定植物种类的工具，同时亦是一种分类学文献，对各分类等级——门、纲、目、科、属、种等都可以编制检索表，其中科、属、种的检索表最为重要，也最常用。通常各类植物志如《中国植物志》、《福建植物志》、《广东植物志》和一般分类书籍中均有分科、分属或分种的检索表，有的还单独成书，如《中国高等植物科属检索表》等。

（二）植物检索表的类型

植物检索表依照不同的格式通常分为三种，即定距检索表、平行检索表和连续平行检索表。

1. 定距检索表

这是一种较为古老而又常见的检索表，《中国植物志》、《福建植物志》等均采用本种形式的检索表，该检索表的特点是将不同类群的植物（不同分类阶层如科、属、种）的每一对相对应的特征给予同一号码，排列在书页左边彼此间隔一定距离处，并采用渐次内缩的排列方法（即每一对相对特征均比上一对相对的特征内缩一格，如此将一对对相对特征依次编排下去，直至排列到出现科、属、种等各分类等级的名称为止）。

例：高等植物分门检索表（定距式）

1. 植物体无花、无种子，以孢子繁殖。

  2. 植物体有茎、叶分化或为扁平的叶状体，无真根和维管束… 苔藓植物门

  2. 植物体既有茎、叶分化，也有真根和维管束……………… 蕨类植物门

1. 植物体有花，以种子繁殖。

  3. 胚珠裸露，不包于子房内…………………………………… 裸子植物门

  3. 胚珠包于子房内……………………………………………… 被子植物门

这种检索表虽然查找起来较为方便，但如果编排的特征内容（即所涉及的分类群）较多，会使检索表的文字叙述向右过多偏斜而浪费较多的篇幅，同时还会出现两对应特征的项目相距较远的不足。

2. 平行检索表

平行检索表将不同类群的植物（或不同分类阶层如科、属、种）的每一对相对应的特征给予同一号码，相邻编排在一起，两两平行，每一自然段均顶格，故称为平行检索表。在每段特征描述之末，标有继续查找的指示数字（号码），引导读者查阅另一对相应的特征，为此继续下去，直到查到与特征相符的某一类群的名称（科、属、种等各分类阶层的名称）为止。

例：高等植物分门检索表（平行式）

1. 植物体无花、无种子，以孢子繁殖 ……………………………… 2

1. 植物体有花，以种子繁殖 ………………………………………… 3

2. 植物体有茎、叶分化或为扁平的叶状体，无真根和维管束…………

···················· 苔藓植物门

2. 植物体既有茎、叶分化，也有真根和维管束·········· 蕨类植物门

3. 胚珠裸露，不包于子房内··················· 裸子植物门

3. 胚珠包于子房内······················· 被子植物门

平行检索表由于将各项特征均排列在书页左边的同一直线上，既美观、整齐又节省篇幅，但不足的是没有定距检索表那样醒目易查。《苏联植物志》中采用的检索表即为这种形式。

3. 连续平行检索表

这种检索表吸取了定距检索表和平行检索表的优点，与上述两者不同的是每个相应的特征之前均有两个不同的号码，如所解剖观察的特征与第一号码相同，则按号码顺序依次往下查，如与观察的特征相悖，就根据第二个号码所提供的数字查找下面标有同一号码的（指与下面第一号码相同）的特征描述，并与其相对照，如此继续，直到查到与特征相符的某一类群的名称。

例：植物分门检索表（连续平行式）

1（6）植物体无花、无种子，以孢子繁殖。

2（5）植物体有花，以种子繁殖。

3（4）植物体有茎、叶分化或为扁平的叶状体，无真根和维管束·········

···················· 苔藓植物门

4（3）植物体既有茎、叶分化，也有真根和维管束·········· 蕨类植物门

5（2）胚珠裸露，不包于子房内·················· 裸子植物门

6（1）胚珠包于子房内····················· 被子植物门

连续平行检索表由于每个特征描述前均有两个不同的号码，便于对照，使用较为方便，同时每一自然段均顶格，并在书页左边排成一纵向直线，显得整齐也节约篇幅，因而现时植物检索表中被广泛采用。《中国植物志》的某些分册也采用这种检索表。但对于初学编制检索表的人而言，不易掌握，亦较费时。

（三）植物检索表的使用

在使用检索表鉴定植物时，首先对所要鉴定的植物的有关器官进行详尽观察，并对花的各个部分进行仔细的解剖，用植物学术语记下它的特征，写出它的花程式，作为查找检索表的依据，如对所鉴定的植物一无所知，就必须按分纲、分目、分科、分属、分种检索表进行查对，最后确定其植物名称。

要想比较熟练地使用检索表鉴定植物，必须多观察、多解剖，特别对花中的胎座类型、子房位置、心皮数目、胚珠数等需认真观察。仔细解剖、正确描述是使用好检索表的基础。

四、作业与综合题

1. 学会利用种子植物分科检索表将解剖的花检索至科。

2. 按种子植物检索表的编制方法，将提供的标本（5～6 种）编制一个检索表。

实验㉙ 植物标本的采集、制作和保存

一、目的与要求

　　植物标本（腊叶标本）是进行教学和科研工作的重要材料。它可为植物资源的开发利用和保护提供科学依据，如物种的信息，包括形态特征、地理分布、生态环境、物候期、化学成分等。因此，通过植物标本的采集、制作及保存的讲述及具体操作，使学生掌握植物标本的采集、制作和保存的一整套方法。

二、用品与材料

　　（1）采集用品：标本夹（用板条钉成长约 43 cm、宽约 30 cm 的两块夹板）、采集箱（现多采用 70 cm × 50 cm 的塑料袋或用塑料背包）、丁字小镐、枝剪和高枝剪、手锯、放大镜、空盒气压计（海拔表）、全球定位仪（GPS）用于观测方向和坡向、钢卷尺、照相机（带长焦）或数码相机、望远镜、塑料的广口瓶、酒精、福尔马林（甲醛）等。

　　（2）材料：吸水纸（易于吸水的草纸或旧报纸）、号签、野外记录签、定名签（具体式样附后）、小纸袋、地图。

三、内容与方法

（一）植物标本的采集方法

1. 植物标本采集的时间和地点

　　各种植物生长发育的时期有长有短，因此必须在不同的季节和不同的时间进行采集，才可能得到各类不同时期的标本。如有些早春开花的植物，在北方冰雪开始融化的时候就开花了。而菊科、伞形科的某些植物到深秋才开花结果，因此必须根据要采的植物的特性，决定外出采集的时间。

　　采集的地点也很重要。因为在不同的环境里，生长着不同的植物，在向阳山坡见到的植物，阴坡上一般见不到的。在低山和平原，由于环境比较简单，因而植物的种类也比较简单。但随着海拔的增加，地形变化的复杂，植物的种类也就比平原要丰富得多。因此，我们在采集植物标本时，必须根据采集的目的和要求，确定采集的时间和地点，这样才可能采集到需要的和不同类群的植物标本。

2. 种子植物标本采集应注意的问题

（1）必须采集完整的标本。剪取或挖取能代表该种植物的带花果的枝条（木本植物）或全株（草本植物），大小掌握在长 40 cm、宽 25 cm 范围内。有的科如伞形科、十字花科等植物，如没有花、果，鉴定是很困难的。

（2）对一些具有地下茎（如鳞茎、块茎、根状茎等）的科属，如百合科、石蒜科、天南星科等，在没有采到地下茎的情况下是难以鉴定的，因此应特别注意采集这些植物的地下部分。

（3）雌、雄异株的植物应分别采集雌株和雄株，以便研究时鉴定。

（4）采集草本植物应采带根的全草，如发现基生叶和茎生叶不同时，要注意采集基生叶。高大的草本植物，采下后可折成"V"或"N"字形，然后再压入标本夹内，也可选其形态上有代表性的部分剪成上、中、下三段，分别压在标本夹内，但要注意编同一的采集号，以备鉴定时查对。

（5）乔木、灌木或特别高大的草本植物，只能采取其植物体的一部分。但必须注意采集的标本应尽量能代表该植物的一般情况。如可能，最好拍一张该植物的全形照片，以补标本的不足。

（6）水生草本植物提出水面后，很容易缠成一团，不易分开。如金鱼藻、水毛茛、狸藻等。遇此情况，可用硬纸板从水中将其托出，连同纸板一起压入标本夹内。这样，就可保持形态特征的完整性。

（7）有些植物一年生新枝上的叶形和老枝上的叶形不同，或者新生的叶有毛茸或叶背具白粉，而老叶则无毛，如毛白杨的幼叶和老叶。因此，幼叶和老叶都要采集。对一些先长叶后开花的植物，采花枝后，待出叶时应在同株上采其带叶和结果的标本，如山桃，由于很多木本植物的树皮颜色和剥裂情况是鉴别植物种类的依据，因此，应剥取一块树皮附在标本上。如桦木属的一些种类。

（8）对寄生植物的采集，应注意连同寄主一起采下。并要分别注明寄生或附生植物及寄主植物，如桑寄生、列当等标本的采集。

（9）采集标本的份数：一般要采 2～3 份，给以同一编号，每个标本上都要系上号签。标本除自己保存外，对一些疑难的种类，可将其中同号的一份送研究机关，请代为鉴定。他们可根据号签送给你一个鉴定名单，告诉你这些植物的学名，若遇稀少或奇异的、有重要经济价值的植物，还须多采。

3. 蕨类植物标本的采集法

蕨类植物的分类依据是孢子囊群的构造、排列方式、叶的形状和根茎特点等，所以要采全株，包括带着孢子囊和根茎，否则鉴定时不容易。如果植株太大，可以采叶片的一部分（但要在带尖端、中脉和一侧的一段），叶柄基部和部分根茎，同时认真记下植物的实际高度、阔度、裂片数目及叶柄的长度。

4. 苔藓植物标本的采集法

苔藓植物用孢子繁殖，采集时，要力求采到生有孢子囊的植株；如果有长在地面上的匍匐主茎，也一定要采下来。苔藓植物常长在树干、树枝上，这就要连树枝树皮一起采下。苔藓植物有的单生，有的几种混生，应尽力做到每一种做成一份标本，分别采集，分别编号。孢子囊没有成熟的、精器卵器没有长成的也应适量采一些，这对研究形态发育是有用的。标本采集好后，要一种一种地分别用纸包好，放在软纸匣，不要夹，不要压，保持它们的自然状态。

5. 必须认真做好野外记录

关于植物的产地、生长环境、性状、花的颜色和采集日期等，对于标本的鉴定和研究有很大的帮助。一张标本价值的大小，常以野外记录详细与否为标准。因此，在野外采集标本时，应尽可能地随采、随记录和编号，以免过后忘记或错号等。野外记录的编号和号签上的编号要一致。回来应根据野外记录签上的记录，如实地抄在固定的记录本上，长期保存和备用。在野外编的号应保持连贯性，不要因为改变地点或年月，就另起号头。

此外，在野外工作中，对有关人员的调查访问工作，也是很重要的。如对当地植物的土名、利用情况和有毒植物的情况的调查访问，对这些实际资料应认真记录和整理。

（二）植物标本的压制和整理方法

在标本采来后应及时压制，当天晚上就应以干纸更换一次，对标本进行整理。第一次整理最为重要，由于在标本夹内压了一段时间，植物基本被压软了，这时你想如何整理都行，如果等标本快干时再去整理就容易折断。整理时要注意不使多数叶片重叠，叶子要正面和反面的都有，以便观察叶的正、反面上的特征，如蕨类植物的部分孢子叶下面朝上；落下来的花、果和叶要用纸袋装起来，与标本放在一起。标本中间隔的纸多一些，就压得平整，而且干得也快，头3天每天应换2次干纸，以后每天换1次即可，直至标本完全干为止。

在换纸或压标本时，植物的根部或粗大的部分要经常调换位置，不可集中在一端，致使高低不均，同时要注意尽量把标本向四周摆放，绝不能都集中在中央，否则也会形成边空而中央突起很高，致使标本压不好。在压标本或换纸时，各标本要力争按编号顺序排列，换完一夹，应在夹上注明由几号到几号的标本、采集的日期和地点。这样做既有利于将来查找，又可以及时发现在换纸过程中丢失的标本。

换纸时还应注意，一定要换干燥而无皱褶的纸。纸不干吸水力就差，有皱褶会影响标本的平整。对体积较小的标本可以数份压在一起（同一号的），但不能把不同种类（不同号）的标本放在一张纸上，以免混乱。对一些肉质植物，如景天科的一些植物，在压制时，需要先放入沸水中煮 3 ~ 5 分钟，然后再照一般的方法压制，这样处理可以防止落叶。换纸时最好把含水多的植物分开压，并增加换纸的次数。

（三）植物标本（腊叶标本）的制作和保存

一份合格的植物标本制作需经压制、消毒、上台纸和标本保存等基本过程，具体如下：

1. 消毒

一般使用升汞（$HgCl_2$）酒精饱和溶液进行消毒。配制方法是将升汞 2 ~ 3 g 溶于 1 000 mL 70% 酒精中即成。消毒时，可用喷雾器直接往标本上喷消毒液，或将标本放在大盆里，用毛笔沾上消毒液，轻轻地在标本上涂刷，也可将消毒液倒在盆里，将标本放在消毒液里浸一浸，也可把标本放进消毒室和消毒箱内，将敌敌畏或四氯化碳、二硫化碳混合液置于玻皿内，利用毒气熏杀标本上的虫子或虫卵，约 3 天后即可。升汞有剧毒，消毒时要避免手直接接触标本，以防中毒。经消毒的标本，要放在标本夹中再压干，才能装上台纸。

2. 上台纸

用白色台纸（白板纸或卡片纸 8 开，约 39 cm × 27 cm），平整地放在桌面上，然后把已消毒的标本放在台纸上，摆好位置，右下角和左上角都要留出贴定名签和野外记录签的位置。这时，便可用小刀沿标本各部的适当位置上切出数个小纵口，再用具有韧性的白纸条，由纵口穿入，从背面拉紧，并用胶水在背面贴牢。这种上台纸的方法，既美观又牢固，比在正面贴的方法要好得多。对体积过小的标本（如浮萍）或脱落的花、果、种子等，不便用纸条固定时，可将标本放在一个折叠的纸袋内，再把纸袋贴在台纸上，这样在观察时可随时打开纸袋观察。

3. 腊叶标本的入柜和保存

凡经上台纸和装入纸袋的高等植物标本，经正式定名后，都应放进标本柜中保存。为了减少标本的磨损，入柜的标本最好用牛皮纸做成的封套按属套好，在封套的右上角写上属名，以便查阅。

标本柜的规格以铁制的最好，可以防火，但由于价格贵，现在一般多用木制标本柜。通常采用两节四门的标本柜，柜分上下两节，这样搬运起来方便。每节的大小约为高 80 cm、宽 75 cm、深 50 cm，每节分成两大格，每格再以活板隔成几格，上节的底部左右各装活动板一块，用时可以拉出，供临时放置标本用。每格内可放樟脑防虫剂，以防虫蛀。

腊叶标本在标本柜内的排列一般按分类系统排列。如可按现在一般较为完善的系统——恩格勒（Engel）系统、哈钦松系统等将各科进行排列顺序，编以一个固定的号，如蔷薇科 67 号、豆科 69 号、菊科 173 号、禾本科 184 号等，把编号、科名及科的拉丁名标识于标本柜门上，并在此基础上按科的系统排列顺序、中文笔画顺序及拉丁文字母顺序等编成相应的标本室馆藏标本的检索表。这无论对一些专研究某科的人，还是学生，整理和查找起来都比较方便。目前一般较大的标本室各科的排列都是按照系统排列的。

附式样1 号签（4 cm×2 cm）

```
┌─────────────────────────┐
│ 采集人：                  │
│ 采集时间：                │
│ 地点：                    │
│ 第      号                │
└─────────────────────────┘
```

附式样2 野外记录签（7 cm×10 cm）

（××省）植物

采集人/号			年 月 日
产地：			
生境：（如森林、草地、山坡等）			
海拔：	性状：	体高：	
分布：			
胸高直径：	树皮：		
叶：（正反面的颜色或有毛否）			
花：（花序、颜色等）			
果、种子：（颜色、性状）			
学名：		科名：	
土名：			
附记：（特殊性状等）			

附式样3　定名签（10 cm×7 cm）

```
                         ××标本室
      中名_____
      学名_____    科名_____
      采集人_____    产地_____    号数_____
      鉴定人_____    日期_____
```

四、作业与综合题

1. 学生自行设计并制作 1～3 份合格的植物腊叶标本。

2. 学会利用《高等植物分科检索表》、《植物图鉴（谱）》及各地《植物志》等工具书，初步鉴定腊叶标本的科、属或种。

实验 ㉚ 种子植物形态描述方法和标本鉴定

一、目的与要求

通过本次实验（实习）掌握种子植物形态描述的基本方法，熟悉观察植物的基本步骤，学会鉴定植物标本的一般步骤和方法。

二、用品与材料

（1）用品：放大镜（或体视显微镜）、尖头镊子、解剖针、刀片、铅笔、有关形态结构实物标本（腊叶标本、浸泡标本及活体标本）或模型、种子植物形态术语手册（或者植物学教材中有关形态描述部分的内容）、有关工具书及植物检索表等。

（2）材料：已装订好的草本、木本、藤本、寄生植物标本各 1 份。

三、内容与方法

（一）种子植物的形态描述

对照种子植物形态术语手册（或者植物学教材中有关形态描述部分的内容），取上述植物标本，按下列步骤观察、记录和绘图：

1. 对所描述的植物进行认真细致的系统观察，做好记录并绘制有关的重要结构图

（1）首先根据植物茎的性质确定植物是属于哪一类植物（草本植物、木本植物还是其他）。

（2）在确定植物的类型以后，从根开始观察，判断根系是属于直根系还是须根系，以及根是否有变态类型，如有的话，还须区分是属于哪一类变态。

（3）观察茎的生长习性，判断茎是属于直立茎、平卧茎、缠绕茎、攀缘茎、匍匐茎等；再观察茎是否有变态类型，如有的话，还须区分是属于哪一类变态。

（4）观察叶，首先判断是单叶还是复叶，如为复叶则需判断出复叶的类型；再依次从叶序、托叶、叶形、叶尖、叶基、叶缘、叶裂形状、脉序等对叶进行形态描述，再观察叶是否有变态类型，如有的话，还须区分是属于哪一类变态。

（5）对花的观察，单生花可直接观察；花序则需先判断其类型。一朵花

的组成，应由外向内逐层进行解剖（必要时借助放大镜或者体视显微镜）观察。在解剖花的同时，还要注意花的各组成部分在花中的萼排列位置及其相互关系。

①观察花萼。先看萼片是否结合，然后记录萼片的数目，再描述萼片的颜色、形状及附属物等。

②剥去花萼，观察花冠。先看花冠是否结合，然后记录花瓣的数目，再描述花瓣的颜色、形状及附属物等。同时还要观察花蕾，看花瓣在花芽中的排列方式。

③剥去花瓣，观察雄蕊。先看花药和花丝是否结合，然后记录雄蕊的数目，再观察其排列方式及其长短，同时观察花药的着生方式和开裂方式等。

④剥去雄蕊，观察雌蕊。先记录雌蕊的数目，判断出雌蕊的类型；然后观察子房和花托的关系，判断出子房位置的类型；再通过对柱头、花柱、子房的外部形态及解剖结构等的观察，判断出组成雌蕊的心皮数目、心皮结合情况、子室的数目、胎座的类型以及胚珠类型等。

（6）对果实的观察，先通过其果皮及其附属部分成熟时的质地和结构来判断出类型，再观察记载果实的形状、大小、颜色、毛被以及表面附属物的特征等。

（7）对种子的观察，可通过纵剖面和横剖面观察种子的结构组成特点。

2. 用科学的形态术语对所观察的植物体进行归纳和总结

对一种植物的完整描述，其顺序大体上按照植物的习性、根、茎、叶、花序、花、果实、种子、花期、产地、生境、分布、用途等以文字进行描述。通常用"，""；""、""。"等将所描述的内容分开，以表示前后内容之间的关系。以下牵牛的描述可作为示例：

牵牛 [*Pharbitis nil*（Linn.）Choisy]

一年生草本，全株有刺毛。茎细长，缠绕，有分枝。单叶，互生，无托叶，叶片心形，通常 3 裂至中部，中间裂片长卵圆形而渐尖，两端裂片底部宽圆，掌状叶脉。花序有花 1～3 朵；苞片 2，细长；花萼 5 裂，裂片狭披针形，外面有毛；花冠漏斗形，长 5～7 cm，蓝色或淡紫色，管部白色；雄蕊 5，不伸出花冠外，花丝不等长、基部稍阔、有毛；心皮 3，子房 3 室，每室有 2 胚珠；中轴胎座。蒴果球形，种子 5～6 颗，无毛。花期 7～9 月。

原产美洲，全国大多地区有栽培，除供观赏外，主要供药用。其种子有黑褐色和米黄色两种，中药称"黑丑"和"白丑"，富含牵牛甙成分，具泻下、利尿、消肿、驱虫等功效。

（二）种子植物标本鉴定

首先，所需鉴定的标本必须完整，除了营养体外，还必须有花、有果实，属于合格标本。其次，在鉴定标本之前，还必须准备好有关的参考资料，如《中国植物志》及地方植物志书、《中国高等植物图鉴》、种子植物检索表，以及标本产地的植物名录等。对于一个初学者，鉴定一份陌生植物标本时，一般要在对所鉴定标本作仔细观察和描述的基础上，遵循下列步骤进行：

1. 科的判定

有两种方法：方法一是借助已有的植物学知识（或者是丰富的经验），特别是某些关键识别特征，判断所需鉴定的标本究竟属于哪一科。如需鉴定的标本其幼枝条上具有明显的托叶环痕，其果实为隐头花序发育的无花果，则根据所学知识（或经验）就很容易判断出，该标本属于桑科（榕属）植物。方法二是根据《中国种子植物分科检索表》逐条检索，判断出所鉴定标本属于哪一科。

2. 属种的判定

（1）属种的初步确定。在科确定以后，即刻找出《中国植物志》［或者标本产地省（市）的植物志］的相关卷册，先根据植物志书对该科的特征描述以及分属检索表，判断出属于哪一属；再根据该属的描述和分种检索表检索出该标本所属种的名称。

（2）对种描述的查对核实。初步确定种名以后，就要运用上述植物志书、图鉴等工具书中关于该种的描述（文字和线条图）对标本逐条进行检查核对，如果标本与各工具书中的描述基本吻合（注意：不可能是完完全全的吻合）、产地范围一致，则表明鉴定结果正确。如果不吻合或者产地范围不一致，则证明所定名称不正确，应该重新鉴定。

对于研究得比较充分的地区（域），有时还可借助该地植物名录来快速鉴定植物种名。例如，有的科属在全国有几十甚至上百种，但在所需鉴定的标本之产地仅一两种，鉴定这样的植物就不必查阅编有全部种类的大型工具书，一般就是名录的那个种。

（3）标本室标本的查证核实（必要时）。对于一些确有疑问，一时间无法确定种名的标本，还须利用已鉴定的标本查证核实。进入标本室查看标本时，应遵循标本室管理规定，严格遵守查看程序并对标本可能存在的属内各个种逐一进行核对。通过核对标本（特别是经过专家鉴定过的标本），往往可以鉴定出正确的种名。但如果标本室中原来的鉴定是错的，查证的结果也会跟着出错。

如果是新种的话，各标本室中均不可能有此标本，那么还须进行更多的文献查阅工作。新种一旦确定，就可以考虑正式发表了。

四、作业与综合题

（一）作业

1. 系统观察并描述 1 份标本，绘制所观察标本的花、果实的各组成部分形态图。

2. 按照标本鉴定的一般方法和步骤鉴定所观察的植物标本，写出鉴定的步骤和鉴定结果。

（二）综合题

1. 怎样判断一朵花的雌蕊是由多少心皮组成的？

2. 指出各种花序、胎座类型、果实类型的区别和联系。

实验 ㉛ 植物群落调查基本方法

一、目的与要求

通过调查研究，对植物群落作综合分析，找出群落本身特征和生态环境的关系，以及各类群落之间的相互联系。

二、用品与材料

（1）测量仪器：指南针、经纬仪、气压高度表、测绳、计步器。

（2）调查测量设备：钢卷尺、剪刀、标本夹、采集杖、各种表格、记录本、标签。

（3）文具用品：彩笔、铅笔、橡皮、小刀、米尺、绘图薄、资料袋等。

（4）采集工具：铁铲、枝剪、土壤袋、标本夹、标本纸、放大镜、昆虫采集箱。

三、内容与方法

（一）样地的设置

1. 取样数目

如果群落内部植物分布和结构都比较均一，则采用少数样地；如果群落结构复杂且变化较大、植物分布不规则时，则应提高取样数目。

2. 取样技术

有无样地取样技术（指不规定面积的取样，如点四分法）和有样地取样技术 [指有规定面积的取样，如样方法（最小面积调查法）、样线法]。

（1）样方法。

在一块样地上选定样点，将仪器放在样点的中心，水平向正北0°，东北45°，正东90°引方向线，量取相应的长度，则四点可构成所需大小的样方。

①样方的范围：选择具有代表性的小面积统计植物种类数目，并逐步向外围扩大，同时登记新发现的植物种类，直到基本不再增加新种类为止。

②面积扩大的方法。

其一，从中心向外逐步扩大法：通过中心点 O 作两条互相垂直的直线。在两条线上依次定出距离中心点的位置。将等距的四个点相连后即可得到不同面积的小样方。在这些小样地中统计植物种数（见图31.1）。

其二，从一点向一侧逐步扩大法：通过原点作两条直角线为坐标轴。在线上依次取距离原点的不同位置，各自作坐标轴的垂线分别连成一定面积的小样地。统计植物种数（见图31.2）。

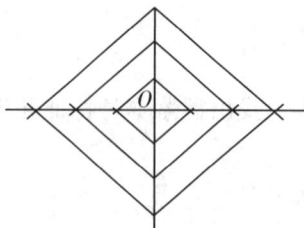

图31.1　从中心向外逐步扩大法　　　图31.2　从一点向一侧逐步扩大法

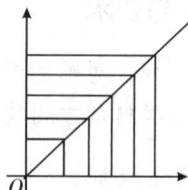

其三，成倍扩大样地面积法：按照图31.3所示方法逐步扩大，每一级面积均为前一级面积的2倍。

记录方法：以面积大小为 x 轴，以种数为 y 轴，填入每次扩大面积后所调查的数值，并连成平滑曲线，则曲线上由陡变缓之处相对应的面积就是群落的最小面积。

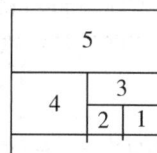

植物群落调查所用的最适样方大小：乔木层惯用样方大小为 $10 \times 10 \sim 40 \times 50$ m^2，灌木层为 $4 \times 4 \sim 10 \times 10$ m^2，草本层为 $1 \times 1 \sim 3.3 \times 3.3$ m^2。

图31.3　成倍扩大样地面积法

样方数目：乔木2个；灌木3个；草本5个。

（2）样线法。

① 样线的设置：主观选定一块代表地段，并在该地段的一侧设一条线（基线）。然后沿基线用随机或系统取样选出待测点（起点）。沿起点分别布线进行调查（见图31.4）。

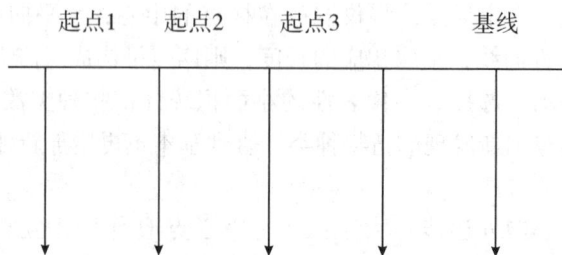

图31.4　样线的设置

② 样线的长度和取样数目：草本，6 条 10 m 样线；灌木，10 条 30 m 样线；乔木，10 条 50 m 样线。

③ 样线的记录：在样线两侧 0.5 m 范围内记录每种植物的个体数（N）。

（3）四分法（中心点四分法，中点象限法）。

①样点选定：在选定调查地块之后，在调查地块内随机布点（样点）。每个调查地段的取样点理论值至少要 20 个点。

②建立象限：将事先准备好的"十字架"中心点与任一样点重合。在地面上构成四个象限。

③测定方法：在每一象限内找到最靠近中心点的个体。

（二）植物群落调查指标的测定方法

1. 测定盖度

盖度 =（一个种的密度/所有种的密度）×100

2. 测定频度

频度是指某一种植物所出现的样方数占总样方数的百分率。

频度 = 出现该种的样方数/样方总数 ×100

3. 生物量的测定

方法：直接收割法。直接将植物体地上枝叶及繁殖器官全部割下来测定鲜重和干重（烘干或晒干）。

4. 蓄积量

（1）草本植物：蓄积量的计算公式

$$W = d \cdot F \cdot S$$

式中：W 为总蓄积量；d 为单位面积上植物可利用部位的生物量；F 为植物的频度；S 为草本植物种群分布面积。

（2）木本植物：蓄积量的测定较为困难，一般须应用航空相片进行抽样调查，再采用比估计法和回归估测来完成。

5. 测定多度

多度是指单位面积（样方）上某个种的全部个体数。通常采用的多度等级制表示，习惯用的符号是：

背景化（Soc）：植物地上部分的郁闭形成背景。

多（Cop）：植物生长很好，个体数目很多，但未达到背景化。

稀疏（Sp）：植物数量不多，稀疏散生。

零落（Sol）：植物的个体很稀少。

计算公式：

$$M = 1/D = R/q$$

式中：M 为多度；D 为密度；R 为统计样方总数；q 为在样地内所调查到的某种特定种的平均个体数。

（三）植物群落的观察步骤和方法

1. 全况了解

首先应该熟悉典型地段的植物群落概况，包括组成特征及其所属分类系统，然后根据植物群落调查的要求，确定相宜的调查范围。

2. 确定调查范围

依据小范围差异，确定具有代表性的群落界限进行观察。如在木本植物群落中，可以有针叶林、针阔混交林或阔叶林等；在草本植物群落中，可以有干草地、草地、高山草地等。

注：

（1）选定的典型群落，必须具有该群落的代表特征（如科属外貌和生态结构等）。

（2）在草地植物群落中，一般总覆盖度应在 70% 左右，不宜选择过疏或过密的地方。

（3）进行野生果林群落调查时，所选择的标准地必须成片；如果是零星小块者，虽优势植物显著也不宜选用。

（4）地形特殊的，如溪边、河边、局部低洼地，均不宜作为标准地。

3. 观察要点

（1）木本植物群落：应记载组成群落的种类及其密度、各层平均高度、总郁闭度、分层郁闭度、优势种的主要生长指标，木本植物的种类及其生长情况等。

（2）草本植物群落：应记载总盖度、纯盖度、分层高度及各层的优势种类。如果可以划出个别的群聚，最好能够记明群聚和不同环境的关系。

（3）荒漠植物群落：应记载灌木及其他旱生植物的优势种类。由于这类群落的生态因素比较特殊，在观察中应特别注意生活力的反应；同时，对于苔藓和地被的生长情况，也应该进行厚度和季相的观察。

4. 环境条件调查

（1）地理位置。

（2）地形条件：海拔高度、坡向、坡度位置、地形起伏、侵蚀状况。

（3）土壤条件：土壤类型、各层厚度、煤质。

（4）人类影响：砍伐、栽培、开垦、放牧、火灾等方面的强度、持续时间和频度（可通过访问调查获取）。

（5）其他：群落内外风速、气温、相对湿度、光照强度等。

5. 群落类型调查

一般情况下，群落可分为以下四类：

（1）木本群落门：又分常绿木本群落、阔叶常绿木本群落、针叶常绿木本群落等。

（2）草本群落门：又分为陆生草本群落、水生草本群落。

（3）荒漠群落门：又分为干荒漠群落、寒荒漠群落、海滨荒漠群落等。

（4）悬浮植物群落门：又分为水生悬浮植物群落、土壤悬浮植物群落、空中悬浮植物群落等。

6. 植物群落调查的主要记载项目

（1）群丛名称：是代表植物群落的优势组合，如果仅出现于一定群落的群丛，则应对该群丛设置 3 个不同的样方，分别记载。

（2）群落大小：主要记录其分布面积。

（3）群丛分层：记录这一群丛的层次及各层高度。一般常用"T"代表乔木，"S"代表灌木，"H"代表草本，"G"代表苔藓地被植物。

（4）所属层级：记录某种植物在群丛内出现的层次，并记录构成该层的优势种。

（5）盖度。

（6）多度。

（7）频度。

（8）生活强度：根据群落的演替特征，说明某种植物的生活力。记录标准，可按短生型、过渡型、更新型及茂盛型等类表明。

（9）物候相：按照年周期的季相，记录物候特征。

（10）地理位置。

（11）地形特征。

（12）地质情况：记录地质年代、露头岩石种类及岩石风化情况。

（13）土壤情况。

（14）水分状况：记录地下水位及地表水分状况。

（15）周围环境：记录植物生活环境情况及其他植被类型等。

（16）指示特征：简明分析生态因素、光照、水分、温度、土壤等的反应。

（四）植物种群特征调查

1. 种群的年龄调查

（1）年龄结构调查。

种群的年龄结构是种群内不同年龄的个体的分布或组配情况。

①同龄：一年生植物种群的年龄结构通常是同龄的。

②异龄：多年生种群的年龄通常是异龄的。

（2）调查种群的年龄比率调查。

①增长型种群：指幼年个体占总体百分比很大、老年个体百分比很小、处于继续发展和扩大状态的种群。

②稳定型种群：指老年和幼年个体数比例近于相等、处于稳定状态的种群。

③衰退型种群：指幼年个体较少、老龄个体较多、处于逐渐衰退的状态的种群。

（3）种群调查指标。

种群年龄结构的调查是一项困难极大的工作，主要是植物的具体年龄不容易识别。通常可参考以下项目作为调查指标：

①有生活能力的种子（果实）或能传播的营养繁殖体在单位面积土壤上的数量。

②幼苗个体数。

③少龄个体数。

④青年个体数。

⑤壮年营养体个体数。

⑥生殖期个体数。

⑦处于生殖期结束后的生长期个体数。

⑧以根茎或其他地下休眠器官形式处于强迫休眠状态下的个体数。

这种划分方法，是依据个体在年龄上和生活状态上的差异相联系而划分的，称为物候期组成划分法。

2. 种群的性比结构

种群的性比结构是指一个雌雄异株植物种群的所有个体或某个年龄级别个体中雌株与雄株个体数目的比例。它是种群结构的一个重要因素，对于雌雄异株种群发展具有很大影响。生态群落中性比结构严重失调的植物是渐趋灭绝的种类。

$$S（性比）=（M/F）\times 100$$

式中：M 为雄性个体数；F 为雌性个体数。

3. 种群的数量特征的调查

种群数量特征调查的定量参数：①密度；②盖度；③频度；④生物量。

填充题：本次调查采用_____调查方法。该调查地段的各项目填写如下：

调查项目	结 果	调查项目	结 果
群落名称		群落大小	
群落分层		所属层级	
种群年龄		种群性比	
盖度		频度	
蓄积量		生物量	
多度		生活强度	
物候相		地理位置	
地形特征		地质情况	
土壤情况		水分状况	
周围环境		指示特征	

（五）实验总结

1. 整理

系统整理调查所得到的各种原始材料和采集的各类样品与标本。

2. 调查报告的撰写

（1）提纲。

前言：①调查的目的和任务；②调查的范围（地理位置、行政区域、总面积）；③调查工作的组织与工作过程；④调查的内容和完成结果的简要概述。

（2）调查地区的社会情况：①调查地区的人口与劳动力；②人们的生活水平；③有关生产单位的组织状况和经营体制。

（3）调查地区的自然条件·①气候；②地形；③土壤；④植被。

（4）调查地区植物名录（要求比较翔实）：所调查植物的学名、俗名（汉语名、民族译名）、科名、用途、利用部位、生态习性、地理分布、形态特征等。

（5）调查成果及评价：按植物分类原则，分别论述食用，药用，工业原料用，保护环境用及种质资源植物的种类、数量、蓄积量和利用量。

（6）资源综合评价：①种类情况；②用途情况；③开发利用的前途及存在的问题。

（7）调查工作评价：针对调查结果的准确性、代表性进行分析，得出结论，对调查工作中存在的问题，今后要补充进行的工作，也要明确提出。

（六）植物群落调查工作的注意事项

（1）表格上的种的名称、来源、产地等，必须记录清楚，以备查询。

（2）在进行重点调查时，种类数目、特征、栽培历史、技术经验等，均应一一顾及，不能遗漏任何一个种。

（3）调查时，应注意自然环境的变化对物种物候期及生长发育的影响，必须把种类特性、栽培技术、自然环境等因素结合起来。

（4）每调查一个种，都应注意选定丰产母株，仔细观察记载其特征、特性、栽培技术、立地条件，以备将来采集繁殖材料，进行生产推广。

（5）调查中应随时注意新种、变种、芽条变异等，并加以记载和收集。

（6）调查的植株，应选择在盛果期而有代表性的植株。幼苗、衰老植株、病虫植株不宜记载。

（7）调查用的表格，主要记载特别重要的特征、特性。记载时，应以品质、产量、贮藏力、各种抗性以及栽培技术和对环境条件的要求等为重点；在形态方面，主要记载重要的外部特征。

（8）调查时，每种应采集枝、叶、花的标本各 4 份，大型果实标本 20 个，小型果实标本 45 个，并进行登记编号、拍摄照片。

（9）调查资料应以地区为界，采取边调查、边整理、边分析、边总结的工作方法，不可拖延、积压和遗漏。

（10）调查时，除长期驻点调查外，一般季节性调查，应在开花期及果实成熟期中分别进行。

（11）调查时，最好就地绘制果实、叶片图样（要求与实物同大），同时摄取果实照片（2 寸大，正面剖面）。

四、作业与综合题

1. 根据调查结果撰写实验报告。
2. 试设计一份完整的植物群落调查方案。

实验 32 植物群落结构分析方法

一、目的与要求

通过本次实验掌握植物群落结构观察的基本方法，学会根据取样调查数据分析植物群落结构特征。

二、用品与材料

1. 用品：群落样地调查表（见实验 31）、记录本、铅笔、尺子、测绳，$1 \times 1 \ m^2$ 钢丝网（分隔为 16 个 25 cm×25 cm 的小方格）等。

2. 材料：邻近区域（或者实习基地）某典型的植物群落。

三、内容与方法

本实验一般选在野外，由 3~5 个学生为 1 组，在已知的群落类型内随机观察和取样，然后进行统计和分析。

（一）植物群落的垂直结构观察

1. 成层现象的观察

成层现象是植物群落的基本特征，是群落垂直结构的直观表现。它不仅存在于群落的地上部分，地下部分也十分明显。在完全发育的森林群落，按植物的生长型，通常可以划分为乔木层、灌木层、草本层和地被层四个基本结构层次，在各层中又可按照同化器官在空中排列的高度划分亚层。有的植物，如藤木和附、寄生植物，它们并不独立形成层次，而是分别依附于各层次中直立的植物体上，称为层间植物（或者填空植物）。草本群落的成层现象也很明显，但比较简单，一般分为高草层、中草层和矮草层，有时也可划分出地被层来。地下部分的成层性通常可分为浅层、中层和深层。

选择某一典型或者群落的某一典型地段，仔细观察，区分出乔木层、灌木层、草本层和地被层，以及可能存在的层间植物。记录各层的高度，识别组成各层的主要植物种类的名称及其生活型等。按下表填写有关信息：

植物群落分层观测记录表

观测单位： 　　　　　　 观测人： 　　　　　　 观测日期：

| 群落所在地名： 　　　　　　 ；地理位置： 　　　　　 ；海拔高度（m）： 　　 |||
| 生态环境：地形及坡度 　　　　 ；土壤类型及酸碱度 　　　　 ；相近群落： 　　　 |||
层次	层高度（m）	主要种类	生活型
	最高： 最低： 平均： 层间植物：		

2. 各层优势种群的确定

优势种是指在群落中个体数量多、盖度大、生命力强，决定着群落结构和群落环境主要特征，从而也决定着群落组成的那些植物种类。在实践中有两种判定法：

（1）目测法：有经验的学者对于某些群落，往往一眼就可看出哪些种类是优势种。首先，优势种的个体数量很多，往往超出其他植物种的个体数量；其次，它们所覆盖的面积（盖度）很大，常超过群落覆盖总面积的50%以上；再次，其生活力很强。一般都生长旺盛、繁殖力强。在我国，群系的名称往往是根据优势种命名的，所以一个特定群落的名称，其优势种就是群落名称所包含的植物种名。

但有时，特别是在水热条件优越的南方，优势种群往往不止一个，对于这些群落，仅靠目测短时间还难判定出究竟哪些物种是优势种。对于这些群落，则需根据下面的定量测定法进行判定了。

（2）定量测定法：按照实验31的群落调查基本方法进行取样调查，在调查的基础上根据记录表的有关数据进行各种类的数量特征计算。计算公式如下：

①密度（D）＝某样方内某种植物的个体数/样方面积

相对密度（RD）＝（某种植物的密度/全部植物的总密度）×100

＝（某种植物的个体数/全部植物的个体数）×100

②频度（F）＝某种植物出现的样方数/全部样方数

相对频度（RF）＝（某种植物的频度/全部植物种的总频度）×100

③优势度或显著度（DE）＝样方内某种植物的胸高断面积

相对优势度或相对显著度（RDE）

＝（某种植物的优势度或显著度/全部种的总优势度或总显著度）×100

④重要值（*IV*）＝相对密度（*RD*）＋相对频度（*RF*）＋相对优势度或相对显著度（*RDE*）

将按上述公式计算出的结果汇入下表。根据汇总结果，在群落中重要值最大的植物种就是该群落的优势种。

植物群落样方计算汇总表

植物名称	密度	相对密度	频度	相对频度	优势度	相对优势度	重要值

（二）植物群落的水平结构观察

植物群落在水平方向上种类组成和层片组成的不一致性，致使一些种类分散生长，而另外一些种类又聚集在一起，因此就形成了各式各样的小群落。小群落的出现主要是与生态因子的不均匀性，如小地形和微地形的变化、群落内部环境的不一致、植物本身的生态生物学特性、动物活动以及人类活动的影响等密切相关的。群落内小群落的配置状况或水平格局，就是群落的水平结构。由于各小群落总是交错镶嵌出现的，因此这种结构又被称为镶嵌结构。

观察和研究群落的水平结构，通常要绘制适当比例尺的镶嵌结构图。此类图可分为两种：一种是样方（地）图解，另一种是种群分布图解。样方图解是把各个植物种在样方内的分布位置按比例转绘到图上。从这种图中不仅可以知道各个种的具体分布位置，还可以看出各个种之间的关系。如结合生境因子的分布还可获得种的生态习性知识。当植被稀疏或优势种明显时也可直接拍照。如果观察和研究对象是一个多层的群落，它的水平结构可用各层植冠投射分别表示在一张图上。对于单个植物种在样方内的分布也可以制成图解，通常称之为种群分布图解。

由于森林群落空间占用很大，不易操作，因此学习观察植物群落水平结构的方法时，常选用灌丛群落或者草本群落来进行。例如，在观察草本群落时，一般是先在圈定好的调查样方（地）上罩上已分隔为 16 个 25 cm×25 cm 的小方格的 1×1 m^2 的钢丝网，再调查各个种在网格中的多—盖度或其他数量指标，然后分别制成图解，或者直接拍照。

（三）植物群落结构分析

1. 植物群落结构描述

描述植物群落结构（此处主要指空间结构）的基本内容包括：

（1）成层现象的明显程度，各层次（及亚层）的主要种类组成，各层的高度（最高、最低、平均）、盖度、层外植物情况等。

（2）优势种群的数量特征情况，包括多度、盖度、优势度等。

（3）水平分布中主要小群落及其分布。

2. 植物群落结构与环境因子分析

重点分析植物群落的结构复杂性、种类组成多样性等与当地气候特点（主要是水热条件）、土壤结构与性质以及人类活动等因素之间的相互关系。

四、作业与综合题

1. 根据实验观察数据，详细描述所观察植物群落的垂直结构和水平结构特征。

2. 举例说明影响植物群落结构的环境因素，以及这些环境因素与群落结构之间的复杂关系。

3. 选择一个群落，对群落的结构特征进行调查研究。

实验 ㉝ 植物物候观测

一、目的与要求

通过本次实验掌握植物物候观测的基本方法，学习运用物候观测资料和环境资料，分析植物的生长发育与环境之间的相互关系的基本方法。

二、用品与材料

（1）用品：海拔仪、经纬仪、地图、皮尺、卷尺、坡度计、PH 试纸、物候观测登记表、标本采集工具等。

（2）材料：根据研究的目的选择所观测的植物种类。

三、内容与方法

本实验（实习）选在户外进行。由 2~3 个学生组成 1 组，对已知群落的优势种或者所感兴趣的植物进行观测。实验（实习）往往持续几个月甚至数年时间。

（一）观测对象和观测地点的选择

1. 观测植物的选择

观测植物的选择，要有广泛的代表性。若欲取得等物候线的资料，则所观测的植物要有分布的广泛性。群落中物候观测的对象可以是优势种，也可以是所有的植物种。在观测时，应选择生长发育正常并已开花结实的植株作为观测植物。观测植物选择好以后，应做好标记，并填写观测植物登记表〔包括观测地行政位置，经、纬度，海拔高度，植物种名，年龄，高度，胸径（树木），盖度（或冠幅），着生地地形，环境特点和土壤特性等〕。

2. 观测地点选择

如果研究目的是服从群落分析的需要，则需依据群落类型设立一定面积的永久样地（方），并按照取样规则确立一定数量的观测植物。

（二）观测日期的确定

观测日期随样地（方）研究而定，而研究样地则按统一规定的观测日期进行。一般营养观测的次数可少些，3 天左右观测一次；而在开花期和结实期观测次数可多些，最好每天观测一次。每天观测的时间在中午或下午为宜。如果在同一个目的下、同时在多个地点进行观测时，其观测日期必须相同。

（三）物候观测指标的确定

物候观测应按照统一的指标（物候期）进行。植物的物候期大体上包括：
Ⅰ幼苗；Ⅱ营养期（禾草的分蘖、叶簇和枝条的形成，抽茎和分枝、出叶等）；Ⅲ孕蕾期；Ⅳ开花期；Ⅴ结果期；Ⅵ果熟期；Ⅶ下种期（成熟的果实、种子、孢子和其他繁殖体脱离母体）；Ⅷ果后营养期。在实际当中，还可根据研究目的及所观测的对象不同，进行必要的调整。

对于木本植物，所观测的物候期主要是：Ⅰ萌动期（①叶芽开始膨大期；②叶芽开放期；③花芽开始膨大期；④花芽开放期）；Ⅱ展叶期（①开始展叶期；②展叶盛期）；Ⅲ开花期（①花蕾或花序出现期；②开花始期；③开花盛期；④开花末期；⑤第二次开花期）；Ⅳ果实或种子成熟期（①果实或种子成熟期；②果实或种子脱落开始期；③果实或种子脱落末期）；Ⅴ新梢生长期（①一次梢开始生长期；②一次梢停止生长期；③二次梢开始生长期；④二次梢停止生长期；⑤三次梢开始生长期；⑥三次梢停止生长期）；Ⅵ叶变色期（①秋季或冬季叶开始变色期；②秋季或冬季叶完全变色期）；Ⅶ落叶期（①落叶开始期；②落叶末期）。有的树木在萌动期前还存在一个树液流动开始期，对于这些植物的树液流动开始期也属于观测内容。

对于草本植物，所观测的物候期主要是：Ⅰ萌动期（①地下芽出土期；②地上芽变绿期）；Ⅱ展叶期（①开始展叶期；②展叶盛期）；Ⅲ开花期（①花蕾或花序出现期；②开花始期；③开花盛期；④开花末期；⑤第二次开花期）；Ⅳ果实或种子成熟期（①果实或种子开始成熟期；②果实或种子全熟期；③果实脱落期；④种子散布期）；Ⅴ枯黄期（①开始枯黄期；②普遍枯黄期；③全部枯黄期）。

对于蕨类植物而言，主要是指其无性世代的物候期，大致可分为：①叶的出现（圈叶）；②拳叶完全伸展；③孢子囊的出现；④孢子成熟（孢子囊颜色变深，震动时有孢子散落）；⑤死亡期或休眠期（地上营养部分干枯）。

各观测指标的把握尺度，可参照《中国生态系统研究网络观测与分析标准方法》中有关部分的观测标准，由老师在实验（实习）前统一准备，发放到各观测小组。

（四）观测与记录

物候观测对象的种类和数量可能很多，但均可根据不同的生活型（乔木、灌木、草本等）分别详细记录在不同表格上。必须在观测时随看随记，不要凭记忆事后补记。如遇到高大乔木肉眼难辨时，可借助望远镜，必要时用高枝剪切取相关部位进行观察。由于观测者对各物候期的理解和把握程度不一，因此在物候描述时文字要力求精练、规范，并最好附有标准图，以利于观测范围内各地的观测者掌握并取得统一标准，这样的物候观测资料如持之以恒则是颇有科学价值的。

对于一项完整的研究，为阐明在不同环境条件下物候期更替的差异，必须同时对其他环境条件加以并行观测，例如，小气候、土壤化学成分与水分以及植物本身的生理过程如蒸腾、光合、呼吸作用等。同时还需采集不同物候期的标本等。

乔木、灌木植物物候观测记录表

物候观测单位：　　　　　　　观测人：　　　　　　　观测日期：

编号：＿＿＿；中名：＿＿＿＿＿；学名：＿＿＿＿＿＿＿＿＿＿；树龄或种植年代：＿＿＿
观测地点：＿＿＿＿省＿＿＿县（市）＿＿＿＿；纬度＿＿＿经度＿＿＿＿；海拔＿＿＿m
生态环境：地形及坡度＿＿＿＿＿＿＿土壤类型及酸碱度＿＿＿＿＿＿＿伴生植物＿＿＿＿＿＿
Ⅰ萌动期：①叶芽开始膨大期；②叶芽开放期；③花芽开始膨大期；④花芽开放期
Ⅱ展叶期：①开始展叶期；②展叶盛期
Ⅲ开花期：①花蕾或花序出现期；②开花始期；③开花盛期； ④开花末期；⑤第二次开花期
Ⅳ果实或种子成熟期：①果实或种子成熟期；②果实或种子脱落开始期； ③果实或种子脱落末期
Ⅴ新梢生长期：①一次梢开始生长期；②一次梢停止生长期；③二次梢开始生长期； ④二次梢停止生长期；⑤三次梢开始生长期；⑥三次梢停止生长期
Ⅵ叶变色期：①秋季或冬季叶开始变色期；②秋季或冬季叶完全变色期
Ⅶ落叶期：①落叶开始期；②落叶末期

草本植物物候观测记录表

物候观测单位：　　　　　　　观测人：　　　　　　　观测日期：

编号：＿＿＿；中名：＿＿＿＿＿；学名：＿＿＿＿＿＿＿＿＿＿；树龄或种植年代：＿＿＿
观测地点：＿＿＿＿省＿＿＿县（市）＿＿＿＿；纬度＿＿＿经度＿＿＿＿；海拔＿＿＿m
生态环境：地形及坡度＿＿＿＿＿＿＿土壤类型及酸碱度＿＿＿＿＿＿＿伴生植物＿＿＿＿＿＿
Ⅰ萌动期：①地下芽出土期；②地上芽变绿期
Ⅱ展叶期：①开始展叶期；②展叶盛期
Ⅲ开花期：①花蕾或花序出现期；②开花始期；③开花盛期； ④开花末期；⑤第二次开花期

（续上表）

Ⅳ果实或种子成熟期：①果实或种子开始成熟期；②果实或种子全熟期；③果实脱落期；④种子散布期
Ⅴ枯黄期：①开始枯黄期；②普遍枯黄期；③全部枯黄期

（五）物候观测材料的整理

在野外观测得到大量资料以后，即进入室内资料整理和分析阶段，以找出各物候期的规律性。首先要把大量野外资料汇总，将原始资料分别填入乔木、灌木、草本等统计表，并进行物候期转换成距某年1月1日的第几天和计算物候平均日。在上述资料整理统计的基础上，进行物候曲线图、物候谱和等物候线图的绘制工作。把一个群落的各种植物物候观测的记载连在一起，就可以得到该群落的物候谱。

以下是草本植物物候观测记录统计表（木本植物物候观测统计表从略）：

草本植物物候观测记录统计表

地点：___省___县（市）_____年；　北纬：___东经：__海拔：__米

发育期 / 出现日期 / 植物名称	萌动期		展叶期		开花期							果实或种子成熟期					枯黄期				全部生长日数
	地下芽出土期	地上芽变绿期	开始展叶期	展叶盛期	花蕾或花序出现期	开花始期	开花盛期	开花末期	开花始末间隔日数	第二次开花期		果实或种子开始成熟期	果实或种子全熟期	果熟期间隔日数	果实脱落期	种子散播期	开始枯黄期	普遍枯黄期	全部枯黄期	枯黄期间隔日数	

四、作业与综合题

1. 选择一个群落，对其主要优势种群进行物候观测。或者对校园中所感兴趣的植物进行物候观测。

2. 不同植物类群的物候观测时应注意哪些问题？

3. 举例说明研究植物物候有何理论与实际意义。

附　录

附录 ❶ 常用药剂配方与溶液的配制

1. 碘—碘化钾（碘液）

母液：碘化钾 2 g 加 5 mL 蒸馏水，加热使之溶解，然后溶入 1 g 结晶碘，即成母液，装入棕色瓶中保存。用于淀粉染色：母液稀释成 300 mL。用于染细胞质：母液稀释成 100 mL。

2. 番红

1% 酒精（50% 酒精）溶液：染木质化细胞壁成红色。

3. 间苯三酚

5% 间苯三酚酒精（95% 酒精）溶液：用于染木质化细胞。染色时先滴 1 滴盐酸浸透材料，然后吸去多余的盐酸，再加 1 滴间苯三酚，木质化细胞染成红色。

4. 甲基蓝

1 g 甲基蓝溶解在 29 mL 70% 酒精中，加 70 mL 蒸馏水。常用于染细胞质，使细胞质呈蓝色。

5. 米隆试剂

1 份汞溶解在 1 份重的浓硝酸中，加入 2 份重的水即成。蛋白质接触米隆试剂，加热变砖红色。

6. 酚酞试剂

1 g 酚酞溶解在 1 000 mL 60%～90% 酒精中。在酸性溶液中不变色，在碱性溶液中变成红色。

7. 石灰水

2 g 生石灰加入 1 000 mL 水，搅拌均匀，用上层澄清的水过滤即成。密闭保藏。

石灰水和二氧化碳起反应，生成碳酸钙和水。碳酸钙悬浮在水里，使澄清的石灰水变浑浊。

8. 詹纳斯绿 B

1% 贮备液：0.5 g 詹纳斯绿 B 稍加热溶于 50 mL 林格氏溶液中，过滤后即成。

1/5 000 詹纳斯绿 B：临用前取 1% 贮备液 1 mL，加入 49 mL 林格氏溶液。

9. 林格氏溶液：

氯化钠 6.5 g，氯化钙 0.12 g，重碳酸钠 0.2 g，氯化钾 0.14 g，磷酸氢二钠 0.01 g，葡萄糖 2 g，水 1 000 mL。

10. 中性红溶液

1% 中性红液：0.5 g 中性红稍加热溶于 50 mL 林格氏液中，装入棕色瓶中保藏。

1/3 000 中性红液：临用前用 1% 中性红 1 mL，加入 29 mL 林格氏液，装入棕色瓶中备用。

11. 番红苯胺蓝

10% 番红 30 mL，冰醋酸 4 mL，10% 苯胺蓝 4 mL，甲醛 3 mL，甘油 15 mL，水 43 mL。

12. 本尼迪克试剂

无水硫酸铜 17.4 g 溶于 100 mL 热蒸馏水中，然后稀释成 150 mL。

柠檬酸钠 173 g 及无水碳酸钠 100 g，加蒸馏水 600 g，加热溶解，如不溶可过滤，冷却后稀释成 850 mL。

把硫酸铜液倒入柠檬酸钠和碳酸钠溶液中，混匀后保存。

本尼迪克试剂能与葡萄糖反应产生 Cu_2O 红色沉淀，溶液中有 0.01% 葡萄糖即可检验出来，0.2% ~3% 葡萄糖可迅速形成红色沉淀物。

13. 苔盼蓝染色液

0.5 g 苔盼蓝溶于 100 mL 生理盐水中，过滤后贮于棕色瓶中，在室温下可保存 2 周，贮冰箱中可长期使用。

14. 醋酸洋红染色液

将 100 mL 45% 醋酸煮沸，加入 1 g 洋红，搅拌，再煮，冷却后过滤。用于染色体。

15. 碳酸氢盐指示剂

0.04% 甲酚红指示剂：0.1 g 甲酚红溶于 26.2 mL 的 0.01 N 的 NaOH 中，如不能完全溶解，酌加氢氧化钠，最后加水至 250 mL。配成后的溶液呈中性（微红—橙色）。

16. 醋酸地衣红

70 mL 冰醋酸加热溶入 2 g 地衣红，冷却后搅拌过滤即成。

17. FAA 固定液

甲醛 5 mL，冰醋酸 5 mL，50% 或 70% 酒精 90 mL。

18. 分离液

盐酸酒精液：在 1 份 95% 酒精中缓缓加入 1 份浓盐酸。

硝酸铬酸液：1 份 10% 硝酸加 1 份 10% 铬酸。

附录 ❷ 常用显微化学鉴定及试剂的配制

（一）碘—硫酸法

植物细胞的细胞壁的主要成分是纤维素，纤维素由于硫酸和碘的作用，呈蓝色反应。

方法是将1%碘液滴于要测定的材料上，然后加一滴66.5%硫酸。纤维素被硫酸水解后，遇碘则呈蓝色反应。已木质化的细胞壁，因木质素的掩盖，不能与纤维素发生作用，因此细胞壁不呈蓝色反应。

试剂配制方法：

1%碘液：将1.5 g碘化钾溶于100 mL的蒸馏水中，待完全溶解后，加入1 g碘，振荡溶解。66.5%硫酸：7份浓硫酸加入3份蒸馏水配制而成。配制时要使浓硫酸慢慢地加入水中，并不断地用玻璃棒搅拌，否则会因急剧发热而使容器炸裂。

（二）苏丹Ⅲ反应

苏丹Ⅲ可将细胞中脂肪、栓质、角质染为橘红色。因此，可用此染料显示上述物质在细胞中的分布和位置。其配制方法是：将苏丹Ⅲ（或苏丹Ⅳ）染料0.1 g，溶于10 mL 95%酒精中，然后加入10 mL甘油。

（三）间苯三酚反应法

间苯三酚的反应是植物显微化学中确定木质化细胞壁的最常用和最简单的方法。这一反应是当间苯三酚与细胞壁中木质素相遇时，发生樱桃红色或紫红色反应。其方法是所要鉴定的切片先用一滴1 mol/L盐酸浸透（间苯三酚要在酸性环境下才能与木质素起作用），然后滴一滴5%~10%间苯三酚的95%酒精溶液，木质化的细胞壁即发生颜色反应。

（四）碘液测试淀粉法

淀粉遇碘呈蓝色反应，它是测定淀粉的最常用方法。碘液配制方法是：2 g碘化钾放入5 mL蒸馏水中，加热使其完全溶解。然后加入1 g碘，完全溶解后用蒸馏水稀释至300 mL，放入具有毛玻璃塞的棕色玻璃瓶中，置于暗处保存。

测定淀粉时，可将上述溶液稀释2~10倍，这样染色不致过深，效果更好。

（五）压片法常用的染料

1. 醋酸洋红

为压片法中最常用的染料。配制方法是：先将100 mL 45%醋酸水溶液于烧瓶中煮沸，移去火焰，停止加热。然后缓慢加入1 g洋红粉末，全部加入后再煮沸 1~2 分钟。此时可将一枚生锈铁钉用棉线悬入溶液中约 1 分钟后取出（铁为媒染剂）。静置 12 小时后经过过滤，放入磨口玻璃塞棕色瓶中保存备用。

2. 石炭酸—品红

为近年创用的一种优良核染色剂，将细胞核和染色体染为红紫色，胞质一般不着色，背景清晰。其配制方法有二：

配方 I ：

原液 A：取 3 g 碱性品红溶于 100 mL 的 70% 酒精中（此液体可长期保存）。

原液 B：取 10 mL 原液 A，加入 90 mL 的 5% 的石炭酸（酚）水溶液中（可保存两周）。

染色液：取 55 mL 原液 B 加 6 mL 冰醋酸和 6 mL 的 37% 甲醛。

此染色液因含有较多的甲醛，可使原生质体硬化，而能保持其固有的形态。但也因此不易使组织软化，因而不太适用于植物组织的染色体压片染色（本染色液适于植物原生质体培养中使用）。在此基础上加以改进的配方 II ，则可普遍地用于一般植物组织的染色体压片的染色。

配方 II ：

取配方 I 中的染色液 20 mL 加 80 mL 45% 醋酸和 1.8 g 山梨醇。

染色液配制后为淡品红色，如立即使用染色较浅。放置 2 周后，染色能力显著增强，而且放置时间越久，染色效果越好。

（六）铬酸—硝酸离析法

为了观察一个细胞完整的立体形态结构，可以用一些化学药品把细胞壁中的中层物质（果胶质）溶解，使细胞分离散开，便于观察。离析前先把材料洗净，用刀切成 1~2 mm 宽的狭条（如叶片）或切成火柴棍粗细的长约 1 cm 小条（如根或茎）。当然也要考虑观察的对象，如要观察木质部的组成分子，则可把根或茎的外面树皮剥去，再切成小条。切好后的材料放进小玻璃瓶中，然后加入离析液，加入量约为材料的 20 倍。塞紧瓶塞，放于 30℃~40℃ 温箱中。浸渍时间因材料性质而异，一些叶片或幼嫩的根和茎组织，3~4 小时即可，而有些次生结构（如木质部）则需要更长的时间，离析情况应随时检查。检查的方法是取少许离析材料，放在载玻片上，加一滴水，加上盖玻片。然后用解剖针尖端轻轻敲打，如果材料分离则表明浸渍时间已够。浸渍时间超过一天以上时，应更换离析液一次。离析时间已够的材料，用水洗净后放入 50% 或 70% 酒精中保存。

离析液配方：

10% 铬酸 1 份，10% 硝酸 1 份，两种溶液应在使用时才混合，混合均匀后再使用。

附录 3 常用植物制片技术简介

一般生物的内部结构在自然状态下是无法观察的，一定要把植物材料制作成便于在显微镜下观察的玻片标本。显微制片根据研究目的的不同而有各种各样的方法，但是它们的基本要求都是要达到保持生物组织或细胞原有的形状、大小及清晰的内部结构。

一、徒手切片

参见实验 2。

二、石蜡切片技术

石蜡切片是用石蜡包埋植物组织块，再进行切片和染色的制片方法。凡是可以经受脱水剂、清净剂以及石蜡等处理的材料往往都用这种方法。石蜡切片的优点是可以切出较薄的连续切片，这种方法最常用，但是制作过程复杂。现详述如下：

1. 材料的准备

根据研究的目的选取新鲜的具有代表性的材料，如茎、叶等，用自来水洗净。在采回材料固定之前，须维持材料于正常的生活状态。

2. 杀死和固定

杀死是指迅速永久地结束生物的生命，迅速杀死细胞，使组织内每个细胞同时停止生命活动。而固定是指保存材料的组成成分，以及保持组织细胞原来的形态和结构特点，使其接近生活的状态。植物材料通常采用化学试剂来杀死和固定植物的组织和细胞。这些能杀死、固定植物组织的试剂称为固定剂。

选定材料以后，在清水中将其清洗干净，然后用锋利的刀片按需要切成小段。分割时速度要快，勿用过大的压力，以免压坏组织。为了使固定液能渗入材料，切取的材料块不宜过大，一般为 $0.5 \sim 1 \ cm^3$。

材料切好后应立即投入盛有固定液的小玻璃瓶中，固定液的量一般为材料量的 20 倍。因为植物材料组织中常含有空气，使得固定液不易进入，所以在固定时应对材料进行抽真空，使空气抽出，固定液进入。

3. 冲洗

材料固定完后，若不进行冲洗会使固定液留在组织中，甚至产生沉淀，或者影响染色。

冲洗时所选择的洗涤液应按照一定的原则进行选择。若用水溶液固定的材料必须用水冲洗；若用酒精溶液配制的固定剂，则必须用相同浓度的酒精来冲洗。冲洗时只需用水或酒精溶液替代固定液即可。

4. 脱水

脱水是指逐渐地除去材料中水分的过程。植物材料一方面本身含有水分；另一方面经过固定后，固定液也是水溶液，有些还须经水清洗，所以植物组织中含有大量的水分。如果不除净材料中的水分，则无法将材料包埋在石蜡中，同时也会影响透明和封藏等步骤，因为多数透明剂和封藏剂都不能与水混合。此外，通过脱水，可使材料变硬，形状更稳定而便于切片。

用于脱水的试剂，一方面是亲水性的，能与水混合以除去细胞中的水分；另一方面又必须能与其他有机试剂混合，以便互相替代。一般植物制片中常用乙醇作为脱水剂，此外还可用丙酮、叔丁醇等。

脱水过程要依次渐进，逐渐将细胞中的水分除去。所以用酒精脱水时不能直接用高浓度酒精，必须从低浓度开始逐渐进入高浓度。酒精须配制成30%、50%、70%、85%、95%的浓度梯度，最后到无水乙醇。脱水时材料从低浓度酒精开始，依次而上。每一级酒精中停留的时间根据材料的大小和性质而定。每级需要的时间为30分钟至数小时。为保证脱水干净，应更换100%酒精1~2次。

已经染色切片的材料脱水仅需要1~2分钟。

5. 透明

脱水后的材料要进行透明。其目的首先是增强组织的折光系数使其透明便于观察，其次是起置换作用，使包埋和封藏得以顺利进行。透明剂种类很多，常用的有二甲苯、甲苯、苯、氯仿、香柏油和松节油等。

二甲苯是最常有的透明剂，其透明力强，最能溶解包埋用石蜡，且可与封藏剂混合。但其缺点是易使材料收缩而变硬、变脆，同时如果脱水不净会引起不良后果。

用二甲苯透明的步骤如下：

经脱水材料→2/3纯酒精+1/3二甲苯→1/2纯酒精+1/2二甲苯→1/3纯酒精+2/3二甲苯→纯二甲苯→纯二甲苯，每级溶液中停留1~3小时。

二甲苯更常用于切片封藏前的透明，切片在其中透明时间每级为5~10分钟。

6. 渗蜡

渗蜡是使石蜡逐渐进入已透明的材料组织细胞内置换透明剂的过程。所用石蜡要均匀无杂质，熔点为52℃～60℃。凡高温季节，要用熔点较高的石蜡；低温季节，则用熔点低的石蜡。

渗蜡时先准备石蜡，取熔点低的石蜡（52℃～56℃）用解剖刀切成小块，把蜡块放入盛有二甲苯的玻管或小酒杯内，石蜡的量应和二甲苯量相等。放蜡块时应在材料和蜡之间隔一纸片，以免蜡和材料直接马上接触，引起材料收缩。然后把盛有材料的器皿放在40℃温箱中，经过6～10小时渗透，再放入58℃温箱中1～2小时，在此过程中二甲苯逐渐蒸发，石蜡液逐渐变浓。然后倒去此种石蜡，换为熔化的纯石蜡，经2～4小时后倒去石蜡，再换新的纯石蜡，再经2～4小时即可包埋。

7. 包埋

包埋是用包埋剂包裹经石蜡渗透的材料以便于切片的过程。其过程是：先折好适宜大小的适于盛蜡的纸盒，然后将已熔化的石蜡倒入纸盒中，用烧烫的镊子将蜡中的气泡赶走，并将蜡烫均匀。接着用温热的镊子或解剖针迅速地将材料移至石蜡中，同时应按所需切面排列整齐，材料之间留以适当距离。材料放好后，即轻轻吹气使石蜡表面凝结，然后把纸盒平放入冷水中，使石蜡迅速凝固；否则会使石蜡产生结晶而不能切片。经包埋的材料即可进行切片或长期保存备用。

8. 切片

先要修正蜡块，将做的蜡块用单面刀片在每份材料的周围切一条深沟，然后折断，使每个小蜡块只具有一份材料，然后将小蜡块都修成正六面体。接着把小蜡块贴在小台木上，黏时先把小蜡块的一端涂上一层熔化的蜡，然后把小蜡块黏到小台木上，再用解剖刀取少量的熔蜡封于小蜡块基部周围。在此过程中，一定要按需要使材料的切面和台木黏接表面平行。

将黏好蜡块的台木夹在旋转切片机的夹物部位，并把切片刀装在切片机的夹刀部位，再调整台木，使材料的切面与刀口平行。接着调整厚度调节器，设置到所需的位置。待这一切准备工作完成以后，就可开始切片。此时右手摇动切片机，蜡块碰到刀口以后，切片就从刀口落下。由于切片过程中摩擦生热，使切下的切片连成一条蜡带，此时左手拿一支干毛笔把蜡带一端托住，当蜡带至一定长度时，即可用另一干毛笔将其从切片刀处取下，并把蜡带按次序放于蜡带盘中。

9. 黏片

黏片是将具材料的蜡带黏于清洁的载玻片中央的过程。黏片时在干净的载玻片中央滴少许黏贴剂，用小拇指将此剂在载玻片上涂匀，然后在上面滴1滴3%福尔马林水溶液或蒸馏水。用解剖刀把蜡带按需要大小切开，挑起放在玻片上的水滴中，放置时注意蜡带有光滑和粗糙两面，应把光滑一面与载玻片黏在一起，否则较易脱片。接着将浮蜡带的载玻片放在展片台上，蜡带受热会自动展开。如有多余的水分，应用吸水纸吸去多余的水，然后置于无尘通风室内，任其自然干燥，或者放在30℃~40℃温箱中1天，促使它干燥。

10. 脱蜡及复水

脱蜡是除去切片内石蜡的过程。将黏有切片且完全干燥的载玻片放入二甲苯中，在春秋暖和的天气约5~10分钟，石蜡熔去，而切片材料仍黏在载玻片上。

然后进行复水，过程是将玻片放入1/2纯酒精+1/2二甲苯→纯酒精→95%酒精→85%酒精→70%酒精→水中。以上步骤均在染色缸中进行，每次约1分钟。

11. 染色、脱水、透明及封片

经脱蜡后的切片很薄且透明，不同组织及细胞结构之间反差不大，不便于显微镜观察，因此需要进行染色，使组织结构能清楚地显现，方便观察。染色的方法及染色剂的种类很多，因材料和观察目的不同而异。

以植物组织制片中最常见的番红—固绿二重染色为例，步骤如下：

经复水的材料切片→50%酒精配制的1%番红染液或1%番红水溶液中0.5小时以上→水洗去多余染料→50%酒精→70%酒精→85%酒精→95%酒精（以上各级中均为2~5分钟）→95%酒精配制的0.1%固绿（0.5~1分钟）→纯酒精（2~5分钟），然后镜检。如果分色清楚，即可移入1/2二甲苯+1/2纯酒精中（2~5分钟），最后放入纯二甲苯中透明5分钟。

经染色和透明的切片，应立即取出封藏，其目的是长期保存制成的切片。常用的封藏剂有加拿大树胶、中性树胶等。当切片从二甲苯中取出后，立即滴加适量的封藏剂到切片上并加盖玻片。加盖玻片时注意，以镊子镊着盖玻片右侧中部，在酒精灯火焰上迅速通过以烤干玻片上的水汽，然后让盖玻片中心先接触封藏剂，并缓慢地放下，待封藏剂自中心向四周慢慢布满整个盖玻片。封藏好的切片应放在49℃~50℃的温箱中烤干，或放在无尘通风处使其自然干燥。

三、滑走切片机切片技术

有些植物材料，如木材或木本植物的茎，硬度较大，或某些材料体积较大，都不宜用石蜡法制片，而可用滑走切片机切片，其步骤基本上和石蜡制片法相同。取材时应注意，尽量保证材料粗细相近，直而不弯，长度不超过5 cm，较长的材料应进行分割，材料软硬均匀。若是切较软的材料，可直接夹在切片机上，太软而不便在切片机上夹持的材料，可用泡沫塑料或胡萝卜等夹好后再夹于切片机上；若是切较硬的材料，必须先进行软化处理，即将木材切成长约 1.5 cm、直径为 0.5~1 cm 的木块，放在盛水的烧杯中反复煮沸数次，然后浸入甘油酒精溶液中约 1~2 周进行软化，然后再切片。

供切片的材料可先进行固定或切片后再固定。

操作步骤如下：

1. 切片

先将切片刀装在固定器上，调节好刀的位置，使刀口与材料间的夹角小于 45°，而且刀面与材料切面保持 3°~5° 的倾斜度。

按所需纵切面或横切面要求，将材料牢固地装在夹物器上，调准材料的高度与切面，将厚度调节装置调至要求刻度处。切片时用右手操作，握紧刀夹，由前方向身体方向水平地拉动切片刀，要注意用力均匀。切片前先用毛笔蘸水到材料表面和刀口处，刀口过后，材料即浮在刀口处的水滴中。此时小心地用毛笔从刀口处取下切片，放入培养皿或表面皿的水中，然后将刀向前推回原位，调节厚度推进器以升高材料，再次拉动切片刀。如此来回拉动，便可获得许多厚度均匀而完整的切片。

2. 脱水、染色、透明和封片

以番红—固绿二重染色为例，程序如下：

番红染液（0.5~1 小时）→50% 酒精（冲洗）→70% 酒精（约 5 分钟）

纯酒精（两次共约 5 分钟）←固绿染液（约 1 分钟）←85% 酒精（约 5 分钟）

1/2 纯酒精 +1/2 二甲苯（约 5 分钟）→纯二甲苯（约 5 分钟）→树胶封片

四、离析法

离析法是用一些化学药品把植物细胞间的胞间层溶解，使细胞彼此分离，从而得到单个完整细胞的方法，便于研究不同组织的细胞立体结构。

1. 铬酸—硝酸离析法

适用于木质化组织，如木材、纤维、导管、管胞、石细胞等。把材料切成长约 1 cm、横断面边长 2~3 mm 的小条，放入小试管中，加入离析液，其量约为材料的 20 倍，盖紧瓶盖放在 30 ℃~40 ℃ 的温箱中保温。离析时间因材料性质而异，一般为 1 ~ 2 天。如 2 天后仍未解离，可换新的离析液，再放置几天。检查材料是否解离，可取出材料少许，放在载玻片上，加盖玻片后，用解剖针末端轻轻敲打，若材料分离，表明离析时间已够。这时移去离析液，用水冲洗干净，保存在 50% 或 70% 的酒精中备用。

2. 盐酸—草酸铵离析法

适用于草本植物的髓、薄壁组织和叶肉组织等。把材料切成约 1 cm × 0.5 cm × 0.2 cm 的小块，放入 3:1 的 70% 或 90% 酒精和浓盐酸混合液中，若材料中有空气，应先抽气，然后更换一次离析液。24 小时后，用水冲洗干净。放入 0.5% 草酸铵溶液中，每隔 1 ~ 2 天作检查。其余同上法。

五、压片法

压片法是把植物的器官或组织经过处理后压在载玻片上，使细胞成一薄层，便于进行观察的一种制片方法。主要应用于植物染色体的观察和研究。

压片法的实验步骤包括：取材、预处理、固定、解离、染色、压片、镜检和封固等。

1. 取材

用锋利的双面刀片截取生长良好的植物根尖或茎尖，长度为 2 ~ 3 mm。

2. 预处理

将材料放入 8-羟基喹啉或对二氯苯等预处理液中进行预处理，使细胞分裂停留在有丝分裂的中期，并使染色体缩短变粗。预处理的时间视不同植物而定。一般洋葱根尖用对二氯苯预处理液处理 4 ~ 5 小时。

3. 固定

一般采用卡诺固定剂进行固定，固定时间通常为 2 ~ 24 小时，以低温固定效果较好。材料经固定后，如不立即进行压片，可保存在 70% 的酒精中，置于冰箱内长期保存。

4. 解离

用酶或盐酸处理固定后的材料，使细胞分离，便于压片。一般是将固定后的材料在 50% 酒精中浸泡 5 分钟，再入蒸馏水洗涤 5 分钟后，转入浓度为 1 mol/L 的盐酸溶液中，置于 60℃ 恒温水浴锅中解离，解离时间一般为 2 ~ 8 分钟，时间太短，细胞不易分离，时间过长，则染色体染色浅或不着色。

5. 染色

常用卡宝—品红（即石炭酸—碱性品红）或醋酸洋红等核染色剂进行染色。

6. 压片

将材料放在干净的载玻片上，盖上盖玻片，用解剖针或铅笔轻轻敲击盖玻片，使细胞分离散开并压平。

7. 镜检

将压片置于显微镜下观察，选取染色全体分散、清晰的细胞，用记号笔在载玻片和盖玻片上分别做记号。

附录 ④ 实验材料保鲜法

植物学实验材料一般是现采现用，但有些材料仍需要进行保鲜，比如，碰到不同的花期、不同的果实成熟期等。由于某地气候在一年当中往往有四季轮回的特点，植物茎叶、果实都有特定的季节性。在旺季，产品丰富，价格较低；在淡季，供应稀少，价格较高，存在着明显的季节性和差价比。虽然随着现代技术的提高，反季的种植有很大发展，但对于冬季长、气温低的广大北方地区来说，反季种植耗能大，成本高，而且大部分水果主要还是靠贮藏调节淡季供应。因此，研究开发效果理想、成本低廉、操作方便的植物茎叶、果实保鲜技术，不仅可以改善人们的生活水平，而且还能收到显著的经济效益和社会效益。现在世界不少国家都在研究应用现代化的植物茎叶、果实贮藏保鲜技术，其中应用较为普遍的、实验材料的保鲜方法有以下七种：

一、冷藏法

冷藏法是把鲜花保存在低温环境条件下以达到延长鲜花寿命的保鲜方法，花的冷藏又可分为干冷藏和湿冷藏。干冷藏即把花紧密包裹在箱子、纤维圆筒或聚乙烯袋中，以防止水分流失，该法适用较长时间贮藏的花。湿冷藏即把花插在水或保鲜液中存放，适用短时间的花贮藏。在花的冷藏过程中温度不能过低，以免花遭受冻害或冷害。在实际贮藏花的过程中，常常是低温和高湿联合使用。

冷藏是现代化植物茎叶、果实贮藏的主要形式，它不受自然条件的限制，可在气温较高的季节以及周年进行贮藏，以保证植物茎叶、果实的常年供应。冷藏技术的新发展主要表现在冷藏建筑、装卸设备、自动化冷库方面。在冷库建筑方面主要有单层高货架自动化冷库，以适应冷库自动化技术的发展。同时，在冷库建筑上采用装配式结构，加快了建库速度，减少气候条件对施工的影响。在装卸设备方面，国外普遍采用铲车和货盘，将货物先码在货盘上，然后由铲车把货盘提起运送至堆放地点码垛。近年来，意大利和日本等国家建成了计算机控制的自动化冷库。

二、气调贮藏保鲜法

气调贮藏保鲜利用机械制冷的密闭贮库，配用气调装置和制冷设备，使库内保持一定低氧、低温以及适宜的二氧化碳，并及时排出贮库内产生的有害气体，从而有效降低所贮小植物茎叶、果实的呼吸速率，以达到延缓呼吸作用，延长保鲜期的目的。继 1918 年英国 Kidd 和 West 创建这种方法以来，在世界各国得到普遍推广，并且随着科技的进步，这项技术也在不断发展。例如，各种类型的聚乙烯、聚氯乙烯、聚丙稀薄膜和硅橡胶膜在植物茎叶、果实小袋包装和大棚贮藏中作为自发气调贮藏的主要设备发挥了积极的作用。在气调工艺方面也有发展，主要有快速气调贮藏、超低氧气调贮藏、低乙烯气调贮藏、自动气调贮藏、双相变动贮藏、动态气调贮藏、二氧化碳贮藏、短期高二氧化碳处理及短期高浓度氧气处理等。

三、减压贮藏保鲜法

减压贮藏、低温低气压贮藏是植物茎叶、果实保鲜贮藏的一个发展方向。这种方法是将产品贮藏在密闭的室内，用真空泵抽出部分空气，使内部气压降到一定程度，并在贮藏期间保持恒定低压。减压贮藏植物茎叶、果实，能够延长植物茎叶、果实保鲜期，减少腐烂损耗。内蒙古包头市农业新技术研究所在吸收国内外保鲜技术基础上，进行大量研究、试验，开发出了先进的减压贮藏系统及装置，应用效果较好。这套工业化减压保鲜贮藏系统及装置，包括制冷、减压、贮库和调控四大部分，具有快速降氧、真空速冻、高温贮藏保鲜和低温低氧冷藏多种功能，且其各工况可以迅速置换多功能保鲜和冷藏。既可以利用纯净低氧、无残毒臭氧、饱和高湿高气的环境条件，实现植物茎叶、果实跨季节高温保鲜贮藏，也可以采用真空速冻、低温、低氧的环境条件，实现长期冷藏。

四、防腐保鲜剂

防腐保鲜剂作为植物茎叶、果实贮藏保鲜的辅助技术得到了逐步提高和大量推广，新的高效低毒保鲜剂不断涌现。目前常用的保鲜剂有柠檬酸、赤霉素、抑霉唑和山梨酸钾等，国外正在开发的几种杀菌剂有氯硝胺、双胍盐等。

五、熏蒸和热处理保鲜

用熏蒸法对植物茎叶、果实处理能够控制腐烂病的发生。目前应用的有二氧化硫熏蒸法、丁胺熏蒸法。例如，河南安阳蔬菜研究所用丁肿、丁胺熏蒸法处理青花菜等，对防止贮藏期产生霉斑效果很好。日本最近发展并改进了用于贮藏不耐贮存水果的冷藏系统。这个系统利用臭氧及负离子对冷藏室进行熏蒸，有效地防止了真菌及细菌对水果的侵染。同时保持冷藏系统的温度在 0℃~2℃之间，保持湿度在 95%，这个新系统能对樱桃及桃果进行 1 个月的保鲜，是通常保鲜时间的 4 倍；对梨的保鲜时间为 5 个月，是通常保鲜时间的 10 倍；对葡萄的保鲜时间为 4 个月，是通常保鲜时间的 5 倍。对于有些植物茎叶、果实不仅可以利用冷藏提高植物茎叶、果实的保鲜期，近年来人们研究发现，利用热处理同样也可以提高保鲜效果。例如，用热水处理青花菜后贮藏，能够延长叶绿素降解，减少乙烯产生。有试验表明，用 47℃ 热水浸 5 分钟，可使青花菜在 20℃ 时保鲜 5 天。热处理的关键是要控制好温度和时间。

六、涂层保鲜

涂蜡（膜）可以降低果实水分蒸发量，防止果实失水干皱，增加果实光泽等。在涂料中加入适当的防腐保鲜剂，可以保持植物茎叶、果实新鲜状态，降低腐烂损耗。研制成功的涂料有虫胶、淀粉膜、蔗糖酯、复方卵磷脂、水果保鲜脂、魔芋甘露聚糖保鲜剂以及可食保鲜剂等。

七、辐射处理、电磁处理

植物茎叶、果实防腐保鲜另一方面的进展是采用辐射、电磁处理。辐射不仅可以干扰基础代谢过程，延缓植物茎叶、果实的成熟衰老，还可以减少害虫孳生和抑制微生物引起的植物茎叶、果实腐烂。近年来研究发现，利用空气放电技术处理后的金橘，在常温下贮藏两个月，好果率可达 84%，比对照组高 12%~20%。利用臭氧来防止植物茎叶、果实在贮藏过程中因微生物繁衍而引起的腐烂效果很好。如金冠苹果利用空气放电技术进行臭氧负离子一次性处理，附以聚乙烯袋小包装，在改良式通风库贮藏 170 天，好果率达 97% 以上，比对照组高 15%~20%。华中科技大学利用空气放电技术产生臭氧离子处理温州蜜柑，可以防止腐烂、干瘪，保持优良品质。

除以上介绍的大部分已应用于生产的保鲜技术外，国内外植物茎叶、果实贮藏保鲜技术的新进展还有水贮保鲜、冰点贮藏法、超声波加速器保鲜、生物技术保鲜及电子技术保鲜等，并向着多种保鲜技术的综合运用、计算机控制的自动化保鲜及新型低毒保鲜剂研究开发、提高保鲜效果、延长保鲜时间、降低成本、提高综合效益方向发展。

附录 ❺ 浸制标本制作法

一、目的与要求

浸制标本是把植物标本如植物的花、果沉浸在药液中制成的，长期保存。做法较简单，即把标本用清水洗净，缚在玻璃片上，然后将其沉入盛有药液的标本瓶中，瓶口用封合剂（如石蜡）封严，最后在瓶子上端贴上标签，写上科名、学名及日期。浸泡药液可分一般溶液和保色溶液两种。

二、用品与材料

（1）用品：广口瓶、标本瓶、玻璃棒、废旧玻片、白棉线、毛刷、剪刀、木板（切割标本用）、小瓷杯（装石蜡用）、电炉、酒精灯、烧杯、三脚架、火柴、毛巾、毛笔、标签纸、胶水；福尔马林、硫酸铜、硼酸、氯化锌、亚硫酸、冰醋酸、酒精、硫酸锌、甘油、石蜡、氯化铜、醋酸铜、食盐、清水等。

（2）材料：青瓜、青皮李、苹果、番茄、辣椒、桃、葡萄、茄、梨、杏、柑橘等各色标本。

三、浸制标本保存液的配制

1. 普通浸制标本保存液的配制

通常有二种保存液，它们的优点是使标本保存较长时间，且方法简单，易掌握。用于解剖观察用的花序、花及果实实验材料可任选一种保存液保存，不足的是上述保存液均易使标本褪色。

（1）70%酒精 5 mL，加上蒸馏水 100 mL，按此比例混合使用，它能使标本保存时间较长而不腐烂发霉，但标本易脱色。

（2）5～10 mL 甲醛（福尔马林），加上蒸馏水 100 mL，它的特点是价钱较便宜，能使标本保存时间较长，但保存液本身易变成褐色，标本亦易褪色。

（3）95%酒精 100 mL，甘油 5～10 mL，蒸馏水 195 mL，混合后使用，此保存液效果较好，但价格较贵，亦会使标本褪色。

2. 原色浸制标本保存液的配制

（1）绿色植物标本原色保存的药液配制。

将醋酸铜粉末 200 g 放入 1 000 mL 5%的冰醋酸中，直到结晶不再溶化为止，此为母液。然后取饱和母液和蒸馏水以 1:4 的比例混合稀释，加热至 80 ℃时，将绿色植物标本放入。由于醋酸的作用，可见标本由绿变褐，继续加热约 10 ~ 20 分钟，标本又由褐变绿，然后取出标本，用清水洗净，保存在 5% 的福尔马林（甲醛）或 70% 的酒精中。此法制成的标本能长期保持绿色，且能保存较长时间。

（2）绿色果实原色保存的药液配制。

需配制两种保存液。

甲液的配方是：硫酸铜 85 g，亚硫酸 28.4 mL，蒸馏水 2 485 mL 将果实用清水洗净后，浸没于甲液中，经 20 天后取出放入乙液中。

乙液的配方是：亚硫酸 284 mL，蒸馏水 3 785 mL（果实放入乙液约半年后，该保存液需更换一次）。

此种绿色果实原色保存的方法亦较简便，且不需加热，特别对一些不适宜加热或果实表面有蜡质而不易浸制及着色的标本，效果较好。

（3）果实原色保存的药液配制。

硼酸粉 450 g，蒸馏水 400 mL，75% ~ 90% 酒精 2 800 mL，福尔马林 300 mL 混合，过滤后使用。此液保存苹果、番茄等果实标本，效果较好。若保存粉红色果实标本，则福尔马林液应减半。

（4）紫色果实原色保存的药液配制。

饱和精盐水 1 000 mL，福尔马林 500 mL，蒸馏水 8 700 mL 混合并过滤后使用。此液适于保存紫色的葡萄、茄子等的果实。

（5）黄色果实原色保存的药液配制。

亚硫酸 568 mL、80% ~ 90% 酒精 568 mL，蒸馏水 4 500 mL 混合即可。此液适于保存柠檬、京白梨、橙等。若浸制黄绿色的果实标本在每 1 000 mL 混合液中加 2 ~ 3 g 硫酸铜，则效果更佳。

（6）黑色、紫黑色果实原色保存的药液配制。

福尔马林 45 mL，95% 酒精 280 mL，蒸馏水 2 000 mL 混合后，静置使其沉淀，取澄清液即可使用。

四、浸制标本的保存

把需浸制保存的植物花、果用清水洗净，浸没于保存液中。如系果实标本，需缚在玻璃片（棒）上，然后将其沉入盛有药液的标本瓶中。不论何种药液配方，浸制时药液不可过满，瓶口用封合剂（石蜡、凡士林或聚氯乙烯黏合剂）封严，防止药液蒸发。最后在瓶子上端贴上标签，注明标本的科名、学名、中名、产地、采集人及日期。

附录 ⑥ 植物细胞、组织离析标本的制作

离析法是借药物的作用将组织浸软，并使胞间层溶解、细胞分裂的一种非切片法，经分离的材料既可用作临时装片观察，也可制成永久切片长期使用。下面介绍六种常用的离析法和临时压片做成永久制片的方法。

一、离析方法

（一）铬酸—硝酸离析法

铬酸—硝酸离析法〔杰弗里法（Jeffrey method）〕适用于木质化组织，如木材、纤维、草本植物坚实的茎等。

1. 离析液配制

10%铬酸和10%硝酸等量混合即成。

2. 离析步骤

（1）将材料切成如火柴一样粗细的小条，长约 1~2 cm，浸在上述离析液中 1~2 天。若为草本植物，可不必加温；若为木本植物可加温至 30℃ ~ 40℃。

（2）用圆头玻棒轻轻敲打，如不易分离可换新鲜离析液继续浸一段时间；若很易分离，则表明浸渍时间已够，可进行下一步工作。

（3）分离后材料在清水中洗净，保存在 50% 酒精中备用。

（4）如需做永久片，可在 1% 番红液中染 2~6 小时。

（5）在水中彻底冲洗后即可放在载玻片上，加一滴水，盖好盖片，在显微镜下观察。

（6）如检查结果满意，可用临时片改制永久片的方法做成永久片标本。

（二）醋酸—过氧化氢离析法

醋酸—过氧化氢离析法〔富兰克林法（Franklin method）〕适用于离析一般木质化材料。材料经水煮 30~60 分钟后切成火柴大小，投入离析液（醋酸和 6% 过氧化氢等量混合）中，放于 60℃ 温箱中离析 24~48 小时。其余步骤同前法。

（三）酒精—盐酸离析法

此法可用于水解离析非常柔软的材料，如根尖、茎尖和幼叶等。材料在此离析液（95% 酒精和浓盐酸等量混合）中在 50℃ 左右恒温下离析 24 小时，如材料已成半透明状态，即表示离析已完全，可进行以后几步的操作。

（四）硝酸—氯酸钾离析法

硝酸—氯酸钾离析法［舒尔茨法（Schultz method）］是将木材或其他较硬的木质化材料经水煮后放在试管中（材料大小同第一种），加入浓硝酸（用市售浓硝酸加蒸馏水1份制成），浸没材料，然后投入一小撮氯酸钾，放置室温下，处理几天到半月左右，用玻璃棒轻捣材料，当已能散开时，就取出用流水冲洗。其余步骤同前法。此种离析过程中有氯气散出，如材料较多，则必须放在通风橱内，注意预防氯气中毒。

（五）铬酸离析法

用徒手切片法切取新鲜幼嫩的材料，直接投入10%铬酸溶液中浸24～48小时。然后不冲洗就用甘油封固，并轻轻压挤盖玻片，可使细胞分离。此法不能用于木质化程度较高的材料。

（六）氨水离析法

此法适用于观察分生组织细胞的立体形状。

将刚发芽的蚕豆或其他材料的胚根，切成薄的纵切片，在浓氨水中浸24小时，以溶解去中层。再在10%氢氧化钠的50%酒精溶液中浸24小时，以溶去细胞壁以内的物质。然后用水洗净染色。染色方法是：将1%碘液滴在材料上，然后再加一滴66.5%硫酸（7份浓硫酸+3份蒸馏水）。取少许放于载玻片上，盖上盖玻片，用解剖针轻敲，使细胞分离。此刻在显微镜下便可看到分生组织细胞的立体形状。

二、永久制片法

将暂时的压片做成永久制片，一般以叔丁醇法最为简单可靠，步骤如下：

（1）将染色压挤后好的制片，直接倒放在盛有1/2 45%醋酸+1/2 95%酒精的培养皿中，使制片稍成倾斜。待过5～10分钟后，即可见盖玻片从载玻片上脱离，此时即按原来位置翻开。

（2）将已分开的载玻片与盖玻片，在吸水纸上吸去边上多余的醋酸液，换入1/2 95%酒精+1/2叔丁醇的培养皿中3分钟。

（3）再换入纯叔丁醇中3分钟。

（4）用油派胶或加拿大树胶封固。

附录 ❼ 叶脉标本的制作方法

　　叶片内的维管束叫叶脉。叶脉标本的制作一般可用化学药品腐蚀法和水浸腐蚀法。其原理是根据叶脉部分细胞壁木质化加厚的维管组织不易腐蚀分解，而其余的薄壁组织，则易被化学药品和水（在水中微生物的作用下）腐蚀分解。叶脉标本既可供植物分类研究之用，也可经染色、绘画或过塑后制作成精美艺术品，供鉴赏或作书签用。

（一）化学药品腐蚀法

1. 方法步骤

　　（1）选择叶脉粗壮而密、质地柔韧的树叶。

　　（2）用 250～500 mL 的烧杯加入 200 mL 水。

　　（3）称取碳酸钠（Na_2CO_3）5 g，氢氧化钠（NaOH）7 g，投入烧杯中（离析液的用量可根据烧杯的容量大小和叶片数量的需要按比例配制）。

　　（4）将烧杯用酒精灯或用电炉、火炉加热使药品溶解。

　　（5）药液至沸腾时，将树叶 5～10 片（数量依烧杯容量而定）放入烧杯溶液内，并不时地用镊子或筷子轻轻地翻转和摇动叶片，使各叶片受药均匀。

　　（6）煮沸 5 分钟左右（依不同植物的叶片而定），移离火源，将煮过的叶片先夹取一片浸入盛有清水的玻璃缸，洗净药液后，平放在手掌上或瓷盘内，在水面或流有细水的水龙头下，用试管刷或旧牙刷在叶片上来回滚动或轻轻向下拍打以检试叶肉薄壁细胞被腐蚀分解的程度。如果叶肉细胞已达到极易与叶脉分离，易被洗刷而仅流下白色网状叶脉程度时，将药液中的叶片全部取出放入清水中漂洗，再逐片如前法使叶脉与叶肉分离，使其仅存叶脉部分。如叶脉与叶肉未达充分分离，说明药液浓度可能过低或是煮沸时间不够，可再稍加入上述两种药品或适当延长煮沸时间直至叶肉被充分腐蚀为止。

　　（7）将洗净叶肉后的网状叶脉趁湿贴在吸水纸或其他平板上，使其自然晾至八成干时轻轻揭下来放入书内保存即可。如果干后不易揭下就不要强揭，以免破碎，此时可再用清水回湿后再小心揭下。

　　（8）漂白。用适量的漂白粉溶于水中，将叶脉材料放入漂白液内漂白至白色为止，然后用清水洗净。

　　（9）染色。将叶脉放入配制好的染色液中 5～10 分钟，也可多种染液直接涂绘叶脉成画。染色后若需整形，可在叶脉上加压。如要制作书签，可在叶柄上系双尾形彩色丝光带。叶脉标本可经过塑以更利于长期保存。

2. 注意事项

（1）选择叶片时应注意选取叶脉粗壮、显著而密并具有叶柄和网状叶脉的双子叶植物种类，切忌选择脆弱、多病、多胶质、多脂肪或过分单薄的叶片，叶片大小要适中。

（2）制作时间宜在叶片已经充分成熟或开始老化的夏末和秋天进行。

（3）在煮沸叶片时，烧杯不能直接在火上加热，必须下垫石棉网。煮沸时注意安全，不要使药液溅出。

（4）用酒精灯加热需时过长时，改用火炉或电炉可以节约时间。

（5）在洗刷叶片时要耐心细致，不要急于求成。

（6）所用药液浓度和煮沸时间可自行摸索。

（7）用过的药液还可盛入玻璃瓶内再次使用。

（二）水浸法

（1）选取树叶标准与前法相同。

（2）将选好的树叶放在盆内或其他容器内，加入清水使其浸没。在高温的夏季浸泡一周左右即可洗刷。气温低时需时稍长，应注意时常观察和翻动叶片。

（3）在浸泡期内，当水发臭时需换水，换水次数根据具体情况而定。浸泡过的叶片颜色常由绿色变为苍褐色，以至紫褐色（因叶性质不同而异）。

（4）在浸泡至叶肉开始腐烂时可加外力轻轻地震动叶片，使腐烂部分全部脱落于水中；也可将叶片夹出放在手上或瓷盘内用刷子来回翻滚和冲洗，使其脱落。

（5）清除腐烂部分后所留下的网状叶脉再用棉球轻轻蘸去未净残余物直至理想状态为止，然后放在平板上于阴凉处晾干。

接下来的步骤与前法相同。

附录 **8** 常见种子植物分科检索表

一、裸子植物门分科检索表

1. 乔木或灌木，或呈棕榈状；叶针形、锥形、刺形、鳞形、条形、披针形、卵形、椭圆形或扇形单叶，或羽状复叶；花无假花被，胚珠无细长的珠被管。完全裸生或珠孔裸露；次生木质部无导管，具管胞，有或多或少的树脂。

  2. 常绿性，叶羽状复叶，聚生于树干上部或块茎上；树干短而常不分枝，植物体呈棕榈状；大孢子叶上部具或深或浅的羽状分裂，成组生于树干（或块茎）顶部羽状叶与鳞状叶之间，不形成球花；或大孢子叶近盾形，两侧生 2 枚胚珠，螺旋状排列于中轴上，呈球花状，生于树干或块茎顶端；种子核果状，无柄 ……………………………苏铁科（Cycadaceae）

  2. 常绿或落叶性，叶为单叶；树干分枝，植物体不呈棕榈状。

    3. 叶扇形，具长柄，有多数叉状细脉，落叶性；雌球花具长梗，顶端常 2 叉（稀 3~5 叉或不分叉），叉端生 1 盘状珠座，其上着生 1 直立胚珠；种子核果状，具长柄（仅 1 属 1 种）…… 银杏科（Ginkgoaceae）

    3. 叶线形、锥形、刺形、鳞形、条形、披针形、卵形、椭圆形，常绿或落叶性；雌球花发育成球果，熟时张开，或因种鳞合生而使球果呈浆果状，熟时不张开或顶端微张开；或雌球花不发育成球果，而发育为核果状或坚果状种子。

      4. 雌球花的珠鳞两侧对称，生于苞鳞腋部（稀缺珠鳞或苞鳞），胚珠生于珠鳞腹面，多数至 3 枚珠鳞组成雌球花；雌球花发育成球果，种鳞有背腹面，扁或盾形，熟时种鳞张开；或因种鳞合生而使球果呈浆果状，熟时不张开或顶端微张开；种子无肉质套被或假种皮，有翅或无翅。

        5. 雌雄同株，稀异株；雄蕊具 2~9 个背腹面排列的花粉囊；球果的种鳞腹（上）面下部或基部（稀种鳞间）着生 1 至多粒种子。

          6. 球果的种磷与苞鳞离生（仅基部合生），每种鳞具 2 粒种子；种子上端具翅、无翅或近于无翅；雄蕊有 2 花粉囊，花粉有气囊或无气囊；或具退化气囊；叶的基部不下延；种鳞与叶均螺旋状排列……………………………… 松科（Pinaceae）

6. 球果的种鳞与苞鳞半合生或完全合生。稀种鳞极小而苞鳞极大或无苞鳞，每种鳞具 1 至多粒种子；种子两侧具窄翅或无翅，或下部具翅，或上部具一大一小不等的翅；雄蕊具 2～9 个花粉囊，花粉无气囊；叶的基部通常下延；种鳞与叶均螺旋状排列或交互对生，或轮生。

7. 种鳞与叶均螺旋状排列，稀交互对生，每种鳞具 2～9 粒种子；种子两侧具窄翅或下部具翅；叶披针形、条形、钻形或鳞形，常绿或落叶性 ··· 杉科（Taxodiaceae）

7. 种鳞与叶均为交互对生或轮生，每种鳞具 1 至多枚种子；种子两侧具窄翅或无翅，或上部有一大一小不等的翅；叶鳞形、刺形或披针形，常绿性 ·· 柏科（Cupressaceae）

5. 雌雄异株，稀同株；雄蕊具 4～20 个悬挂的花粉囊，花粉无气囊；球果的苞鳞（无种鳞）腹（上）面仅有 1 粒种子；种子与苞鳞合生或离生，两侧有翅或无翅；叶钻形、卵形或披针形，常绿性·········· ································· 南洋杉科（Araucariaceae）

4. 雌球花的胚珠 1～2（稀多数）生于花梗上部或顶端的苞腋，被辐射对称或近辐射的囊状或杯状套被所包；或胚珠单生于花轴顶端或侧生短轴顶端，具辐射对称的瓶状或杯状假种皮；或花梗上部的花轴具数对交互对生的苞片，每苞腋着生 2 胚珠，胚珠被瓶状珠皮所包；上述 3 类雌球花均不发育成球果，而发育为核果状或坚果状种子，全部或部分包子肉质套被或假种皮中。

8. 胚珠倒生或半倒生，1～2（稀多数）生于花梗上部或顶端的苞腋，被辐射对称或近辐射对称的囊状或杯状套被所包，有梗或无梗；雄蕊有 2 花粉囊；花粉有气囊；种子核果状，全部被肉质套被所包，着生于肉质或非肉质的总托上；或种子坚果状，生于杯状肉质或较薄而干的套被中，无肉质总托 ·············· 竹柏科（Podocarpaceae）

8. 胚珠直立；雄蕊有 3～9 花粉囊，花粉无气囊；种子核果状，2～8 个生于柄端，或两个成对生于苞腋，全部包于肉质假种皮中，或顶端尖头露出；或种子坚果状，单生叶腋或苞腋，包于杯状肉质假种皮中。

9. 雌球花具长梗，生于小枝基部的苞腋，稀生枝顶，有数对交互对生的苞片，每苞腋着生 2 胚珠，胚珠包于瓶状珠被中；种子核果状，2～8 个生于柄端，全部包于肉质假种皮中；雄球花单生叶腋 ································· 三尖杉科（Cephalotaxaceae）

9. 雌球花具短梗或无梗，单生或两个对生于叶腋或苞腋，基部有多数覆瓦状排列或交互对生的苞片。胚珠单生于花轴顶端或侧生短轴顶端，其下具辐射对称的瓶状或杯状假种皮；种子核果状，全部包于肉质假种皮中，或顶端尖头露出；或种子坚果状，生于杯状肉质假种皮中；雄球花单生叶腋或多数排成穗状花序集生于枝顶 ································ 红豆杉科（Taxaceae）

1. 木质藤本或丛生小灌木；花具假花被，胚珠的珠被顶端延伸成细长的珠被管；次生木质部具导管，无树脂。

　10. 丛生小灌木，半灌木或草本状；叶退化为膜质鞘状，下部合生，上部2～3裂；球花近圆球形，具2～8对交互对生或轮生的苞片；雌球花仅最上端1～3苞片腋部生有雌花，胚珠具1层珠被；雄球花每一苞片的腹面生1雄花，雄花具有2～8枚花丝合生而成的1～2束的雄蕊；种子坚果状 ···························· 麻黄科（Ephedraceae）

　10. 木质藤本；叶宽大似双子叶植物之叶，具羽状侧脉与网状细脉，对生，有柄；球花排成穗状，总苞浅杯状，多轮排列于花序轴上；雌球花序每轮总苞有雌花3～12，排成1轮，胚珠有两层珠被；雄球花序每轮总苞有多数雄花，排成2～4轮，雄花具1～2枚花丝合生的雄蕊；种子核果状 ···························· 买麻藤科（Gnetaceae）

二、被子植物分科检索表

1. 习性为乔木、灌木、半灌木和木质藤本植物。（次项见后）

　2. 寄生或半寄生的绿色植物。

　　3. 半寄生在其他植物根上；核果，具细梭，顶端有4枚叶状苞片 ································ 檀香科（Santalaceae）

　　3. 寄生在其他植物茎枝上；多浆果，叶正常或退化 ················ ································ 桑寄生科（Loranthaceae）

　2. 自养的绿色植物。

　　4. 叶退化或完全退化，或叶片极小，呈鳞片状。

　　　5. 茎枝扁化；叶片退化，托叶鞘退化仅剩横线痕状；单被花，蔟生、雄蕊8枚 ·· 蓼科（Polygonaceae）［竹节蓼属（Homalocladium），栽培观赏］

　　　5. 茎枝正常，纤细；叶退化呈鳞片状，无托叶；两被花，或裸花。

　　　　6. 枝纤细，具明显节；叶鳞片状，轮生；裸花，单性，雌雄同株…

.... 木麻黄科（Casuarinaceae）

    6. 枝无明显节；叶鳞片状，互生；两被花，两性花，总状或圆锥花序顶生，雄蕊 4 枚或 5 枚 .... 柽柳科（Tamaricaceae）

4. 叶片正常，或叶片退化而叶柄呈叶片状。

    7. 荚果，或不开裂的节荚。

        8. 花辐射对称；花瓣镊合状排列，中下部常合生；雄蕊多数...

.... 豆科（Leguminosae）［含羞草亚科（Mimosoideae）］

        8. 花两侧对称；花瓣覆瓦状排列；雄蕊有定数。

            9. 花瓣在芽中呈上覆瓦状排列（最上方的花瓣位于最内方）；雄蕊 10 枚，分离 ....

.... 豆科（Leguminosae）［云实亚科（Caesalpinioideae）］

            9. 花瓣在芽中呈下覆瓦状排列，蝶形花冠；雄蕊 10 枚，常二体，稀单体或分离

.... 豆科（Leguminosae）［蝶形花亚科（Papilionoideae）］

    7. 非荚果，非蝶形花冠。

        10. 茎秆具实心的节和中空的节间，地下具根状茎；叶具叶片和叶鞘，叶片披针形，具平行脉，包着竹秆的叶鞘（箨鞘）常革质，具明显的叶舌和叶耳 ....

.... 禾本科（Gramineae）［竹亚科（Bambusoideae）］

        10. 茎和叶非上述性状。

           11. 花序具佛焰苞 1 枚或多枚。

               12. 茎直立，粗壮不分枝，上端有残存纤维状的不易脱落的老叶鞘；叶丛生茎顶，叶大型，掌状或羽状分裂，或深裂 .... 棕榈科（Palmaceae）

               12. 藤本；叶大型，常羽状深裂，或具多孔，叶柄具膜质叶鞘，叶互生，2 列 ....

天南星科（Araceae）［龟背竹属（*Monstera*），栽培观赏］

           11. 花序不具佛焰苞。

13. 花和果实生于叶片主脉上。

    14. 常绿灌木；叶长达 4 cm，基出弧形脉...................

.... 百合科（Liliaceae）［假叶树属（*Ruscus*），栽培观赏］

    14. 落叶灌木；叶片长 10～15 cm，羽状脉 ....

.... 山茱萸科（Cornaceae）［青荚叶属（*Helwingia*）］

13. 花和果实生于叶腋内或枝顶。

15. 冬芽被包埋于膨大的叶柄基部内（叶柄基部膨大，套着冬芽）。

　16. 藤木；浆果 ························· 猕猴桃科（Actinidiaceae）

　16. 乔木；球形聚花果 1～3 个，生于二年生枝上 ···········
　　··································· 悬铃木科（Platanaceae）（栽培）

15. 叶柄基部正常，冬芽位于叶腋内。

　17. 茎不分枝，具乳汁；单叶，大型，生于茎顶，7～9 裂，叶柄中空，
　　具螺旋状排列的粗大叶痕；花单性；浆果大型 ···········
　　··································· 番木瓜科（Caricaceae）

　17. 习性非上述特征。

　　18. 植物体具卷须，或叶柄代替卷须，木质藤本，或稀蔓状草本。

　　　19. 叶柄缠绕代替卷须 ·································
　　　··············· 毛茛科（Ranunculaceae）［铁线莲属（Clematis）］

　　　19. 具卷须，非叶柄所代替卷须。

　　　　20. 卷须和花序与叶交互对生，卷须有时变为吸盘；两被花···
　　　　··································· 葡萄科（Vitaceae）

　　　　20. 卷须生于叶柄的两侧；单被花 ···················
　　　　··············· 百合科（Liliaceae）［菝葜属（Smilax）］

　　18. 植物体无卷须。

　　　21. 萼片花瓣状，无花瓣，雄蕊多数；瘦果多数，集成头状，成
　　　　熟时花柱伸长呈羽毛状；多为木质藤本 ···············
　　　　··············· 毛茛科（Ranunculaceae）［铁线莲属（Clematis）］

　　　21. 花和果实非上述性状。

　　　　22. 叶对生、轮生或近似对生。（次项见后）

　　　　　23. 叶为各式复叶。

　　　　　　24. 叶由 3～7 枚小叶组成的掌状复叶。

　　　　　　　25. 乔木；枝圆柱形；花瓣离生，雄蕊 5～9 枚···
　　　　　　　················· 七叶树科（Hippocastanaceae）

　　　　　　　25. 灌木或小乔木；枝四棱形；花瓣合生，唇形，雄蕊
　　　　　　　　常 4 枚 ·······························
　　　　　　　　········· 马鞭草科（Verbenaceae）［牡荆属（Vitex）］

　　　　　　24. 叶为三出复叶或羽状复叶。

　　　　　　　26. 双翅果，两翅展开 ········· 槭树科（Aceraceae）

　　　　　　　26. 非双翅果，或有时为单翅的翅果。

　　　　　　　　27. 子房下位，花药外向开裂；髓粗大，皮孔明显···

忍冬科（Caprifoliaceae）［接骨木属（*Sambucus*）］

  27. 子房上位。

    28. 花瓣离生。

      29. 花常两性，心皮2枚或3枚 ………………………………
      ……………………… 省沽油科（Staphyleaceae）

      29. 花常单性，心皮4枚或5枚 ………………………………
      ……………………… 芸香科（Rutaceae）

    28. 花瓣合生，如果花瓣离生，则雄蕊2枚。

      30. 雄蕊2枚，花冠基部合生，或少有离生 …………
      ……………………… 木犀科（Oleaceae）

      30. 雄蕊4枚，二强雄蕊，花冠漏斗状，具5枚开展的
      裂片 ……………………… 紫葳科（Bignoniaceae）

23. 叶为单叶，全缘、具齿或深裂。

31. 两被花，花冠合生。

  32. 子房下位。

    33. 具托叶 ……………………… 茜草科（Rubiaceae）

    33. 无托叶 ……………………… 忍冬科（Caprifoliaceae）

  32. 子房上位。

    34. 雄蕊2枚，有时具不育雄蕊。

      35. 无不育雄蕊 ……………………… 木犀科（Oleaceae）

      35. 具不育雄蕊2枚或3枚。

        36. 落叶乔木或灌木；花萼不整齐，无副花冠 …………
        ……………………… 紫葳科（Bignoniaceae）

        36. 附生常绿矮小半灌木（似草本状）；花萼整齐，具副花
        冠 ……………………… 苦苣苔科（Gesneriaceae）

    34. 雄蕊4枚或5枚。

      37. 植物体具乳汁。

        38. 具副花冠和花粉块，花药合生 …………………………
        ……………………… 萝藦科（Asclepiadaceae）

        38. 无副花冠和花粉块，花药离生 …………………………
        ……………………… 夹竹桃科（Apocynaceae）

      37. 植物体无乳汁。

        39. 常绿攀缘状灌木或半灌木，如为后者，植物体具腺点。

        40. 常绿攀缘状灌木；雄蕊与花冠裂片互生 …………

马钱科（Loganiaceae）［蓬莱葛属（*Gardneria*）］

40. 常绿半灌木；具匍匐根状茎；叶、花、果均具腺点；
雄蕊与花冠裂片对生 …… 紫金牛科（Myrsinaceae）

39. 落叶植物。

41. 花辐射对称，花萼和花冠均 4 裂，雄蕊 4 枚，等长
………………………… 醉鱼草科（Buddlejaceae）

41. 花常两侧对称，花冠常 5 裂，雄蕊 4 枚或 5 枚。

42. 灌木，幼枝光滑；花萼叶质，雄蕊等长 ………
………………………… 马鞭草科（Verbenaceae）

42. 乔木，幼枝被星状绒毛；花萼革质，雄蕊 2 长 2
短 ………………… 玄参科（Scrophulariaceae）

31. 裸花或单被花，若两被花，则花被离生。

43. 双翅果，果翅呈"八"字形开展 ………… 槭树科（Aceraceae）

43. 非双翅果，可以是具单翅的翅果。

44. 裸花、单被花，或花冠退化为鳞片，而萼片变成花瓣状。

45. 具长枝和短枝，短枝密生环纹；叶在一年生长枝上对生，在短枝
上互生；花单性，雌雄异株，裸花 …………………
………………… 连香树科（Cercidiphyllaceae）

45. 习性非上述性状。

46. 裸花，芳香，苞片近三角形，雄蕊 1 ~ 3 枚，合生，花丝极短；
叶集生顶端 ………………… 金粟兰科（Chloranthaceae）

46. 单被花，或退化的两被花。

47. 花被片多数，螺旋状排列，花药外向开裂 ………………
……………… 腊梅科（Calycanthaceae）

47. 花被片 4 枚或 5 枚，或两被花的花冠退化为鳞片状。

48. 花被离生。

49. 叶片分裂或有齿，基出脉；子房 1 室，雄蕊与花被片同
数且对生 ………………… 荨麻科（Urticaceae）

49. 叶全缘，羽状脉；子房 3 室，雄蕊与花被片同数且互生
………………… 黄杨科（Buxaceae）

48. 花被合生，或花冠退化为鳞片状或缺。

50. 雄蕊 4 枚或 5 枚，子房 2 ~ 4 室 ………………
………………… 鼠李科（Rhamnaceae）

50. 雄蕊 8 枚，两轮，生于花被筒上，子房 1 室 …………

 ··· 瑞香科（Thymelaeaceae）
44. 两被花。
　51. 子房上位，有时花盘发达使得子房藏于花盘内。
　　52. 子房16～21室，浆果具宿存的花柱；花单生枝顶，花萼6裂，花瓣6枚，雄蕊多数，花药肾形，丁字状着生 ·················
 ··· 海桑科（Sonneratiaceae）
　　52. 子房室数小于10；花非单生枝顶。
　　　53. 雄蕊多数，具副萼片4枚 ·····································
 ···················· 蔷薇科（Rosaceae）［鸡麻属（*Rhodotypos*）］
　　　53. 雄蕊4枚或5枚，或10枚，无副萼片。
　　　　54. 雄蕊10枚。
　　　　　55. 果实被宿存的肉质花瓣；雄花序先叶开放；叶基出3脉
 ···················· 马桑科（Coriariaceae）
　　　　　55. 果实具条形翅状附属物；花梗中部以下有节；叶非基出脉 ···················· 金虎尾科（Malpighiaceae）
　　　　54. 雄蕊4枚或5枚。
　　　　　56. 蒴果，种子具红色假种皮 ········· 卫矛科（Celastraceae）
　　　　　56. 核果 ···································· 鼠李科（Rhamnaceae）
　51. 子房下位或半下位。
　　57. 具副花冠；叶常具3～9条基出脉 ···························
 ···················· 野牡丹科（Melastomataceae）
　　57. 无副花冠。
　　　58. 花萼肉质肥厚，萼筒5～7裂，萼齿宿存，花瓣5～7枚，生于萼筒内，具皱纹；浆果上部6室，下部3室，具肥厚革质的果皮 ···················· 石榴科（Punicaceae）
　　　58. 花和果实非上述性状。
　　　　59. 多体雄蕊，雄蕊无定数，花丝细长，基部连结成数束，雄蕊稍不整齐 ···················· 金丝桃科（Hypericaceae）
　　　　59. 非多体雄蕊。
　　　　　60. 常绿植物。
　　　　　　61. 叶全缘；两性花。
　　　　　　　62. 叶常有腺点；基出脉明显 ··· 桃金娘科（Myrtaceae）
　　　　　　　62. 叶无腺点；叶脉不明显；生于海滩，种子离母树前发芽 ···················· 红树科（Rhizophoraceae）

61　叶有齿；单性花，雌雄异株 ……………………………
　　………………………… 山茱萸科（Cornaceae）

60．落叶植物。

63．雄蕊4枚，与花瓣互生 ……… 山茱萸科（Cornaceae）

63．雄蕊8~10枚，或更多。

64．雄蕊8枚或10枚，2轮着生 …………………………
　　………………………… 使君子科（Combretaceae）

64．雄蕊8枚或10枚，或更多，1轮着生。

65．花组成花序，花梗短，雄蕊常10枚 …………
　　………………………… 虎耳草科（Saxifragaceae）

65．花单生或簇生叶腋，花梗细长，花下垂，雄蕊8
枚 ……………………………………………
柳叶菜科（Onagraceae）[倒挂金钟属（Fuchsia），
栽培观赏]

22．叶互生，或簇生于枝顶或短枝上。（次项见前）

66．叶为各种复叶。（次项见后）

67．藤本植物；掌状或三出复叶，或羽状复叶。

68．雄蕊10枚，长短不齐，或5长5短；蓇葖果，具假种皮 ……
　　………………………………… 牛栓藤科（Connaraceae）

68．雄蕊和种子非上述性状。

69．叶片基部对称；浆果，3~12枚心皮轮生，多数不育 ………
　　………………………………… 木通科（Lardizabalaceae）

69．叶片基部不对称；许多浆果组成球状聚合果 ………………
　　………………………………… 人血藤科（Sargentodoxaceae）

67．乔木、灌木，或蔓生灌木。

70．两被花，花冠合生，雄蕊2枚 ……………………………
　　………………… 木犀科（Oleaceae）[茉莉属（Jasminum），栽培]

70．单被花和裸花，或两被花，其花冠离生。

71．子房下位。

72．单被花，单性，雌雄同株，雄花为柔荑花序 ………………
　　………………………………… 胡桃科（Juglandaceae）

72．两被花，两性。

73．花托壶状，雄蕊多数，雄蕊和花瓣共同着生于花托筒边缘；
梨果 ………… 蔷薇科（Rosaceae）[苹果亚科（Maloideae）]

73. 花托非互状，雄蕊与花瓣同数；核果或浆果 …………………
　　　　……………………………………… 五加科（Araliaceae）
71. 子房上位，有时花盘发达包埋着子房。

74. 二回三出复叶；花大，单朵或数朵顶生，或同时腋生，花瓣5
　　枚至多数，雄蕊多数，心皮2~7枚，蓇葖果 …………………
　　　　……………………………………… 芍药科（Paeoniaceae）
74. 非二回三出复叶。

75. 掌状三出复叶；单被花，单性，雌雄异株，子房常3室，稀4室
　　………………………………………… 大戟科（Euphorbiaceae）
75. 多为羽状复叶；花常两性。

76. 单身复叶，或羽状复叶，叶片具透明油点；全株含挥发油；花盘
　　发达，药隔末端常有油点；柑果或蓇葖果…… 芸香科（Rutaceae）
76. 非单身复叶，多为羽状复叶；叶片内无透明油点。

77. 雄蕊和花瓣共同着生于壶状和杯状花托筒的边缘；雄蕊多数，
　　花丝基部多少合生 ……………………… 蔷薇科（Rosaceae）
　　［绣线菊亚科（Spiraeoideae）；蔷薇亚科（Rosoideae）］
77. 雄蕊有定数，4~10枚，非上述着生方式。

78. 花瓣5枚，不等大，外面3枚大，内侧2枚小，常2裂；雄蕊
　　5枚，外面3枚不育，内侧的2枚与小花瓣对生 …………
　　　　……………… 清风藤科（Sabiaceae）［泡花树属（Meliosma）］
78. 花瓣或花被片等大，雄蕊非上述性状。

79. 雄蕊数常为花瓣的2倍。

80. 雄蕊花丝合生成管状，顶端10~12裂，10~12枚花药着
　　生在裂片间的内侧 ……………………… 楝科（Meliaceae）
80. 雄蕊离生，6枚或10枚，生于花盘边缘；小叶对生，基
　　部歪斜，常绿植物 ……………………… 橄榄科（Burseraceae）
79. 雄蕊数与花瓣数非2倍关系，花丝不合生成管状。

81. 常绿灌木；花药瓣裂，或纵裂…… 小檗科（Berberidaceae）
81. 落叶灌木或乔木。

82. 偶数羽状复叶。

83. 小叶基部对称；蒴果 ………………………………
　　　　……………… 楝科（Meliaceae）［香椿属（Toona）］
83. 小叶基部歪斜，不对称；核果。

84. 小叶披针形，顶端渐尖，全缘 …………………

.... 漆树科（Anacardiaceae）

84. 小叶卵状披针形至长椭圆形，顶端较钝，果基部常有不育的雌蕊 .... 无患子科（Sapindaceae）

82. 奇数羽状复叶。

85. 花萼合生，钟形，5 齿裂；花瓣 5 枚，具爪，生于萼筒上部；雄蕊 8 枚；子房 3 室，蒴果 ....
.... 钟萼木科（Bretschneideraceae）

85. 花萼和花瓣非上述性状。

86. 具托叶和小托叶 ....
省沽油科（Staphyleaceae）[银鹊树属（*Tapiscia*）]

86. 无托叶。

87. 二回羽状复叶；蒴果，肿胀中空，膜质，成熟时 3 瓣裂 .... 无患子科（Sapindaceae）

87. 一回羽状复叶；核果或翅果。

88. 树皮常含树脂、乳汁或漆汁；心皮合生，花丝基部光滑 ....
.... 漆树科（Anacardiaceae）

88. 树皮不含分泌汁，但味极苦；心皮多离生，花丝基部有鳞片 ....
.... 苦木科（Simaroubaceae）

66. 叶为单叶，全缘或各种程度的分裂或深裂。（次项见前）

89. 雄蕊和花瓣共同着生在壶状或杯状花托的边缘。

90. 子房上位。

91. 1 枚心皮，核果 ....
.... 蔷薇科（Rosaceae）[李亚科（Prunoideae）]

91. 多枚心皮，分离，或合生。

92. 托叶发达；聚合瘦果，生于凸或凹的花托上；花萼宿存 ....
.... 蔷薇科（Rosaceae）[蔷薇亚科（Rosoideae）]

92. 常无托叶；聚合蓇葖果，或蒴果 ....
.... 蔷薇科（Rosaceae）[绣线菊亚科（Spiraeoideae）]

90. 子房下位；梨果 ..... 蔷薇科（Rosaceae）[苹果亚科（Maloideae）]

89. 雄蕊和花瓣非上述着生方式。

93. 具副萼，单体雄蕊，花丝结合成筒状，套在花柱外，花药单室 ....
.... 锦葵科（Malvaceae）

93. 无副萼，花丝常分离，花药两室。

  94. 叶盾状着生；否则花瓣顶端 2 裂；藤本植物 ………………………………
    …………………………………… 防己科（Menispermaceae）

  94. 叶非盾状着生。

    95. 花药顶孔开裂。

      96. 花两侧对称，花瓣 3 ~ 5 枚，不等大，中央 1 瓣为龙骨瓣状，雄蕊 8 枚，花丝合生，成鞘状 ………… 远志科（Polygalaceae）

      96. 花辐射对称；雄蕊多数，离生；蒴果外被密刺；种子红色；枝条具环状托叶痕，叶具基出脉 5 条………… 红木科（Bixaceae）

    95. 花药非顶孔开裂方式。

  97. 全株具银白色或褐锈色盾状或星状鳞片，尤其叶背明显；常为灌木，多有棘刺 ………………………… 胡颓子科（Elaeagnaceae）

  97. 植物体无盾状或星状鳞片。

    98. 裸花，或单被花。（次项见后）

    99. 裸花，或至少雄花无花被。

      100. 叶片和枝条折断后，有白色纤细粘胶丝相连 ………………
        …………………………………… 杜仲科（Eucommiaceae）

    100. 枝和叶无上述特征。

      101. 柔荑花序，或至少雄花为柔荑花序。

        102. 雌雄异株，裸花基部有杯状花盘或腺体；蒴果
          …………………………………… 杨柳科（Salicaceae）

        102. 雌雄同株，花无花盘或腺体；坚果或翅果 ………
          …………………………………… 桦木科（Betulaceae）

      101. 花序穗状、球状，或簇生于叶腋。

        103. 落叶乔木；花 6 ~ 12 朵簇生于两年生枝上，早春先叶开放，花两性，雄蕊 6 ~ 14 枚；翅果 …………
          …………………………………… 领春木科（Eupteleaceae）

        103. 常绿植物；花序穗状，或雌花序球状。

          104. 乔木或灌木；叶楔状倒卵形 ………………
            …………………………………… 杨梅科（Myricaceae）

          104. 藤本或蔓生植物；叶卵状披针形 …………
            …………………………………… 胡椒科（Piperaceae）

    99. 单被花。

      105. 子房下位，多为柔荑花序，至少雄花为柔荑花序；侧脉常直达叶缘

或齿尖。

106. 坚果或翅果，坚果外面被果包托着或半包着 ……………………………………………… 桦木科（Betulaceae）

106. 坚果，生于壳斗内，壳斗具刺或鳞状齿 … 壳斗科（Fagaceae）

105. 子房上位，稀为柔荑花序。

107. 花被片 1~5 枚，1 轮着生。

108. 花被合生成管状，4 裂或 5 裂。

109. 雄蕊 8~10 枚，2 轮，生于花被管中上部，几乎无花丝 ……………………………… 瑞香科（Thymelaeaceae）

109. 雄蕊 4 枚或 5 枚，1 轮，生于花被管中下部…………………………………………… 山柑科（Opiliaceae）

108. 花被片离生，或花蕾期花被管状，开放时分离。

110. 雄蕊与花被裂片同数，或为其 2 倍，且与之对生。

111. 叶基部歪斜，羽状侧脉较多，直伸叶缘外，常具重锯齿，或基出脉；花单生或簇生成聚伞花序 ………………………………………… 榆科（Ulmaceae）

111. 叶基部对称。

112. 常具白色乳汁；常具环状托叶痕；隐头花序、柔荑花序、复聚伞花序，或花序球形；聚花果 ………………………………………… 桑科（Moraceae）

112. 无白色乳汁；单果。

113. 半灌木状纤维植物；花柱宿存，瘦果完全为花被管所包裹 ……………………………… 荨麻科（Urticaceae）［苎麻属（Boehmeria）］

113. 非纤维植物（叶二回羽状分裂，如同复叶：银桦属［Grevillea］）；花被和花柱脱落；花盘 4 裂 ………………… 山龙眼科（Proteaceae）

110. 雄蕊数与花被裂片无规则的数量关系，且多与之互生。

114. 单体雄蕊，心皮 5 枚；蒴果呈蓇葖果状，成熟时裂开为叶状果瓣，2~5 粒种子生于果瓣基部的边缘；树皮青绿色，光滑，侧枝轮生 ………………… 梧桐科（Sterculiaceae）［梧桐属（Firmiana）］

114. 雄蕊和果实非上述性状。

115. 常绿植物。

116. 枝常有棘刺；叶卵形，长 4~8 cm ·············
    大风子科（Flacourtiaceae）［柞木属（*Xylosma*）］

116. 茎和枝无棘刺；叶长椭圆形。

    117. 叶片长 3~7 cm；蒴果 ·····················
    金缕梅科（Hamamelidaceae）［蚊母树属（*Distylium*）］

    117. 叶片长 10~15 cm；核果 ·················
    ············· 交让木科（Daphniphyllaceae）

115. 落叶植物。

    118. 叶片掌状 3~7 裂，掌状脉 5~7 条，托叶线形，红色，早落；蒴果集成球状果序，花柱宿存，针刺状 ···
    金缕梅科（Hamamelidaceae）［枫香属（*Liquidambar*）］

    118. 叶片全缘，稀 3 浅裂；蒴果不集成球状果序。

      119. 植物体常具乳汁；具 3 室（稀 2 室）的蒴果，每室 1 粒种子 ·····················
      ················ 大戟科（Euphorbiaceae）

      119. 植物体无乳汁；具 1 室的蒴果或浆果，蒴果有多数种子
      ················ 大风子科（Flacourtiaceae）

107. 花被片 6 枚，或更多，2 轮或多轮着生。

120. 藤本植物；叶柄常红色；花柄较长，花托在果期延长，稀不延长，具穗状或球状的聚合果·········· 五味子科（Schisandraceae）

120. 乔木或灌木。

    121. 枝条在节处具针刺，短枝上的叶簇生
    ····································· 小檗科（Berberidaceae）

    121. 枝条在节处无针刺，叶互生，或簇生于枝顶端。

122. 花药瓣裂；雌蕊 2 枚或 3 枚心皮，合生；叶常具基出脉，揉碎有香味 ······························· 樟科（Lauraceae）

122. 花药非瓣裂；雌蕊多枚心皮，离生。

    123. 枝具环状托叶痕；花单生枝顶，心皮多数，雄蕊和心皮均螺旋状排列在棒状花托上；蓇葖果聚合成穗状 ··············
    ····················· 木兰科（Magnoliaceae）

123．枝无环状托叶痕；花单生叶腋，心皮 5～21 枚，轮状排列，1 轮；骨葖果排列成星芒状 ……… 八角茴香科（Illiciaceae）

98．两被花，花冠合生或离生。（次项见前）

124．子房上位。（次项见后）

125．花冠离生。（次项见后）

126．单体雄蕊，花丝连成管状，顶端 5 裂，每两裂片间具 3 枚雄蕊，子房有柄 …………………… 梧桐科（Sterculiaceae）

126．花非上述性状。

127．树皮汁液具有强烈臭味；叶先端内凹；圆锥花序顶生，不育花的小花梗伸长，其上被有开展的紫色羽毛状长柔毛 ……………………………… 漆树科（Anacardiaceae）［黄栌属（Cotinus）］

127．树皮和花序无上述特征。

128．雄蕊 4 枚或 5 枚，有时具退化雄蕊；当雄蕊 10 枚时，花丝基部多少合生。

129．雄蕊 10 枚，花丝合生；或 10 枚中 5 枚退化，花丝基部合生；花 5 基数。

130．花瓣内方具 2 枚舌状附属物；花柱异长 ……………………… 古柯科（Erythroxylaceae）

130．花瓣正常；花柱同型；常有 5 枚退化雄蕊 ……………………………… 亚麻科（Linaceae）

129．雄蕊 4 枚或 5 枚，花丝分离。

131．雄蕊与花瓣互生。

132．花丝常于药室下有毛；柱头 4 裂 …………………………………… 茶茱萸科（Icacinaceae）

132．花丝无毛；柱头非 4 裂。

133．叶片散生细小油点；花单性，雌雄异株，雄花为总状花序，每花具 1 大型苞片；花 4 基数；蒴果 ……………………………… 芸香科（Rutaceae）［日本常山属（Orixa）］

133．叶片无细小油点。

134．叶簇生于枝端，倒卵形；花瓣常向外反卷，侧膜胎座；蒴果 3 瓣裂 ……………………… 海桐科（Pittosporaceae）

134．叶散生枝上；果非上述性状。

135. 花具发达的花盘；蒴果或翅果，种子多有红色假种皮 ……………………………………………… 卫矛科（Celastraceae）

135. 花无发达的花盘；浆果状核果 ……………………………………………… 冬青科（Aquifoliaceae）

131. 雄蕊与花瓣对生。

136. 植物体无刺；花瓣大小不一，内方 2 枚常较小 ……………………………… 清风藤科（Sabiaceae）

136. 植物体常有刺；花瓣大小一致，花瓣生于萼筒内，比花萼短，常与雄蕊等长 ……………………………………………… 鼠李科（Rhamnaceae）

128. 雄蕊 6 枚至多数。

137. 植物体具乳汁；叶柄上端具 2 枚腺体；子房 2～5 室，每室 1 粒胚珠 ………………… 大戟科（Euphorbiaceae）［油桐属（Aleurites）］

137. 植物体无乳汁；叶柄上端无腺体。

138. 花具 2 枚小苞片，常对生于萼下。

139. 花单生或簇生叶腋；萼片和花瓣多为 5 枚，雄蕊多数 …………………………………………… 山茶科（Theaceae）

139. 穗状或总状花序；萼片和花瓣均 4 枚，雄蕊 8 枚 …………………………………………… 旌节花科（Stachyuraceae）

138. 花无小苞片，或具 1 枚小苞片，有时花序轴具 1 枚大型舌状苞片。

140. 叶 3～5 基出脉；花序轴有时具 1 舌形苞片；花瓣基部具 1 枚腺体，有时花瓣比萼片小 ………………… 椴树科（Tiliaceae）

140. 叶多为羽状脉；花序轴绝无舌形苞片。

141. 花萼 3 枚，花瓣 6 枚，2 轮生；雄蕊 6 枚，药隔外伸；心皮 6 枚或多数 ………………… 番荔枝科（Annonaceae）

141. 花萼、花瓣和雄蕊非上述性状。

142. 常绿乔木；花瓣比萼片稍短或近等长，上部浅裂；核果或蒴果 …………………… 杜英科（Elaeocarpaceae）

142. 落叶植物；花瓣比萼片大或稍长；蒴果。

143. 由 3～6 枝总状花序组成顶生的圆锥花序；花瓣顶端微缺 …………………… 山柳科（Clethraceae）

143. 圆锥花序顶生或腋生；花瓣有爪，内卷，边缘波状皱缩；叶序对生不整齐 …………………… 千屈菜科（Lythraceae）［紫薇属（Lagerstroemia）］

125. 花冠合生。（次项见前）

    144. 花冠具紫斑点；二强雄蕊；叶肉质，全缘 ·················
    ······················· 苦槛蓝科（Myoporaceae）

    144. 花冠和雄蕊非上述性状。

      145. 叶片、花萼和果实上均有腺点 ······ 紫金牛科（Myrsinaceae）

      145. 叶片、花萼和果实上均无腺点。

        146. 常具刺的蔓状灌木；花丝基部有毛环；浆果 ·········
        ·············· 茄科（Solanaceae）［枸杞属（Lycium）］

        146. 植物体无刺；花丝基部无毛环。

          147. 雄蕊与花冠裂片同数或 2 倍，花药常有芒状附属物，顶端孔裂，花粉常为四分体 ·················
          ························· 杜鹃花科（Ericaceae）

          147. 雄蕊非上述性状。

            148. 花萼裂片、花冠裂片和雄蕊数均为 5 枚（典型的 5 基数花）。

              149. 花常组成大型花序；核果或小坚果 ··········
              ··················· 紫草科（Boraginaceae）

              149. 花常单生，或腋外生；浆果，种子多数 ······
              ··················· 茄科（Solanaceae）

            148. 花萼裂片、花冠裂片和雄蕊数非都为 5 枚。

              150. 单性花，稀杂性；花萼深裂，果期增大宿存；浆果 ······················ 柿树科（Ebenaceae）

              150. 两性花，稀杂性；花萼浅裂，果期宿存，不增大；核果或蒴果 ······ 野茉莉科（Styracaceae）

124. 子房下位，或半下位。（次项见前）

    151. 花冠离生，但有时花瓣在蕾期合生，开放时离生且反卷。

      152. 植物体具棘刺；叶簇生；花萼合生，肉质肥厚，花瓣生于萼筒内，有皱纹，雄蕊多数，不等长；浆果，果皮革质 ··············
      ··························· 石榴科（Punicaceae）

      152. 植物体无棘刺；花非上述特征。

        153. 花序轴具关节；花瓣与萼片同数，线形或舌形，在蕾期结合成管状，开放时离生且反卷 ······· 八角枫科（Alangiaceae）

        153. 花序轴无关节；花瓣在蕾期不合生，或与花萼合生成一帽状体。

154. 叶常具透明腺点；花瓣形成帽状体 ……………………
………………………………… 桃金娘科 （Myrtaceae）

154. 叶无透明腺点。

155. 常绿植物。

156. 乔木或灌木；花萼、花瓣和雄蕊数均为 5 枚；蒴
果，2 瓣裂 ……………………………………………
虎耳草科 （Saxifragaceae）［鼠刺属 （Itea）］

156. 藤本植物；具气生根 …………………………
五加科 （Araliaceae）［常春藤属 （Hedera）］

155. 落叶植物。

157. 叶全缘。

158. 单性花；球状花序顶生，或聚伞状总状花序…
………………………………… 紫树科 （Nyssaceae）

158. 两性花；伞房状聚伞花序顶生 ……………
……………………………… 山茱萸科 （Cornaceae）

157. 叶片具齿。

159. 伞形或球状花序………… 五加科 （Araliaceae）

159. 常总状花序，花稀单生或簇生。

160. 植物体具星状毛；木质蒴果 ……………
……………………… 金缕梅科 （Hamamelidaceae）

160. 植物体常无星状毛；浆果，常有宿存的花萼
………………………… 虎耳草科 （Saxifragaceae）

151. 花冠合生。

161. 有长枝和短枝之分；花冠筒内面近花药处有 1 束糙毛，具副花萼
………………………………… 铁青树科 （Olacaceae）

161. 无长枝和短枝之分；花非上述性状。

162. 雄蕊与花瓣裂片同数或 2 倍，雄蕊着生于花盘基部，花药顶
端孔裂，常有芒状附属物，花粉常为四分体 ……………
………………………………… 杜鹃花科 （Ericaceae）

162. 花药非孔裂，药隔顶端无芒状附属物，花粉不为四分体。

163. 花冠 5 裂，裂片向一侧开展，内面有毛；花柱或柱头周围
有碗状突起 ……………… 草海桐科 （Goodeniaceae）

163. 花冠和花柱非上述特征。

164. 植物体常具星状毛或鳞片；雄蕊为花冠裂片 2 倍，整

齐，或 5 枚长 5 枚短，花丝基部常合生成筒；核果或蒴果，花萼裂片常脱落 ………… 野茉莉科（Styracaceae）

164. 植物体常具绒毛或柔毛；雄蕊多数，参差不齐，花丝分离或合生成几组；浆果状核果，顶端具宿存的萼裂片 ……………………………… 山矾科（Symplocaceae）

1. 习性为一年生或多年生草本植物，或草质藤本植物。（次项见前）

165. 非绿色的寄生或腐生草本植物，叶常退化；有时茎为绿色，但叶绝非绿色。

166. 寄生缠绕性草质藤本植物。

167. 花冠合生，雄蕊 5 枚，花簇生呈球状 …………………………… ………………… 旋花科（Convolvulaceae［兔丝子属（Cuscuta）］

167. 花被片 6 枚，离生，2 轮；雄蕊 9 枚，3 轮，花药瓣裂；穗状花序 ………………… 樟科（Lauraceae）［无根藤属（Cassytha）］

166. 直立的草本植物。

168. 寄生于其他植物根上。

169. 花单性，单被花，花被片离生 …… 蛇菰科（Balanophoraceae）

169. 花两性，两被花，花冠合生 ………… 列当科（Orobanchaceae）

168. 腐生草本植物。

170. 叶退化成鞘状鳞片，生于块茎的节上；具大型总状花序；花被合生成壶状，歪斜 …… 兰科（Orchidaceae）［天麻属（Gastrodia）］

170. 叶为鳞片状，在茎上互生；非大型总状花序。

171. 小型草本，高 10～20 cm；花单生茎顶，或 3～8 朵成偏向一侧的总状花序 …………………………… 鹿蹄草科（Pyrolaceae）

171. 大型草本，高 50～100 cm；大型总状圆锥花序 ………………… ………………… 兰科（Orchidaceae）［珊瑚兰属（Galeola）］

165. 绿色草本植物。

172. 食虫草本植物；叶片具捕虫器官。

173. 纤细草本，沼生；叶基生，线形或匙形，长 1 cm，基部有捕虫囊，花期萎缩消失；花冠合生，唇形 ……………………… ………………………………………… 狸藻科（Lentibulariaceae）

173. 陆生，光合作用叶片椭圆形，顶生筒状捕虫囊，具盖；花单性，萼片 4 枚，无花瓣，雄蕊的花丝合生 ………………… ………………………………………… 猪笼草科（Nepenthaceae）

172. 非食虫草本植物；叶片无捕虫器官。

174. 水生植物，有时具两型叶，其中挺水植物为具两型叶者。（次项见后）

175. 漂浮水面的微小叶状体，直径 0.5～10mm；无茎；具不分枝的不定根或无根 ·················· 浮萍科（Lemnaceae）

175. 具根、茎、叶的植物。

176. 叶片圆形，大型，盾状着生，挺出水面；根状茎肥厚，具气道 ·················· 睡莲科（Nymphaeaceae）

176. 叶片非盾状着生。

177. 叶柄中部呈球形膨大，内具海绵状气腔。

178. 浮水叶菱状三角形，具齿；果实具 2～5 枚尖角 ·················· 菱科（Trapaceae）

178. 叶片宽卵形或卵状心形，全缘 ·················· ·················· 雨久花科（Pontederiaceae）

177. 叶柄粗细均匀，不膨大；或无叶柄。

179. 花序自佛焰苞中抽出，或雄花序具佛焰苞。

180. 浮水植物；叶倒卵状楔形，簇生，皱缩，具绒毛 ········· 天南星科（Araceae）［大漂属（Pistia）］

180. 沉水植物；叶线形或披针形；常雌雄异株，子房下位 ·················· 水鳖科（Hydrocharitaceae）

179. 花序无佛焰苞。

181. 叶片一至数回分裂，或分叉，叶同型或异型。

182. 叶互生。

183. 叶三至四回三出细裂；花被片离生 ········· 毛茛科（Ranunculaceae）［水毛茛属（Batrachium）］

183. 叶二至三回羽状分裂；花冠合 ·················· ·················· 狸藻科（Lentibulariaceae）

182. 叶对生或轮生。

184. 同型叶，或仅花序的苞叶异型；沉水植物。

185. 叶轮生，一至二回二歧分叉，裂片细而圆，有刺突；果实具 3～5 枚刺 ········· ······ 金鱼藻科（Ceratophyllaceae）

185. 叶对生，叉状反复分裂，裂片条形，扁平；果实光······莼菜科（Cabombaceae）

［水盾草属（*Cabomba*）］

184．具两型叶（营养叶为异型叶）。

186．叶背面具腺点 ……………………

………… 玄参科（Scrophulariaceae）

186．叶背面无腺点

………… 小二仙草科（Haloragidaceae）

181．叶片不分裂。

187．叶狭条形，边缘有齿或刺，无柄，具托叶鞘；沉水植物；雄蕊1枚。

188．叶对生 ……………………… 茨藻科（Najadaceae）

188．叶3枚或4枚轮生 ………… 角果藻科（Zannichelliaceae）

187．叶片边缘常无刺，有叶柄，无托叶鞘。

189．球状花序1~4个，腋生；每花具膜质苞片3枚；花丝基部宽扁，稍合生 ………………………

…… 苋科（Amaranthaceae）［莲子草属（*Alternanthera*）］

189．非球状花序。

190．叶片卵形、圆形或肾形，基部心形。

191．叶柄粗壮，基部具鞘 ………………………

………………… 雨久花科（Pontederiaceae）

191．叶柄细长，基部无鞘，叶圆形或肾形。

192．叶片背面中央有海绵状漂浮组织，叶缘较薄

………………… 水鳖科（Hydrocharitaceae）

192．叶片背面中央无海绵状漂浮组织。

193．掌状脉序；花单生，花5基数

………………… 睡菜科（Menyanthaceae）

193．弧形脉序；大型圆锥花序或总状花序，花3基数 ………… 泽泻科（Alismataceae）

190．叶基部非心形。

194．叶具平行脉；花芽外面包有托叶鞘，或每花具苞片。

195．叶矩圆形，具细长柄；花被片2枚；穗状花序单生花葶顶端 ………………………

………… 水蕹科（Aponogetonaceae）

195．叶线形或条形，常具叶鞘；花被片4~6枚，

常具爪，稀无花被 ……………………

……………… 眼子菜科（Potamogetonaceae）

194. 叶具羽状脉；花芽外面无托叶鞘。

196. 单性花；雄蕊1枚 ……………………

………………… 水马齿科（Callitrichaceae）

196. 两性花；雄蕊2～12枚。

197. 叶互生 ……………………………

柳叶菜科（Onagraceae）［水龙属（*Jussiaea*）］

197. 叶对生 ……………………………

胡麻科（Pedaliaceae）［茶菱属（*Trapella*）］

174. 陆生植物，偶具单型叶的挺水植物。（次项见前）

198. 叶退化为膜质鳞片、刺，或缺，或不育枝上的叶与花葶上的叶两型。

199. 肉质草本植物，或根状茎肉质，扁平。

200. 叶常退化或缺，鳞片状叶的叶腋生刺；茎肥厚，扁或圆；雄蕊多数 ……………… 仙人掌科（Cactaceae）（栽培观赏）

200. 不育枝上的叶条形，花葶上的叶6～9指状裂；萼片2枚，无花瓣，雄蕊1枚 ………… 川苔草科（Podostemanaceae）

199. 非肉质草本植物。

201. 叶退化为膜质鳞片，叶状枝线形或针形，1至数枚簇生于退化叶的叶腋；具数个纺锤形块根；蔓生植物或藤本 ………

………… 百合科（Liliaceae）［天门冬属（*Asparagus*）］

201. 叶退化仅存膜质叶鞘；茎不分枝，簇生，常湿生或沼生。

202. 叶鞘开裂；由单花组成聚伞或圆锥花序，生于花序总梗的中上部 ………………… 灯心草科（Juncaceae）

202. 叶鞘闭合；由小穗组成聚伞花序，或小穗单生，常具地下球茎 ………………… 莎草科（Cyperaceae）

198. 叶具正常的叶片。

203. 由管状花和舌状花，或全由管状花或舌状花，组成的头状花序，花序外由1至数层总苞片组成的总苞围绕，即头状花序；雄蕊5枚，花药聚合；柱头外伸，2裂 ………… 菊科（Compositae）

203. 花序和花非上述性状。

204. 荚果或不开裂的节荚；花多数为蝶形花冠，雄蕊多数10枚，二体雄蕊，或4枚雄蕊。

205．雄蕊 4 枚；花冠镊合状排列，辐射对称 ……………… 豆科（Leguminosae）［含羞草亚科（Mimosoideae）］

205．雄蕊 10 枚，二体雄蕊或分离；蝶形花冠 ………………… 豆科（Leguminosae）［蝶形花亚科（Papilionoideae）］

204．非荚果，非二体雄蕊。

206．角果；花冠十字形，花瓣具爪，四强雄蕊 ……………… …………………… 十字花科（Cruciferae）

206．花和果实非上述性状。

207．伞形或复伞形花序；双悬果；叶柄基部具鞘抱茎；植株具辛香气 …………… 伞形科（Umbelliferae）

207．花序、果实和叶柄均非上述性状。

208．具膜质或草质的筒状托叶鞘；瘦果；花被呈花瓣状，常宿存 ……………… 蓼科（Polygonaceae）

208．无筒状托叶鞘。

209．具卷须的藤本植物。

210．卷须与叶对生，多分叉；子房上位 ……… …………………… 葡萄科（Vitaceae）

210．卷须生于叶腋，或与叶柄成 90°角。

211．卷须与叶柄成 90°角；子房下位，瓠果 …………… 葫芦科（Cucurbitaceae）

211．卷须生于叶腋。

212．卷须单一不分枝，叶柄顶端有 1 对腺体；副花冠为 1 至数轮丝状体， ………… 西番莲科（Passifloraceae）

212．卷须 2 叉，叶柄无腺体 …………… 无患子科（Sapindaceae）［倒地铃属（Cardiospermum）］

209．直立或匍匐草本，或无卷须的藤本植物。

213．缠绕的草质藤本植物。

214．叶片盾状着生。

215．枝和叶柄有倒向钩刺，叶片三角形；托叶草质，圆形穿茎 … …………………… 蓼科（Polygonaceae）

215．枝和叶柄无刺，叶片近圆形，无托叶。

216．花小，不明显，雌雄异株 ……… 防己科（Menispermaceae）

216. 花大而艳丽，花萼具 1 枚长距 ······························
················· 旱金莲科（Tropaeolaceae）（栽培观赏）

214. 叶片非盾状着生。

217. 叶互生。

218. 植物体常具乳汁。

219. 单叶，全缘或各种深裂；蕾期花冠扭旋，花期花冠呈喇叭
状 ····························· 旋花科（Convolvulaceae）

219. 单叶或复叶，不裂；蕾期花冠不扭旋，花期花冠呈钟状···
························· 桔梗科（Campanulaceae）

218. 植物体无乳汁。

220. 单性花。

221. 掌状脉序；花瓣顶端 2 裂；核果 ···················
····················· 防己科（Menispermaceae）

221. 弧状脉序；有时中上部的叶片对生，或基部 3 或 4 片
轮生；蒴果具 3 枚纵向棱翅 ·····················
····················· 薯蓣科（Dioscoreaceae）

220. 两性花。

222. 叶片 3~5 掌状分裂；花两侧对称，蓝紫色；萼片呈
花瓣状，上萼片高盔状，花瓣具长爪；心皮离生 ···
毛茛科（Ranunculaceae）［乌头属（Aconitum）］

222. 叶和花非上述性状。

223. 肉质藤本；茎绿色或紫红色；叶片肉质；穗状花序
腋生，子房上位；浆果紫色或黑色 ···················
····················· 落葵科（Basellaceae）（栽培）

223. 非肉质藤本植物。

224. 花单生叶腋，两侧对称；蒴果 ···················
···················· 马兜铃科（Aristolochiaceae）

224. 聚伞花序腋生，或腋外生，花辐射对称；浆果
············ 茄科（Solanaceae）［茄属（Solanum）］

217. 叶对生。

225. 三出复叶或羽状复叶；若为单叶，则花丝两侧有长柔毛；叶
柄常变态为攀缘器官；心皮离生，柱头宿存，毛状 ·········
············ 毛茛科（Ranunculaceae）［铁线莲属（Clematis）］

225. 单叶。

226. 植物体常具乳汁
227. 叶全缘；花具副花冠；蓇葖果，种子具毛 ……………
…………………………… 萝藦科（Asclepiadaceae）
227. 叶具齿；花无副花冠；浆果，种子无毛 …………
桔梗科（Campanulaceae）［金钱豹属（Campanumoea）］
226. 植物体无乳汁。
228. 单被花；叶片卵形或肾状五角形，掌状深裂或不裂，叶
背面多具黄色腺点 ………………… 桑科（Moraceae）
228. 两被花；花冠合生；叶全缘。
229. 叶片卵状椭圆形；花冠较大，长 2 cm 以上，裂片间
有褶 ………………………… 龙胆科（Gentianaceae）
229. 叶片卵状心形或披针形；叶片多轮生；以对生为主
者，其茎叶揉碎后有恶臭味 … 茜草科（Rubiaceae）
213. 直立、蔓生或匍匐草本。
230. 叶片盾状着生。
231. 蔓生或攀缘草本。
232. 植物茎和叶柄有倒向钩刺；托叶圆形穿茎，叶片三角形 ……
………………………………… 蓼科（Polygonaceae）
232. 植物体无刺。
233. 叶片心形，3~5 浅裂，近似盾状着生，托叶明显；上方萼片
基部具距，并且与花梗合生，花瓣不等大 …………………
…………………………… 牻牛儿苗科（Geraniaceaem）
233. 叶片圆形，全缘，无托叶；上方萼片基部具距 ……………
…………………………… 旱金莲科（Tropaeolaceae）
231. 直立的草本植物。
234. 叶片半月形，边缘密生腺毛，毛顶端膨大，红紫色；食虫小草
本 ………………………… 茅膏菜科（Droseraceae）
234. 叶片非上述性状。
235. 植株高大，1m 以上，多分枝，茎节明显，节间常中空；叶
片掌状中裂；蒴果外被软刺 ……………………………
…………… 大戟科（Euphorbiaceae）［蓖麻属（Ricinus）］
235. 植株中等大小，高常 1m 以下，不分枝，或无地上茎。
236. 具地上茎；叶 1 枚或 2 枚，4~9 浅裂；无佛焰苞 ………
……… 小檗科（Berberidaceae）［八角莲属（Dysosma）］

236. 无地上茎，具地下块茎；叶簇生，具长柄，叶片全缘；肉穗花序具佛焰苞，花单性 ··
··········· 天南星科（Araceae）［芋属（*Colocasia*）栽培］

230. 叶片非盾状着生。

  237. 叶鞘相互抱合构成粗大的假茎；叶片椭圆形，长 1~2m，侧出的羽状平行脉 ···························· 芭蕉科（Musaceae）

  237. 植物体非上述性状。

    238. 茎肉质富含水汁；叶 1 枚或 2 枚，叶柄基部有膜质鞘；肉穗花序外有 1 枚大型佛焰苞，花单性 ·················· 天南星科（Araceae）

    238. 花序外无佛焰苞。

      239. 叶多簇生，掌状复叶，具 3 小叶，互为 120°着生，小叶顶端心形内凹；雄蕊 5 长 5 短；3 心皮蒴果 ····· 酢浆草科（Oxalidaceae）

      239. 叶非上述特征。

        240. 茎具坚韧的韧皮部，多为纤维植物。

          241. 掌状复叶，互生，小叶有齿 ·······························
·························· 桑科（Moraceae）［大麻属（*Cannabis*）］

          241. 单叶。

            242. 花具副萼，花萼宿存，单体雄蕊，花药单室；蒴果 ······
····························· 锦葵科（Malvaceae）

            242. 花无副萼；花丝分离，花药 2 室或 4 室。

              243. 单被花；常单性花。

                244. 叶片基部平截，近圆形或心形 ············
············· 桑科（Moraceae）［水蛇麻属（*Fatoua*）］

                244. 叶片基部楔形，或不对称········ 荨麻科（Urticaceae）

              243. 两被花；两性花。

                245. 叶线形至线状披针形，全缘 ····· 亚麻科（Linaceae）

                245. 叶卵形或剑状披针形，叶缘有齿。

                  246. 子房 3 室，稀 5 室，若 5 室则叶片基部两侧各有 1 枚下弯的钻形齿；蒴果多长形，若为球形则表面有疣状突起和纵棱 ········· 椴树科（Tiliaceae）

                  246. 子房 5 室；雄蕊 5 枚，与花瓣对生，或具 15 枚可育雄蕊；蒴果球形，密生糙毛或星状毛 ···········
···························· 梧桐科（Sterculiaceae）

        240. 茎不具坚韧的韧皮部，非纤维植物。

247 半寄生的小型绿色植物，根具吸器。

248. 一年生植物；叶线形至钻形，下部叶对生；子房上位，萼筒具15 条纵棱，花冠合生 ……………………………………
……………… 玄参科（Scrophulariaceae）［独脚金属（*Striga*）］

248. 多年生纤细植物；叶互生，条形；子房下位，花被宿存 ……
……………… 檀香科（Santalaceae）［百蕊草属（*Thesium*）］

247. 自养的草本植物。

249. 叶为各种复叶。

250. 叶对生或轮生。

251. 由 3～7 小叶组成掌状复叶，轮生于茎顶；伞形花序单生于茎顶；具肥大直根，或串珠状块根 ………………………
……………… 五加科（Araliaceae）［人参属（*Panax*）］

251. 羽状或三出复叶。

252. 羽状复叶；复伞房花序；子房下位 …………………
…… 忍冬科（Caprifoliaceae）［接骨木属（*Sambucus*）］

252. 一至二回三出复叶，叶片质地较硬；总状或圆锥花序
… 小檗科（Berberidaceae）［淫羊藿属（*Epimedium*）］

250. 叶互生、簇生或基生。

253. 偶数羽状复叶；雄蕊与花瓣同数，或为其 2 倍或 3 倍；果实为 5 枚分果瓣组成，每瓣有长短棘刺各 1 对 ……
………………………………… 蒺藜科（Zygophyllaceae）

253. 奇数羽状复叶或其他复叶类型。

254. 由 3～7 小叶组成的掌状复叶；花瓣 4 枚，呈十字形排列；具雌雄柄，花后延长；蒴果 ……………
………………………… 白花菜科（Capparidaceae）

254. 植株非上述性状。

255. 叶片具透明腺点；雄蕊 8 枚或 10 枚，具花盘 ………
………………………………… 芸香科（Rutaceae）

255. 叶片无透明腺点；雄蕊无定数，多无花盘。

256. 花两侧对称，有距。

257. 雄蕊多数，分离；雌蕊离生 …………………
………………………… 毛茛科（Ranunculaceae）

257. 雄蕊 6 枚，合生成 2 束或 3 束 …………………
罂粟科（Papaveraceae）［紫堇属（*Corydalis*）］

256. 花辐射对称，无距。

　　258. 叶片基部不对称；伞形花序多数，组成顶生大型圆锥花序；花5基数……… 五加科（Araliaceae）

　　258. 花序非上述性状；叶片基部常对称。

　　　　259. 羽状复叶的小叶5～9对，大小相间排列；花药贴合成圆锥体状，花丝分离；具块茎 ……………… 茄科（Solanaceae）［茄属（*Solanum*）］

　　　　259. 复叶的小叶片大小均匀；花药分离。

　　　　　260. 具托叶；花托突起或内凹，雄蕊和花瓣均着生在萼筒边缘，心皮离生，聚合瘦果 …… 蔷薇科（Rosaceae）［蔷薇亚科（Rosoideae）］

　　　　　260. 非上述性状。

　　　　　　261. 单被花，有时萼片呈花瓣状。

　　　　　　　262. 雄蕊多数，常具退化雄蕊，多枚心皮，离生 ……… 毛茛科（Ranunculaceae）

　　　　　　　262. 雄蕊10枚，无退化雄蕊，2枚心皮…………………… 虎耳草科（Saxifragaceae）

　　　　　　261. 两被花。

　　　　　　　263. 花冠合生，高脚碟状；雄蕊5枚 …………………… 花荵科（Polemoniaceae）

　　　　　　　263. 花冠离生；雄蕊多数。

　　　　　　　　264. 小叶具齿，花小，直径常小于6 cm ………… 毛茛科（Ranunculaceae）

　　　　　　　　264. 小叶全缘，花大，直径6～15 cm ………… 芍药科（Paeoniaceae）

249. 叶为单叶，全缘、浅裂、深裂或全裂。

　265. 花生于鳞片或2枚稃片内，覆瓦状排列构成小穗，由小穗组成各种花序。

　　266. 茎秆圆柱形，具节，节间中空，叶鞘开裂，具叶舌，叶2裂；颖果，稀囊果 ……………… 禾本科（Gramineae）

　　266. 茎秆三棱形，实心无节，叶鞘闭合，无叶舌，叶3裂；小坚果 ……………… 莎草科（Cyperaceae）

　265. 花序和花非上述性状。

　　267. 植物体具乳汁。

268. 单性花；裸花；杯状聚伞花序；子房有长柄，3 心皮 …………
　　　………… 大戟科（Euphorbiaceae）［大戟属（*Euphorbia*）］

268. 两性花；两被花；子房无柄。

　269. 花冠离生，雄蕊多数；植株多具有色乳汁 ………………
　　　…………………………………… 罂粟科（Papaveraceae）

　269. 花冠合生，雄蕊 5 枚。

　　270. 子房上位，雄蕊着生花冠筒中部；蓇葖果双生 …………
　　　　…………………………… 夹竹桃科（Apocynaceae）

　　270. 子房下位，雄蕊着生花盘边缘；蒴果 ………………
　　　　…………………………… 桔梗科（Campanulaceae）

267. 植物体无乳汁。

　271. 肉质草本，茎和叶均肥厚肉质。

　　272. 蓇葖果，心皮与花瓣同数，花瓣与雄蕊同数或 2 倍，每个雌蕊基部具小鳞片 1 枚 ………… 景天科（Crassulaceae）

　　272. 蒴果；心皮、花瓣与雄蕊之间无规则的数量关系。

　　　273. 萼片 2 枚；子房 1 室 ………………… 马齿苋科（Portulaceae）

　　　273. 萼片 4 裂或 5 裂；子房 2~6 室 ………………
　　　　………………………… 番杏科（Aizoaceae）（栽培观赏）

　271. 非肉质草本，或仅茎肉质，而叶非肉质多汁。

　　274. 子房上位。（次项见后）

　　　275. 单被花、裸花或花被退化；若两被花，则花冠为膜质。（次项见后）

　　　276. 叶线形或条状披针形，平行脉序；花被无艳色。

　　　　277. 两被花，花冠膜质。

　　　278. 叶常卵形；穗状花序，花冠膜质，无退化雄蕊 ………………
　　　　………………………………… 车前科（Plantaginaceae）

　　　278. 叶线形；球状花序，花瓣 3 枚，具爪，有退化雄蕊 …………
　　　　…………………………………… 黄眼草科（Xyridaceae）

　　　　277. 单被花或裸花。

　　　279. 两性花，单被花。

　　　　280. 花被片 4 枚，2 轮，内轮 2 枚小；雄蕊 1 枚；种皮上具螺旋状条纹；叶剑形，2 裂；花序上被白色绵毛 ………………
　　　　…………………………………… 田葱科（Philydraceae）

　　　280. 花非上述性状。

281．叶无毛；总状花序 ·············· 水麦冬科（Juncaginaceae）

281．叶疏生白色长毛；花簇生或单生，常排成聚伞花序 ······

·············· 灯心草科（Juncaceae）［地杨梅属（*Luzula*）］

279．单性花，裸花或单被花。

282．花紧密排列成蜡烛状或棍棒状的穗状花序 ·············

································ 香蒲科（Typhaceae）

282．花紧密排列成球状花序。

283．花序生花葶顶端，雌雄花生于同一花序上 ···············

··························· 谷精草科（Eriocaulaceae）

283．花序生于茎枝顶端，雌雄花分别生于不同的花序上 ······

··························· 黑三棱科（Sparganiaceae）

276．叶非线形，或非长条形，网状或弧状脉序；若为线形，则具艳色的花被。

284．两被花，花冠膜质或鳞片状。

285．叶互生与枝上；总状花序，花冠离生 ·················

·············· 大戟科（Euphorbiaceae）［地构叶属（*Speranskia*）］

285．叶簇生于基部；穗状花序，花冠合生 ·················

··························· 车前科（Plantaginaceae）

284．单被花或裸花。

286．单被花，多具艳色，花被质地正常。

287．穗状、球状或圆锥花序，花被片干膜质；胞果 ·············

··························· 苋科（Amaranthaceae）

287．花和果非上述特征。

288．雌蕊由 2 枚或 3 枚或更多枚心皮合生组成。

289．雄蕊 4 枚；叶有显著的纵脉和横脉 ·············

··························· 百部科（Stemonaceae）

289．雄蕊 6 枚。

290．花辐射对称；雄蕊大小一致；具鳞茎、球茎或块茎

··························· 百合科（Liliaceae）

290．花两侧对称；1 枚雄蕊较大 ··· 雨久花科（Pontederiaceae）

288．雌蕊由单心皮或数枚离生或半合生心皮组成。

291．蓇葖果；多心皮离生；花被离生 ·················

··························· 毛茛科（Ranunculaceae）

291．瘦果或蒴果；心皮 1 枚或 5 枚；花被合生。

292．叶对生，卵形，节常膨大 ······ 紫茉莉科（Nyctaginaceae）

292　叶互生，披针形，节不膨大；聚伞花序偏于花序一侧；雄蕊
　　　10枚…虎耳草科（Saxifragaceae）［扯根菜属（*Penthorum*）］

286．裸花，或单被花，花被肉质或膜质，无鲜艳色彩。

　　293．裸花，每花仅具1枚小苞片，总状或穗状花序，有时基部具4枚
　　　　　白色花瓣状苞片；托叶贴生在叶柄上；植株常具鱼腥气 ………
　　　　　………………………………………… 三白草科（Saururaceae）

　　293．单被花。

　　　294．雌蕊为1心皮或多心皮合生，子房1室。

　　　　295．花常单性，花丝在花蕾中内曲；瘦果或核果。

　　　　　296．叶基部平截，近圆形或浅心形 …………………………
　　　　　　…………………… 桑科（Moraceae）［水蛇麻属（*Fatoua*）］

　　　　　296．叶基部楔形，或不对称………………… 荨麻科（Urticaceae）

　　　　295．花常两性，花丝在花蕾中直立；坚果或胞果。

　　　　　297．一年生匍匐草本，多分枝，节处多生根；叶对生 ………
　　　　　　………………………………………… 苋科（Amaranthaceae）

　　　　　297．直立草本，叶互生 ………… 藜科（Chenopodiaceae）

　　　294．雌蕊为离生的多心皮组成，或由3~5心皮合生，子房3~5室。

　　　　298．雌蕊为8~10枚离生心皮组成；花被4裂；茎常紫红色；肉
　　　　　　质直根，圆柱形 ………………… 商陆科（Phytolaccaceae）

　　　　298．雌蕊为3~5枚心皮合生，子房3~5室。

　　　　　299．叶对生或轮生 ………………… 粟米草科（Molluginaceae）

　　　　　299．叶互生 ………………… 大戟科（Euphorbiaceae）

275．两被花，花被合生或离生。（次项见前）

　300．花冠离生。

　　301．叶具叶鞘，或叶基部有鞘状膜质边缘；花3基数；雄蕊常6枚。

　　　302．叶线形，基生，叶片基部有鞘状膜质边缘，无叶鞘。

　　303．常具乳状汁液；伞形花序顶生，花瓣无爪；蓇葖果 …………
　　　　………………………………………… 花蔺科（Butomaceae）

　　303．花序球状；花萼不等大，花瓣具爪；蒴果 …………………
　　　　………………………………………… 黄眼草科（Xyridaceae）

　　　302．叶具叶鞘；绝非伞形花序。

　　304．叶基生；雌蕊由多枚离生心皮组成；聚合瘦果 ………………
　　　　………………………………………… 泽泻科（Alismataceae）

　　304．叶茎生，叶鞘明显；花常蓝色，花冠基部常合生，花丝常具念珠状

毛，雌蕊合生；蒴果·······················鸭趾草科（Commelinaceae）

　301. 叶无叶鞘；花4或5基数。

305. 多年生常绿草本，叶簇生基部；总状花序单生茎顶，花5基数；蒴
　　　果，花柱宿存 ·····················鹿蹄草科（Pyrolaceae）

305. 植物体、花和果实非上述性状。

　306. 具托叶；花被有时具距，花瓣覆瓦状排列，花具退化雄蕊；蒴果具
　　　细长喙，花萼宿存，成熟时果瓣由基部向上反卷，果瓣在上端与花
　　　柱相连接，每果瓣有1粒（稀2粒）种子 ·····················
　　　·······················牻儿苗科（Geraniaceae）

306. 果实非上述性状。

　307. 叶对生或轮生。

　　308. 植物体常具腺点或黑点；雄蕊多数，花丝细长，基部合生成数
　　　　束，即多体雄蕊 ·····················金丝桃科（Hypericaceae）

　　308. 植物体和雄蕊非上述性状。

　　　309. 茎节常膨大；特立中央胎座；花瓣顶端常2浅裂或深裂，或
　　　　　流苏状，稀不裂 ·····················石竹科（Caryophyllaceae）

　　　309. 茎节不膨大；中轴胎座；花瓣不裂。

　　　　310. 直立草本；花柱1枚，雄蕊5枚以上 ·····················
　　　　　·····················千屈菜科（Lythraceae）

　　　　310. 匍匐小草本；花柱3枚，雄蕊3枚 ·····················
　　　　　·····················沟繁缕科（Elatinaceae）

　307. 叶互生或簇生。

　　311. 叶常簇生，无茎，稀有茎，具托叶，宿存；花两侧对称，花萼
　　　　宿存；子房3心皮，1室，侧膜胎座，种子多数·················
　　　　·····················堇菜科（Violaceae）

　　311. 植物非上述性状。

　　　312. 聚伞花序顶生；花4或5基数，辐射对称；蓇葖果；叶肉质
　　　　　·····················景天科（Crassulaceae）

　　　312. 花和果实非上述性状。

　　　　313. 花丝分离，花药离生；心皮离生，柱头常宿存；花瓣等
　　　　　　大，或缺 ·····················毛茛科（Ranunculaceae）

　　　　313. 花丝合生成鞘状，或花丝上部联合，花药联合包围着
　　　　　　雌蕊。

　　　　　314. 萼片5枚，不等大，无距；花冠中间1片呈龙骨瓣状，

顶端具附属体；花药孔裂········ 远志科（Polygalaceae）

    314. 萼片3枚，背后1枚较大，基部延伸成距；晶莹水汁的草本 ·············· 凤仙花科（Balsaminaceae）

300. 花冠合生。

 315. 叶互生或簇生。

  316. 花冠两侧对称，花冠裂片4或5枚，稍唇形，常二强雄蕊，生于花冠筒上；若辐射对称，其叶仅1或2枚，基生，或花丝具须毛。

   317. 具地上茎；叶互生，或兼基生 ··· 玄参科（Scrophulariaceae）

   317. 无地上茎；叶1枚或2枚，或数枚基生，多年生常绿草本；蒴果的果瓣常旋卷 ·············· 苦苣苔科（Gesneriaceae）

  316. 花冠辐射对称。

318. 植物体常有糙毛或针刺；顶生二歧分枝蝎尾聚伞花序，或总状或穗状花序，花冠筒喉部有鳞片。

 319. 蒴果1室；花丝不等长 ·············· 田基麻科（Hydrophyllaceae）

 319. 核果或4枚小坚果；花丝等长，具花盘 ·············· ·············· 紫草科（Boraginaceae）

318. 植物体常无糙毛；非蝎尾聚伞花序。

320. 2心皮歪斜，浆果，稀蒴果，后者具较长的花冠筒；花为顶生、腋生或腋外生的聚伞花序，或簇生花序，或单生叶腋；花萼宿存 ··· ·············· 茄科（Solanaceae）

320. 蒴果，花单生于花葶上，或花葶顶端为伞形花序或总状花序，稀单生叶腋。

 321. 子房3~5室；花柱1枚，顶端裂成3条具乳头状突起的花柱臂··· ·············· 花葱科（Polemoniaceae）

 321. 子房1室。

  322. 胚珠多数；特立中央胎座；花柱1枚 ·············· ·············· 报春花科（Primulaceae）

  322. 胚珠1枚；花柱5枚；宿萼具棱，苞片常呈鞘状 ·············· ·············· 蓝雪科（Plumbaginaceae）（栽培观赏）

 315. 叶对生或轮生。

  323. 花冠辐射对称。

324. 雄蕊2枚 ·············· 玄参科（Scrophulariaceae）

324. 雄蕊4枚或5枚。

325. 花萼裂片、花冠裂片和雄蕊数均为 4 枚 ························
·············· 马钱科（Loganiaceae）[姬苗属（*Mitrasa cme*）]

325. 花萼裂片、花冠裂片和雄蕊数均为 5 枚。

  326. 花冠高脚碟状，多种颜色；雄蕊以不同高度生于花冠筒上，花丝基部扩大并有毛；花盘显著 ········ 花葱科（Polemoniaceae）

  326. 花冠和雄蕊非上述性状。

    327. 花萼筒较短；花冠裂片无褶，基部也无腺窝；常早春开花
············· 报春花科（Primulaceae）

    327. 花萼筒较长；花冠常蓝紫色，花冠裂片间常有褶，或裂片基部有腺窝，窝内有鳞片或毛 ······· 龙胆科（Gentianaceae）

323. 花冠两侧对称。

  328. 茎常四棱形；果实为 4 枚小坚果，或蒴果包在宿萼内，成熟后裂为 4 枚带翅的小坚果。

    329. 子房深 4 裂，花柱基生；果实为 4 枚小坚果 ··············
················ 唇形科（Labiatae）

    329. 子房不裂，花柱顶生；蒴果包在宿萼内，成熟后 4 裂 ········
·············· 马鞭草科（Verbenaceae）

  328. 茎常圆柱形；瘦果或蒴果。

    330. 瘦果包于萼内，棒状，下垂，有 3 枚萼齿呈芒状沟 ···········
·············· 透骨草科（Phrymataceae）

    330. 蒴果，无 3 枚芒状钩的萼齿。

      331. 叶常较小，若叶长达 15 cm 者，则花具苞片；花常组成大型花序，若单生叶腋者，则叶较小，近无柄。

        332. 花序无艳色苞片；花药 2 室，等高且等大；蒴果内无种钩
················ 玄参科（Scrophulariaceae）

        332. 花序常具艳色苞片，小苞片 2 枚或退化；雄蕊 2 枚或 4 枚，花药 2 室或 1 室，药室不等大，稀等大，药室不等高，稀等高；蒴果常长椭圆形，有种钩将种子弹出 ···········
·············· 爵床科（Acanthaceae）

      331. 叶大，长达 15 ~ 18 cm，椭圆形；叶柄有翅，基部合生成船形，或叶柄无翅；花常单生叶腋，或对生或成球状花序，无苞片。

        333. 直立草本，高可达 1m 以上；发育雄蕊 4 枚；蒴果四棱状长椭圆形，或长卵形，室间开裂 ···············
········· 胡麻科（Pedaliaceae）[胡麻属（*Sesamum*）]

333．具纤弱匍匐茎的草本；发育雄蕊 2 枚；蒴果镰刀状 ……

…………………………… 苦苣苔科（Gesneriaceae）

274．子房下位，或半下位。（次项见前）

334．叶对生，或轮生。

335．花冠合生。

336．叶常轮生，稀对生，全缘，常具托叶 ……………………

………………………………… 茜草科（Rubiaceae）

336．叶对生，具齿或羽状裂，无托叶。

337．聚伞花序，常无苞片；果常具翅 …………………

……………………… 败酱科（Valerianaceae）

337．球状花序，或呈间断的穗状花序，具苞片，顶端芒刺状

……………………… 川续断科（Dipsacaceae）

335．花被离生，单被花或裸花，稀两被花。

338．茎四棱，有糙伏毛；叶披针形，基出脉 3～9 条；球状花序

顶生，具副花冠 ……………… 野牡丹科（Melastomataceae）

338．茎常圆柱形；网状脉序；非顶生球状花序，无副花冠。

339．两被花，花萼筒状，与子房合生，并延伸于外呈萼管状，

即所谓托管 ……………… 柳叶菜科（Onagraceae）

339．单被花，或裸花。

340．植物体直立，茎节明显，无根状茎；裸花，圆锥状、

穗状或球状花序………… 金粟兰科（Chloranthaceae）

340．植物体细弱，茎无明显的节，具根状茎；单被花，单

生或聚伞花序 …………… 虎耳草科（Saxifragaceae）

334．叶互生，或簇生。

341．花萼 5 裂，花冠 5 裂，裂片极不对称。

342．花冠上方 2 裂片有不等的翅，下方 3 裂片有相等的翅；雄蕊 5

枚，花药有短尖 ……………… 草海桐科（Goodeniaceae）

342．花冠上方 1 裂片极小，反曲，另 4 枚裂片向后开展，其中间 1

对裂片较长，顶端 2 裂；雄蕊 2 枚，与花柱合生成合蕊柱

……………………… 花柱草科（Stylidiaceae）

341．花被基本对称；若花被合生，3～5 裂。

343．叶具网状脉，或掌状基出脉；无明显叶鞘。

344．叶 1 枚或 2 枚，基生，心形或肾形；花单生叶腋 ………

……… 马兜铃科（Aristolochiaceae）［细辛属（*Asarum*）］

344. 叶多枝；花组成花序。

    345. 茎节明显膨大；叶基部偏斜；花被片 4 枚，2 大 2 小，对称 ·················· 秋海棠科（Begoniaceae）

    345. 茎节不明显膨大；叶基部对称。

      346. 花萼杯状，或漏斗状，不向外延伸；常无花瓣 ··· ·················· 虎耳草科（Saxifragaceae）

      346. 花萼筒状，与子房合生，并延伸于外，雄蕊生于花瓣上 ·················· 柳叶菜科（Onagraceae）

343. 叶具平行脉序，叶片常线形或剑形，稀较宽；常有叶鞘。

347. 叶剑形，旋叠状簇生，叶缘有齿或刺；穗状花序顶生，肥厚；椭圆形聚花果顶端有退化的叶丛 ················ ·················· 凤梨科（Bromeliaceae）

347. 叶和花序非上述性状。

    348. 叶膜质或纸质，主脉不明显；花被片 6 枚，基部合生，外轮 3 枚背面具翅棱········ 水玉簪科（Burmanniaceae）

    348. 叶片主脉明显；花被非上述性状。

      349. 花具合蕊柱，内轮花被的其中 1 枚呈唇瓣，有时基部延伸成距；种子多数且极小 ·················· ·················· 兰科（Orchidaceae）

      349. 花非上述性状。

        350. 发育雄蕊 3~6 枚；叶片狭窄，稀较宽。

          351. 叶片较宽，具长柄，基部宽扁呈鞘状，簇生；伞形花序；花丝短，顶端内凹，或呈兜状 ··· ·················· 裂果薯科（Taccaceae）

          351. 叶片条状线形；花丝非上述特征。

            352. 叶常基生，叶鞘对折套合成 2 裂，叶片竖向扁平；聚伞花序，花稀疏 ·············· ·················· 鸢尾科（Iridaceae）

            352. 叶鞘不套合成扁平的 2 列；总状花序或伞形花序。

              353. 总状花序；子房半下位 ·············· 百合科（Liliaceae）［沿阶草属（*Ophiopogon*）］

              353. 伞形花序；子房下位 ··············

················· 石蒜科（Amaryllidaceae）

350. 发育雄蕊 1 枚，不育雄蕊呈花瓣状；叶片较宽，平行脉常斜伸。

    354. 花药 2 室；穗状或圆锥花序由根状茎的节部抽出；花被肉质，萼片合生成管状，或佛焰苞状；植株具辛辣香气 ·····················

    ················· 姜科（Zingiberaceae）

    354. 花药 1 室；退化雄蕊呈花瓣状。

      355. 总状或圆锥花序顶生；萼片离生，花大美丽，花瓣为退化的雄蕊所发育 ······

      ·············· 美人蕉科（Cannaceae）

      355. 常球状花序；花瓣合生成管状，具 3 枚裂片，最外 1 枚呈风帽状；叶柄上端常具膨大的叶枕 ·····················

      ·············· 竹芋科（Marantaceae）

参考文献

［1］丁景和．药用植物学．上海：上海科学技术出版社，1985．

［2］于振洲．生物绘画技法．长春：东北师范大学出版社，1991．

［3］马炜梁．高等植物及其多样性．北京：高等教育出版社，1998．

［4］王英典，刘宁．植物生物学实验指导．北京：高等教育出版社，2001．

［5］王伯荪，余世孝，彭少麟等．植物群落学实验手册．广州：广东高等教育出版社，1996．

［6］王翠婷等．植物学实验指导．长春：东北师范大学出版社，1986．

［7］云南农业大学植物教研室．植物实验课教材．昆明：云南农业大学印刷厂，1998．

［8］中山大学等．植物学（系统、分类部分）．北京：高等教育出版社，1984．

［9］中国科学院植物研究所．中国高等植物图鉴（1～5册）．北京：科学出版社，1972～1982．

［10］中国药科大学生药教研室编．药用植物学实验讲义．1995．

［11］尹祖棠．种子植物实验与实习（修订版）．北京：北京师范大学出版社，1993．

［12］叶创兴，廖文波，戴水连等．植物学（系统分类部分）．广州：中山大学出版社，2000．

［13］冯志坚，周秀佳，马炜梁等．植物学野外实习手册．上海：上海教育出版社，1992．

［14］丘安经．植物学实验指导．广州：华南理工大学出版社，2001．

［15］吉林农业大学植物教研室．植物学实验指导．长春：吉林农业大学印刷厂，1991．

［16］朱澂．植物染色体及染色体技术．北京：科学出版社，1982．

［17］朱念德．植物学（形态解剖部分）．广州：中山大学出版社，2000．

［18］华东师范大学等．植物学．北京：人民教育出版社，1983．

［19］关雪莲，王丽．植物学实验指导．北京：中国农业大学出版社，2002．

［20］李正理，张新英．植物解剖学．北京：高等教育出版社，1983．

[21] 李广军．生物技术教程．东营：石油大学出版社，1994.

[22] 李景原．植物学实验指导．长春：吉林大学出版社，2001.

[23] 李正理．植物制片技术，北京：科学出版社，1987.

[24] 李扬汉．植物学．上海：上海科学技术出版社，1978.

[25] 李扬汉．植物学．北京：高等教育出版社，1987.

[26] 杨继．植物生物学实验．北京：高等教育出版社，2000.

[27] 杨利民，韩梅．野生植物资源调查与规划．长春：吉林农业大学印刷厂，1993.

[28] 杨悦．植物学及实验（系统及分类部分）．北京：中央广播电视大学出版社，1988.

[29] 吴人坚，张丕方，郑师章等．植物学实验方法．上海：上海科学技术出版社，1987.

[30] 吴万春．植物学．广州：华南理工大学出版社，1999.

[31] 吴国芳，冯志坚，马炜梁等．植物学（第2版，下册）．北京：高等教育出版社，1992.

[32] 何凤仙．植物学实验．北京：高等教育出版社，2000.

[33] 沈显生．中国东部高等植物分科检索与图谱．合肥：中国科学技术大学出版社，1997.

[34] 宋永昌．植被生态学．上海：华东师范大学出版社，2001.

[35] 陈功锡，谷中村．种子植物分类学实验与实习．吉首：吉首大学内部教材，1996.

[36] 陈阜东．植物简易实验观察．北京：科学出版社，1985.

[37] 汪劲武．种子植物分类学．北京：高等教育出版社，1985.

[38] 陆时万，徐祥生，沈敏健．植物学（第2版，上册）．北京：高等教育出版社，1991.

[39] 张彪，淮虎银，金银根．植物分类学实验．南京：东南大学出版社，2002.

[40] 周云龙．孢子植物实验及实习．北京：北京师范大学出版社，1987.

[41] 周仪．植物形态解剖实验．北京：北京师范大学出版社，1988.

[42] 郑汉臣．药用植物学（第3版）．北京：人民卫生出版社，1999.

[43] 胡国宣．植物生态地理学．长春：吉林农业大学印刷厂，1993.

[44] 胡国宣．植物生态地理学实验实习指导．长春：吉林农业大学印刷厂，1993.

[45] 徐粹新．植物学野外实习指导．开封：河南大学出版社，1994.

［46］高信曾．植物学实验指导．北京：高等教育出版社，1986.

［47］黄承芬，杜桂森．生物显微制片技术．北京：北京科学技术出版社，1991.

［48］董鸣．陆地生物群落调查观测与分析．北京：中国标准出版社，1996.

［49］傅承新，丁炳扬．植物学．杭州：浙江大学出版社，2002.

［50］谢国文等．生物多样性保护与利用．长沙：湖南科学技术出版社，2001.

［51］谢国文等．植物学学习指南．汕头：汕头大学出版社，2002.

［52］谢国文等．园林花卉学．北京：中国农业科学技术出版社，2002.

［53］A. Fahn. *Plant Anatomy*. 3rd ed. New York：Pergamon Press Oxford，1982.

［54］Peter H. Rowen，Ray F. Evert. *Biology of Plants*. 4th ed. New York：Worth Publishers，1986.

［55］Raven，P. H. *Biology of Plants*. New York：Worth Publishers，1992.

［56］Stuessy T. F. *Plant Taxonomy*. New York：Columbia University Press，1990.